CP600 压水堆核电厂腐蚀防护

主　编　杨兰和

副主编　戚屯锋

中国原子能出版传媒有限公司

图书在版编目(CIP)数据

CP600 压水堆核电厂腐蚀防护 / 杨兰和主编．—北京：中国原子能出版传媒有限公司，2011.1

ISBN 978-7-5022-5150-5

Ⅰ.①C… Ⅱ.①杨… Ⅲ.①压水型堆—核电厂—防腐 Ⅳ.①TM623.91

中国版本图书馆 CIP 数据核字(2011)第 006247 号

内 容 简 介

该书内容涉及核电站腐蚀防护的方方面面，包括核岛一回路、常规岛二回路、海水系统、冷却水系统、生水系统、化学介质系统、废液系统、通风系统、油环境、电站大气环境、埋地环境等系统环境下的腐蚀防护。本书重点从三个方面进行阐述，首先，讲述了金属电化学腐蚀的机理、发生过程以及类型等，从原理上讲述了金属的电化学腐蚀；接下来，从设计阶段的防腐蚀设计和选材合理评价、工程建造阶段的施工质量控制、机组运行和延寿过程中的腐蚀评估和防腐施工、核电站退役之后的防腐管理四个方面，提出了腐蚀防护工作的思路。最后，讲述了核电厂防腐施工的方法、验收标准以及施工过程中需要注意的安全事项。

该书的特点是紧密联系国内外核电站腐蚀防护实例，深入浅出地介绍其腐蚀类型、原理、解决办法以及在处理过程中需要注意的问题，具有较强的实用性。在目前国内核电站处于大规模发展的环境下，为从事核电站腐蚀防护的同行提供了一个可供参考的蓝本。

CP600 压水堆核电厂腐蚀防护

出版发行 中国原子能出版传媒有限公司(北京市海淀区阜成路 43 号 100048)
责任编辑 王 青
技术编辑 丁怀兰 王亚翠
责任印制 潘玉玲
印　　刷 保定市中画美凯印刷有限公司
经　　销 全国新华书店
开　　本 787 mm×1092 mm 1/16
印　　张 16 **字 数** 398 千字
版　　次 2011 年 4 月第 1 版 2011 年 4 月第 1 次印刷
书　　号 ISBN 978-7-5022-5150-5 **定 价** **78.00 元**

网址：http://www.aep.com.cn **E-mail：atomep123@126.com**
发行电话：010-68452845

中国核工业集团公司
核电培训教材编审委员会

《CP600压水堆核电厂腐蚀防护》
编　辑　部

总　序

核工业作为国家高科技战略性产业，是国家安全的重要基石、重要的清洁能源供应，以及综合国力和大国地位的重要标志。

1978年以来，我国核工业第二次创业。中国核工业集团公司走出了一条以我为主发展民族核电的成功道路。在长期的核电设计、建造、运行和管理过程中，积累了丰富的实践和理论经验，在与国际同行合作过程中，实现了技术和管理与国际先进水平相接轨，取得了骄人的业绩。

中国核工业集团公司在三十多年的核电建设中，经历了起步、小批量建设、快速发展三个阶段。我国先后建成了秦山、大亚湾、田湾三大核电基地，实现了我国大陆核电“零”的突破、国产化的重大跨越、核电管理与国际接轨，走出了一条以我为主，发展民族核电的成功之路。在最近几年中，发展尤为迅猛。截至2008年底，核电运行机组11台，装机容量907.82万千瓦，全部稳定运行，态势良好。

进入新世纪，党中央、国务院和中央军委对核工业发展高度重视、极为关怀，对核工业做出了新的战略决策。胡锦涛总书记指出：“无论从促进经济社会发展看，还是从保障国家安全看，我们都必须切实把我国核事业发展好”。发展核电是优化能源结构、保障能源安全、满足经济社会发展需求的重要途径。2007年10月，国务院正式颁布了《核电中长期发展规划(2005—2020年)》。核电进入了快速、规模化、跨越式发展的新阶段。

在中国核电大发展之际，中国核工业集团公司继续以“核安全是核工业的生命线”的核安全文化理念和“透明、坦诚和开放”的企业管理心态，以推动核电又好又快又安全发展为己任，为加速培养核电发展所需的各类人才，组织核电领域专家，全面系统地对核电设计、工程建造、电站调试、生产准备和生产运营等各阶段的知识进行了梳理，构造了有逻辑性、系统性的核电知识体系，形成了覆盖核电各阶段的核电工程培训系列教材。

这套教材作为培养核电人才的重要工具，是国内目前第一套专业化、体系化、公开出版的核电人才培养系列教材，有助于开展培训工作，提高培训质量、节约培训成本，夯实核电发展基础。它集中了全集团的优势，突出高起点、实用性强，是集团化、专业化运作的又一次实践，是中国核工业50余年知识管理的积淀，是中国核工业10万人多年总结和实践经验的结晶。

21世纪是“以人为本”的知识经济时代，拥有足够的优秀人才是企业持续发展的重要基础。中国核工业集团公司愿以这套教材为核电发展开路，为业界理论探讨、实践交流提供参考。

我们要继续以科学发展观为指导，认真贯彻落实党中央、国务院的指示精神，积极推进核电产业发展。特别是要把总结核电建设经验作为一项长期的工作来抓，不断更新和完善人才教育培训体系。

核电培训系列教材可广泛用于核电厂人员培训，也可用于核电管理者的学习工具书，对于有针对性地解决核电厂生产实践和管理问题具有重要的参考价值。

中国核工业集团公司总经理 孙勤

2009年9月9日

前　言

核电厂的腐蚀防护，是指材料的腐蚀防护，主要是金属也包括一些非金属。腐蚀是一个渐变的过程，在初期一般并未引起人们的重视，但腐蚀造成的损害却是巨大的。在经济上，据国外的资料统计，腐蚀给核电厂造成的经济损失一般占其当年生产产值的1.5％～4.2％，严重的腐蚀甚至可以造成电厂的停堆停机；在核安全上，由于金属腐蚀造成的设备、管道的跑、冒、滴、漏可能会使放射性物质泄漏并释放到环境当中去，污染了环境并威胁着人民的健康。就实际运行经验来看，在核电厂的核岛一回路、常规岛二回路、海水系统、冷却水系统、生水系统、化学介质系统、废液系统、通风系统、油环境、电站大气环境、埋地环境都会发生腐蚀。

由于核电的专业性，针对核电厂腐蚀防护方面的教材相对较少，为了更好开展核电腐蚀防护工作，增强交流，编制了本教材。本教材从三个方面介绍了核电厂的腐蚀防护。第一，介绍了核电厂可能出现的各种腐蚀，阐述了其机理、过程、影响因子和防腐手段。第二，介绍了核电厂腐蚀防护工作应当如何开展，从设计阶段的防腐蚀设计和选材合理评价、工程建造阶段的施工质量控制、机组运行和延寿过程中的腐蚀评估和防腐施工、电站退役之后的防腐管理四个方面，提出了腐蚀防护工作的思路。第三，在重要设备的腐蚀防护评价和腐蚀防护安全健康方面，通过收集国内外的经验反馈，进行了专项腐蚀防护评价。

该教材编写人员主要有张维、高俊、张玲、胡明磊、苗学良、栾兴峰、边春华、季媛媛、余小燕，校审人员主要有张兴田、丁有元、秦建华，并得到了核电秦山联营有限公司培训教育委员会和外部统审专家的指导，在此表示感谢！

国产化是我国核电的必行之路，由于腐蚀防护专业通用性比较强和需要多年堆龄运行经验积累的特点，我们有责任、有义务，将所见、所做、所知、所积累的一些经验共享。该教材是秦山第二核电厂腐蚀防护专业工作实践的总结，由于编者水平有限，难免存在不足与错误。望批评指正，欢迎探讨并共同提高。

编　者

2010年10月

目　录

第一章　概　述

第二章　金属电化学腐蚀原理

第三章　腐蚀类型

第四章 核岛内的危害与防护

第五章 核电厂大气腐蚀的危害与防护

第六章 核电厂海水系统的腐蚀与防护

第七章 核电厂二回路的腐蚀与防护

第八章 核电厂酸碱盐系统的腐蚀与防护

第九章 缓蚀剂及其在核电行业中的应用

第十章 常温淡水对系统的腐蚀

第十一章 阴极保护技术在核电厂中的应用

第十二章 混凝土腐蚀

第十三章 核电厂关键设备腐蚀检查和评估

第十四章 防腐施工介绍及验收标准

第十五章 防腐蚀施工的健康与安全

第一章 概 述

1.1 腐蚀的定义和分类

1.1.1 腐蚀的定义

由于材料与环境反应而引起材料的破坏或变质称为腐蚀。腐蚀也可以认为是除了单纯机械破坏以外的材料的各种破坏。材料包括金属材料和非金属材料，即包括各种金属与合金、陶瓷、塑料、橡胶和其他非金属材料。

金属腐蚀的过程是发生在金属与介质界面上的复杂多相反应，因此破坏总是从金属表面逐渐向内部深入。金属在腐蚀过程中，一般也同时发生外貌变化，如溃疡斑、小孔、表面有腐蚀产物或金属材料变薄等；金属的机械性能、组织结构也发生变化，如金属变脆，强度降低，金属中某种元素的含量发生变化或金属组织结构发生相变等。特别要提出的是，金属即使还没有腐蚀到破坏或严重变质的程度，已足以造成设备事故或损坏。

非金属腐蚀过程包含了不同机理的组合，例如溶解和浸蚀性穿透，其中有扩散、晶界和应力腐蚀的作用，以及在吸收、解析和质量迁移现象共同作用下的氧化-还原反应。其腐蚀特征主要是变质、劣化、分解及磨损。

1.1.2 腐蚀分类

腐蚀的分类方法很多，这里只介绍几种常用的分类方法：

(1) 根据环境介质将腐蚀分为：大气、海水、土壤等自然环境腐蚀和工业环境腐蚀；

(2) 根据腐蚀材料的类型将腐蚀分为金属腐蚀和非金属材料腐蚀；

(3) 根据腐蚀机理分为电化学腐蚀和化学腐蚀；

(4) 按腐蚀形态分为均匀腐蚀和不均匀或局部腐蚀。

1.2 核电站系统的选材

腐蚀专业与材料专业是极为相近的，在核电厂设计阶段，所有的核级系统严格按照RCCM进行选材，非核级的重要系统选材也经过了反复的论证。

图 1-2-1 所示的是核电厂通常使用的材料的简图。

1.3 核电厂腐蚀环境

金属腐蚀过程就是金属材料和环境的反应过程。环境一般指材料所处的介质、温度和压力等。按照介质不同，将电站腐蚀环境主要分成六类：常规岛水汽环境、核岛辐照环境、海水系统环境、海洋大气环境、酸碱盐环境、常温淡水环境。

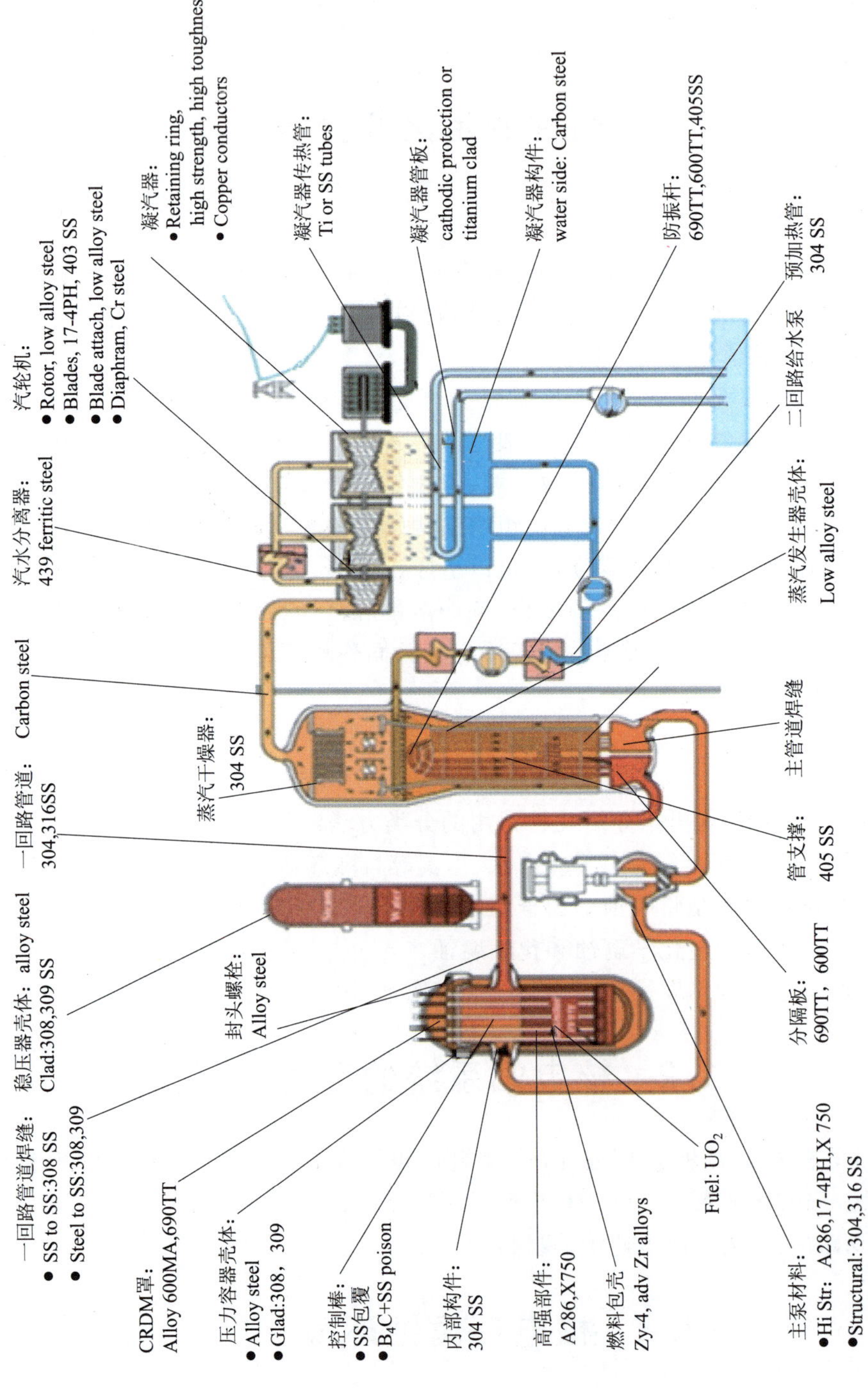

图1-2-1 核电厂通常使用的材料的简图

（1）核岛硼酸辐照环境

核岛内系统设备的安全级别高，对腐蚀问题要求更为严格。岛内设备、管道、阀门、法兰和螺栓大多为不锈钢材质，外表面涂层情况一般较好，但也要注意大气环境点蚀问题的发生；即使不是不锈钢，如电机壳体、部分阀门和支撑件等，对这些设备部件的表面涂层和外部腐蚀问题都要给予足够的关注。

其腐蚀特征如下：

碳钢设备特征表现为硼酸侵蚀特征，腐蚀产生的主要原因是由于硼酸的泄漏。此外，不锈钢设备有出现应力腐蚀裂纹的情况。

硼酸系统通常包括下列系统：反应堆冷却剂系统（RCP）、化学和容积控制系统（RCV）、反应堆硼和水补给系统（REA）、余热排出系统（RRA）、硼回收系统（TEP）、安全注入系统（RIS）、反应堆换料腔和乏燃料水池的冷却和处理系统（PTR）等。

（2）海水环境

杭州湾入海口海水泥沙含量大、盐度低，这是该海域的海水特征。表 1-3-1 为电站选址时所测的海水主要参数。从表 1-3-1 中可以看出，海水中泥沙和氯离子含量很高，海水 pH 呈弱碱性。

表 1-3-1 杭州湾海水水质主要参数

Mg^{2+}/(mg/L)	K^{+}/(mg/L)	Na^{+}/(mg/L)	Ca^{2+}/(mg/L)	HCO_3^{-}/(mg/L)	Cl^{-}/(mg/L)	SO_4^{2-}/(mg/L)	DO/(mg/L)	CO/(mg/L)	总硬度德国度℃	总碱度CaO/(mg/L)	固体含量(×10³)/(mg/L)	溶解固体(×10³)/(mg/L)	悬浮物(×10³)/(mg/L)	pH年均值
370	47	2 865	144	101.68	5 677.87	871.9	10.65	3.58	4.07	46.72	10.6	9.44	1.20	8.02

海水环境下设备的主要腐蚀形式为：泥沙冲蚀、异种金属电偶腐蚀、不锈钢点蚀和缝隙腐蚀等。

其腐蚀通常比较严重，重点部位是 CTE 厂房、CFI 鼓形滤网室、二次滤网；由于海水及大气中海盐成分较高，对于此类系统的腐蚀控制要求做外部的定期涂料防腐，内部确保防腐涂层的施工质量。

海水系统包括：循环水系统（CRF）、安全厂用水系统（SEC）、辅助冷却水系统（SEN）等。

（3）海洋大气环境

秦山二期核电站位于杭州湾入海口，属海洋性气候。年均气温 16.5 ℃，相对湿度 81%。与内陆大气相比，海洋大气含有大量的氯离子，从而使海洋大气更具有腐蚀性。

几乎所有的系统外壁都受到海洋大气环境的腐蚀影响，而由于设备所处位置或运行工况不同，受海洋大气环境的影响程度也不同。室外设备如变压器、建筑物屋顶的通风装置等，由于直接暴露在海洋大气环境下，受其影响较重；室内设备的外表面也暴露在这种环境下，但其影响程度较弱；有些设备由于内部化学介质溢出，导致局部受到来自内部化学水和外部海洋大气的协同腐蚀作用，例如制氯站内相关设备、循环水系统鼓网反冲洗装置等，这些设备的腐蚀问题也很严重。

因此，可以把海洋大气环境按室内和室外，分为室外环境和室内环境。在这些环境下设备的主要腐蚀形式为：表面涂层失效和裸露金属的电化学腐蚀。

(4) 常规岛汽水环境

MX 厂房设备和管道内部介质主要为高温高压蒸汽和除盐水，pH 约为 9.2，呈碱性。常规岛二回路设备的金属材料主要是碳钢，有的部件采用合金钢。低压加热器和高压加热器传热管采用不锈钢，凝汽器传热管采用钛管，碱性除盐水有利于减少碳钢的腐蚀。

常规岛内除盐水对氧含量、杂质含量都有严格要求，从设计上减少设备部件的腐蚀，但在运行过程中，仍会出现不同程度的腐蚀问题。在这种环境下，设备的主要腐蚀形式表现为：氧腐蚀、流动加速腐蚀(FAC)和二次腐蚀等。

系统包括：主蒸汽系统(VVP)、汽水分离再热器系统(GSS)、凝结水抽取系统(CEX)、低压给水加热器系统(ABP)、给水除氧气器系统(ADG)、高压给水加热器系统(AHP)、主给水泵系统(APA 电动主给水泵系统、APP 汽动主给水泵系统)等。

(5) 酸碱盐环境

在核电厂中，除盐水生产系统、凝结水精处理系统、核岛硼酸系统、安全注入系统等生产过程中，都离不开使用酸、碱、盐。但是，它们对金属的腐蚀性很强，一般在设计、选材中都选用了耐酸、碱、盐的材料，管道、设备的内部腐蚀情况一般良好，主要关注由于在日常操作不慎或设备本身缺陷造成外部泄漏而导致设备的外部腐蚀。

这些系统介质为腐蚀性较强的酸、碱、盐等，但是由于采用了抗腐蚀较好的非金属材料，内部腐蚀并不严重。设备外部长期与腐蚀介质残液接触的部位会发生非常严重的腐蚀。所以非金属材料抗腐蚀的有效性，及防止酸、碱、盐残液对设备外表面的腐蚀是这类系统防腐工作的重点。

化学水系统包括：除盐水生产系统(SDA)、核岛除盐水分配系统(SED)、常规岛除盐水分配系统(SER)、生水系统(SEA)、饮用水系统(SEP)、热水生产和分配系统(SES)、凝结水精处理系统(ATE)等。

(6) 常温淡水的腐蚀

核电厂中涉及常温淡水设备的腐蚀失效情况，实践表明，在内部介质为不除盐、不除氧，并加入一定量的次氯酸钠溶液防止微生物滋生的常温水的情况下，大量使用裸露碳钢管道的生活饮用水和消防水系统，会发生腐蚀穿孔。

腐蚀机理包括氧腐蚀、氧浓差腐蚀、微生物腐蚀等。其代表系统为生活饮用水和消防水系统。如饮用水系统(SEP)、消防水生产系统(JPP)等。

(7) 其他环境

废液系统的腐蚀。值得一提的是，核电厂废液系统(如 SEK、SEO 等)，也通常因为内部介质为富含各种高浓度离子的液体而发生腐蚀失效，机理与海水系统十分相似，只是少了泥沙的磨蚀因素。

1.4 腐蚀对核电站的影响

由于腐蚀引起的损失庞大，越来越受到世界各国的重视。各国非常重视对腐蚀的研究和防腐工作的开展。图 1-4-1 和图 1-4-2 所示分别为美国沸水堆和压水堆在 1980—1994 年期间由于腐蚀问题导致的功率因子损失数值。下面是美国核电 1998 年关注的九大防腐问题及其耗资的一些情况。

- 腐蚀产物的活化与沉积:22.045 7 亿美元;
- 压水堆蒸汽发生器传热管的腐蚀和破裂:17.64 亿美元;
- 热交换器的腐蚀:8.554 5 亿美元;
- 汽轮机的腐蚀疲劳与应力腐蚀:7.917 5 亿美元;
- 核燃料包壳的腐蚀:5.665 1 亿美元;
- 发电机中的腐蚀:4.589 亿美元;
- 流动加速腐蚀(FAC):4.221 5 亿美元;
- 未净化水管道的腐蚀:4.111 5 亿美元;
- 沸水堆管道核堆内构件的沿晶 SCC:3.630 6 亿美元。

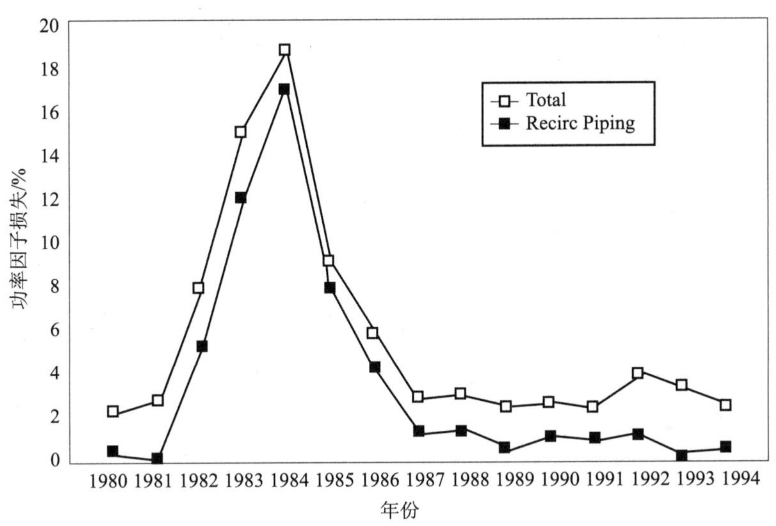

图 1-4-1 美国沸水堆在 1980—1994 年期间由于腐蚀问题导致的功率因子损失数值

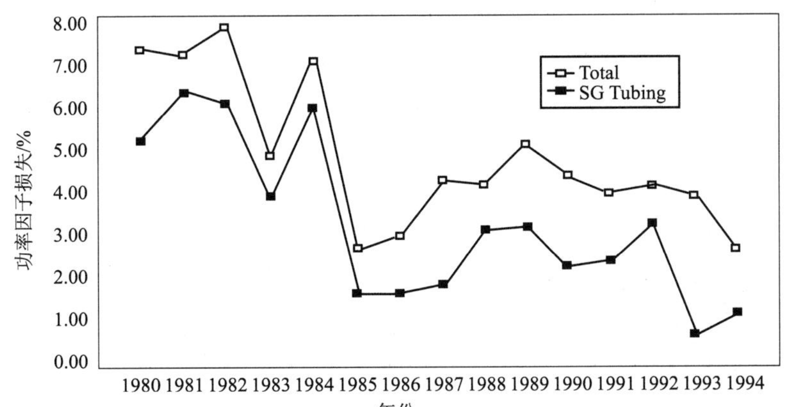

图 1-4-2 美国压水堆在 1980—1994 年期间由于腐蚀问题导致的功率因子损失数值

复习思考题

1. 腐蚀的定义是什么?
2. 腐蚀的分类是什么?
3. 核电站系统的一般性选材是什么?
4. 核电厂腐蚀环境一般有哪些?
5. 腐蚀对核电站的影响有哪些?

第二章 金属电化学腐蚀原理

2.1 电极电位

当将一种金属浸入水溶液中时,金属表面的金属离子,由于受到溶液中水分子的极性作用,将发生水化,水化过程中放出的能量称为金属"水化能",如果金属水化能超过金属的晶格能,并足以克服金属正离子与电子之间的引力(金属键能),则金属表面的这些能克服晶格能和金属键能的离子便脱离开金属晶格进入水溶液中形成水化离子。金属晶格上的电子,由于被水分子的电子壳层的同性电荷所排斥,故不能进行水化转入溶液,仍然留在金属上。水化过程可表示如下:

$$\underset{\text{金属晶格}}{Me^{n+}\cdot ne}+xH_2O \longrightarrow \underset{\text{在溶液中}}{Me^{n+}\cdot xH_2O}+\underset{\text{在金属上}}{ne}$$

众所周知,金属作为一个整体是电中性的。当金属离子由于水化而进入溶液中时,金属表面就必然有相当数量的电子释放出来。水化的结果是:金属表面带负电,而与金属表面相接触的溶液带正电。随着水化过程不断进行,金属水化离子就聚集在带负电的金属表面的液层中,就这样在金属-溶液界面上形成一层由正、负电荷组成的所谓的"双电层"。如图 2-1-1 所示,许多负电性的金属如锌、镁、铁、镉浸入水中或酸、碱、盐的水溶液中,就形成这种双电层。

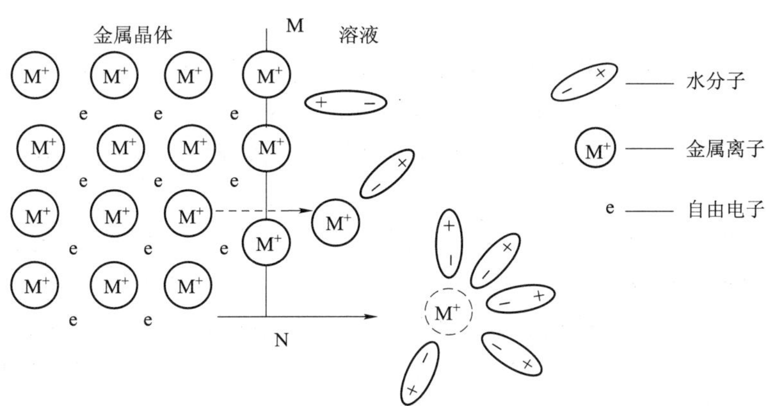

图 2-1-1 金属离子水化示意图

如果金属离子的水化能不足以克服金属晶格中金属离子与电子之间的引力,即晶格上的金属键能超过离子水化能时,把该金属浸入水溶液中,则金属表面可能从溶液中吸附一部分正离子。此时金属表面带正电,而与金属表面相接触的液层,由于负离子过剩,则带负电,这样建立的双电层,恰与上述的双电层相反,即金属带正电荷,溶液带负电荷,如图 2-1-2 所示。例如将铜、银、金浸入其相应的盐溶液中时形成的双电层,即是这类双电层。

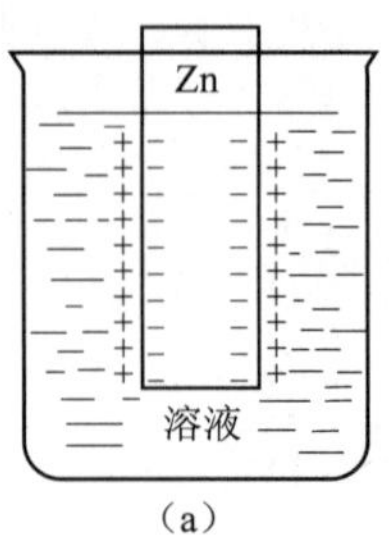

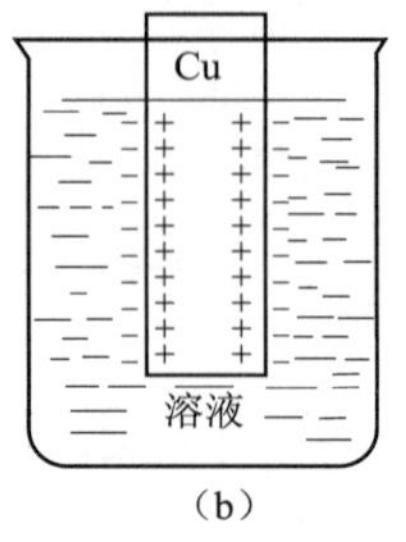

图 2-1-2 双电层示意图

金属-溶液界面上的双电层系由其紧密部分和分散部分组成的，分散部分是由离子在溶液中的热运动所引起的。

此外，还有第三类双电层，一些正电性金属如铂或非金属石墨，它们在溶液中不能水化，但是它们在溶液中能够建立双电层。如铂在水溶液中与氧分子作用，铂表面失去电子带正电，靠近铂的液层带负电（OH^- 离子），其反应式如下：

$$O_2+2H_2O+4e=\!=\!=4OH^-$$

金属-溶液界面上双电层的建立，使得金属与溶液间产生电位（势）差，这种电势差称为电极电位。

金属电极电位的大小，是由双电层上金属表面的电荷密度（单位面积上的电荷数）决定的。它与许多因素有关，首先决定于金属的化学性质，此外金属的晶格结构、表面状态、温度以及溶液中的金属离子的浓度、pH 等都会影响电极电位。

2.2 平衡电位和非平衡电位

金属在溶液中的溶解过程与金属离子沉积过程达到了平衡时，可用下面方程式表示：

$$Me^{n+}\cdot ne+xH_2O\rightleftharpoons Me^{n+}\cdot xH_2O+ne$$

电极过程达到平衡之后，就有一个不变的电位值。因此，这种电位通常称为金属的平衡电位。

在各种不同的物理、化学因素影响下，电极过程的平衡将发生移动。例如在溶液中增加金属离子 Me^{n+} 的浓度（在溶液中加入含同种金属离子的盐类），则平衡向左移动，溶液中的金属离子脱水后就与金属上的过剩电子相结合成为金属析出，结果在双电层中金属表面上的负电荷密度就较小些，电极电位也就更正一些（或负得少一些）。当增高温度时，平衡则移向右方，此时金属继续溶解。

当某种金属浸在其盐溶液中，金属与它的离子之间建立起如下的平衡时，

$$Me^{n+}\cdot ne\rightleftharpoons Me^{n+}+ne$$

电荷自金属移入溶液与从溶液移入金属是借金属离子来搬运的，此时电荷和金属离子在上式中从左至右与从右至左两个过程的迁移速率相等，这个电位就称为金属的平衡电位或可逆电位。平衡电位值可用能斯特公式表示：

$$\varphi=\varphi^{\ominus}+\frac{RT}{nF}\ln c$$

式中，$\varphi^{\ominus}$为金属的标准电极电位；R为气体常数，通常按 8.31 J/(mol·K)；T为热力学温度，n为金属离子价数；F为法拉第常数，等于 96 500 C/mol；c为金属离子浓度 mol/L。

金属的标准电极电位，即当溶液中金属离子的浓度为 1 mol/L 时，溶液温度为 25 ℃时的金属电极电位，如表 2-2-1 所示。

把金属按照它们的标准电极电位代数值增大的顺序排列起来，就得到了金属电动序。

表 2-2-1　金属在 25 ℃时的标准电极电位　单位：V

$Li \rightarrow Li^{+}+e$	−3.02	$Mn \rightarrow Mn^{2+}+2e$	−1.05	$Fe \rightarrow Fe^{3+}+3e$	−0.036
$Cs \rightarrow Cs^{+}+e$	−3.02	$Zn \rightarrow Zn^{2+}+2e$	−0.762	$H_2 \rightarrow H^{2+}+2e$	−0.000
$Rb \rightarrow Rb^{+}+e$	−2.99	$Cr \rightarrow Cr^{3+}+3e$	−0.71	$Cu \rightarrow Cu^{2+}+2e$	+0.345
$K \rightarrow K^{+}+e$	−2.92	$Ga \rightarrow Ga^{3+}+3e$	−0.52	$Cu \rightarrow Cu^{+}+e$	+0.522
$Sr \rightarrow Sr^{2+}+2e$	−2.89	$Fe \rightarrow Fe^{2+}+2e$	−0.44	$2Hg \rightarrow Hg_2{}^{2+}+2e$	+0.798
$Ca \rightarrow Ca^{2+}+2e$	−2.87	$Cd \rightarrow Cd^{2+}+2e$	−0.40	$Ag \rightarrow Ag^{+}+e$	+0.799
$Na \rightarrow Na^{+}+e$	−2.71	$In \rightarrow In^{3+}+3e$	−0.34	$Pd \rightarrow Pd^{2+}+2e$	+0.83
$La \rightarrow La^{3+}+3e$	−2.37	$Tl \rightarrow Tl^{+}+e$	−0.336	$Hg \rightarrow Hg^{2+}+2e$	+0.854
$Mg \rightarrow Mg^{2+}+2e$	−2.34	$Co \rightarrow Co^{2+}+2e$	−0.227	$Pt \rightarrow Pt^{2+}+2e$	+1.2
$Ti \rightarrow Ti^{2+}+2e$	−1.75	$Ni \rightarrow Ni^{2+}+2e$	−0.25	$Au \rightarrow Au^{3+}+3e$	+1.42
$Be \rightarrow Be^{2+}+2e$	−1.70	$Sn \rightarrow Sn^{2+}+2e$	−0.136	$Au \rightarrow Au^{+}+e$	+1.68
$Al \rightarrow Al^{3+}+3e$	−1.67	$Pb \rightarrow Pb^{2+}+2e$	−0.126		

标准电极电位是衡量金属溶解变成金属离子转入溶液的趋势，电极电位越低的金属，它的离子转入溶液的趋势越大。如果将一种金属浸入于另一种具有电势较正的金属的离子的盐溶液中，则浸入的金属将转入溶液中，并将电势较正的金属的离子取代，使后者析出在浸入的金属上面。

例如在钢制容器中，注入 $CuSO_4$ 或别的铜盐溶液，则钢容器内壁部分的铁将因形成离子转入溶液而受到腐蚀，而铜则在容器壁上析出：

$$Fe+Cu^{2+}=\!=\!=Cu\downarrow+Fe^{2+}$$

假如金属在溶液中除了它自己的离子外还有其他别的离子、原子或分子参加电极过程，那么就有可能发生这样的情况：在电极上失去电子是靠某一过程，而获得电子则是靠另一过程。例如一个过程为：$Me^{n+}\cdot ne \rightleftharpoons Me^{n+}+ne$

另一过程为：$H^{+}\cdot H_2O+e \rightleftharpoons \frac{1}{2}H_2+H_2O$　　$O_2+2H_2O+4e \rightleftharpoons 4OH^{-}$

两个过程同时在电极上进行。此时电极反应不是可逆的，因而表现出来的电位也就不能标志此电极过程的电荷与物质均达到平衡。这种电位称为非平衡电位或不可逆电位。

非平衡电位，如果最后能建立起一组完全恒定的数值就是可以稳定的；如果它始终不能建立起一组恒定的数值就是不稳定的。

形成稳定电位的条件是：从金属到溶液与从溶液到金属间电荷的迁移率必须相等，也就是说电荷必须是平衡的，而物质（例如对 Me^{n+} 离子而言）却不一定要保持平衡。

由实验测得的平衡电位值与能斯特公式计算出的基本上相符。但非平衡电位则不服从能斯特公式，它只能用实验的方法来测定。

不同的金属或合金,对于同一种电解质溶液,可以表现出不同的稳定(腐蚀)电位,它们可以通过实验方法测得,如果按腐蚀电位由低到高的顺序(按电位的负值减小和正值增大的顺序)进行排列,就可以得到各种金属和合金在某种溶液中的腐蚀电位序。表 2-2-2 所列的为部分金属和合金在海水中的腐蚀电位序。

表 2-2-2 金属在海水中的腐蚀电位序(按电势由低到高顺序)

电位由低到高 ↓	镁	18-8 不锈钢,304(活性态)	铜
	镁合金	18-12-3 不锈钢,316(活性态)	硅青铜
	锌	50-50 铅锡焊锡	70:30 铜镍合金
	镀锌钢	铅	G 青铜
	铝合金(10Mg)	锡	M 青铜
	铝合金(10Zn)	α+β 黄铜	镍(钝态)
	铝	锰青铜	76Ni-16Cr-7Fe(钝态)
	镉	海军黄铜	
	杜拉铝(硬铝)	镍锡(活性态)	67Ni-33Cu 合金(蒙乃尔)
	软钢	76Ni-16Cr-7Fe(活性态)	13Cr 不锈钢(钝态)
	熟铁		钛
	铸铁	黄铜	18-8 不锈钢(钝态)
	13Cr 不锈钢 410(活性态)	红黄铜	18-12-3 不锈钢(钝态)
			银
			石墨
			金
			铂

2.3 腐蚀电池的工作原理和类型

2.3.1 腐蚀原电池的概念

经过了 100 多年的研究,人们提出了"腐蚀原电池"模型,并用这一模型解释了金属发生电化学腐蚀的原因及电化学腐蚀过程。

将一块锌片和一块铜片插入盛有稀硫酸溶液中,锌片和铜片之间连接上导线和电流计,如图 2-3-1 所示。当电路接通时,电流计上的指针偏转,说明导线有电流通过。这是意大利物理学家伏特在公元 1800 年发明的伏特电池。

随后,1836 年英国科学家丹尼尔研制成另一种原电池,电池装置如图 2-3-2 所示。在一杯 $ZnSO_4$ 溶液中放入一块锌片,在另一杯 $CuSO_4$ 溶液中放入一块铜片,锌片和铜片用导线连接并串联上一个电流计。当盐桥把两杯溶液连通时,电流计上指针立刻摆动,从指针摆动偏转方向知道电流是从铜片流向锌片处。

伏特电池所产生的电流是由于它的两个电极——锌电极与铜电极在电解质溶液中的电位不同,存在一定的电位差所引起的。铜电极电位较高,锌电极电位较低,导线连接时,电极上分布发生如下反应:伏特电池的锌电极上发生氧化反应,锌不断溶解腐蚀,Zn^{2+} 离子进入溶液中。

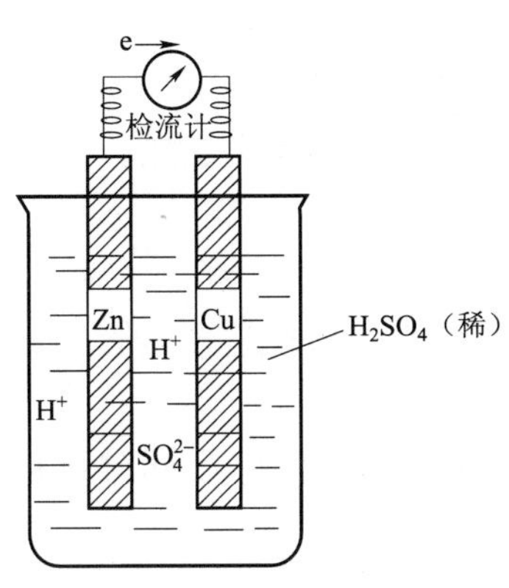

图 2-3-1　伏特电池的结构图

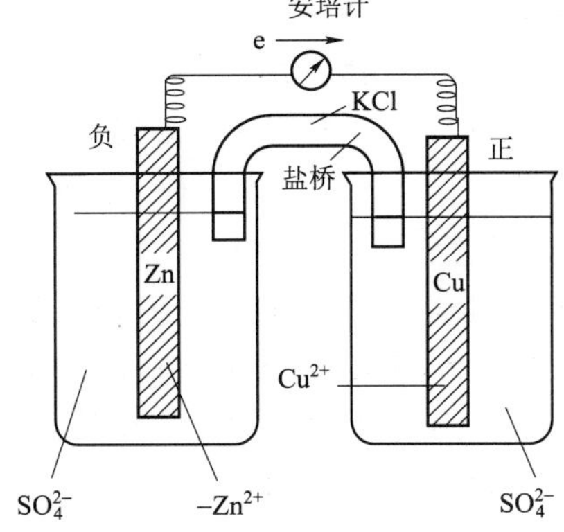

图 2-3-2　铜锌原电池的结构示意图

在腐蚀学里，通常规定电位较低的电极为阳极，电位较高的电极为阴极。因此在上述原电池中将发生如下的电化学反应：

阳极反应：　　$Zn = Zn^{2+} + 2e$

阴极反应：　　$2H^{+} + 2e = H_2\uparrow$

电池的总反应：　$Zn + 2H^{+} = Zn^{2+} + H_2\uparrow$

类似这样的电池在讨论腐蚀问题时称为腐蚀原电池，简称腐蚀电池。

腐蚀电池与原电池的区别仅在于：原电池是能够把化学能转变为电能，作出有用功的装置。而腐蚀电池是只能导致金属破坏而不能对外做有用功的短路电池。

2.3.2　腐蚀电池的工作原理

腐蚀电池工作的基本过程如下：

- 阳极过程：金属溶解，以离子形式迁移到溶液中同时把当量电子留在金属上。

$$Me^{n+}\cdot ne(金属) = Me^{n+}(溶液) + ne(金属)$$

- 电流通路：电流在阳极和阴极间的流动是通过电子导体和离子导体来实现的，电子通过电子导体（金属）从阳极迁移到阴极，溶液中的阳离子从阳极区移向阴极区，阴离子从阴极区向阳极区移动。

- 阴极过程：从阳极迁移过来的电子被电解质溶液中能吸收电子的物质（D）接受：

$$D + ne = [D\cdot ne]$$

由此可见，腐蚀原电池工作过程是阳极和阴极两个在相当程度上独立而又互相依存的过程。这三个环节是相互联系的，三者缺一不可，如果其中一个环节停止了进行，整个腐蚀过程也就停止。

从以上的讨论可以很清楚地看出，金属电化学腐蚀的产生，是由于金属与电解质溶液相接触时，金属表面的各个部分的电极电位不相同，结果形成腐蚀微电池所引起的。其中电位较低的部分成为阳极，容易失去电子，遭受腐蚀；而电位较高的部分则成为阴极，只起传递电子的作用，不受腐蚀（如果不发生二次腐蚀过程）。

2.3.3　腐蚀电池的类型

根据组成腐蚀电池的电极大小，可把腐蚀电池分为两大类：宏观电池与微观电池。

(1) 宏观电池

肉眼可分辨出电极极性的电池为宏观电池，典型的宏观电池有3种：

• 不同的金属浸在不同的电解质溶液中，如丹尼尔电池，可简化表示成：

$$Zn \mid ZnSO_4 \mid\mid CuSO_4 \mid Cu$$

式中，Zn——阳极；Cu——阴极。

• 不同的金属与同一电解质溶液构成的腐蚀电池。如舰船的推进器是青铜制造的，由于青铜的电位较高，钢制舰壳成为阳极而遭到腐蚀。

• 同一种金属浸入同一种电解质溶液中，当局部的浓度(或温度)不同时，构成的腐蚀电池，通常称为浓差电池。可用能斯特公式计算：

$$\varphi = \varphi^{\ominus} + \frac{RT}{nF}\ln c$$

式中，φ——电极电位，V；

c——金属离子在溶液中的浓度，mol/L；

$\varphi^{\ominus}$——标准电极电位，V；

R——气体常数；

F——法拉第常数，C/mol；

T——绝对温度，K；

n——参加反应的金属离子价数或交换电子数。

由上式看出，金属的电位与金属的离子浓度有关，如果电解质溶液是含有金属本身离子的溶液，那么溶液越稀，金属的电位越低；溶液越浓，电位越高。金属在稀的溶液部分遭受腐蚀。

从公式还可以看出溶液温度对金属电位也有影响，因此温度不同也可以形成温差电池。在金属腐蚀中最有实际意义的浓差电池是氧浓差电池，它是由金属与氧含量不同的环境相接触时形成的。如土壤中金属管道的锈蚀，海船的水线腐蚀等均属于氧浓差电池腐蚀。

(2) 微观电池

由于金属表面的电化学不均匀性，在金属表面上微小区域或局部区域存在电位差，如工业纯Zn在稀的H_2SO_4中形成的腐蚀电池即为微观电池。其特点是肉眼难以辨出电极的特性。微观电池主要有以下几种：

• 金属化学成分不均匀，如钢铁中的碳化物，铸铁中的石墨，工业纯Zn中的Fe杂质等。由于它们的电位都高于基体金属，与基体金属构成微观电池。

• 金属组织的不均匀，如金属及合金的晶粒与晶界间存在着电位差异，一般晶粒是阴极，晶界能量高、不稳定为阳极，合金中第二相多数情况是阴极相，基体为阳极相，但有些铝合金的第二相为阳极。如Mg质量分数大于3%的Al-Mg合金，Mg_5A_{18}相、$A_{13}Mg_2$及Mg_2Si相是阳极相。此外合金凝固时引起成分偏析，也能形成微观电池。

• 金属表面的物理形态不均匀，如金属的各部分变形、加工不均匀、晶粒畸变都会导致形成微观电池。一般形变大，内应力大的部分为阳极区，易遭受腐蚀。此外，温差、光照等不均匀也可形成微观电池。

• 金属表面膜如果不完整，有空隙、裂缝、则孔隙、裂缝下金属表面部分的电位较负，成为微电池的阳极遭到腐蚀。

2.4　极化与去极化

2.4.1　极化

（1）极化作用

电化学腐蚀通常是按原电池作用的历程进行的，腐蚀着的金属作为电池的阳极发生氧化反应（溶解），因此电化学腐蚀速度可用阳极溶解电流密度表示。

图 2-4-1 是腐蚀电池接通电路前后电位随时间变化的示意图，可见，当电路接通后，阳极电位向正方向变化，阴极电位向负方向变化，结果使原电池电位差由 ΔE_o 变为 ΔE_t，显然 $\Delta E_t<\Delta E_o$，这种由于电极上有净电流通过，电极电位显著地偏离了未通净电流时的起始电位的变化的现象通常称为极化。

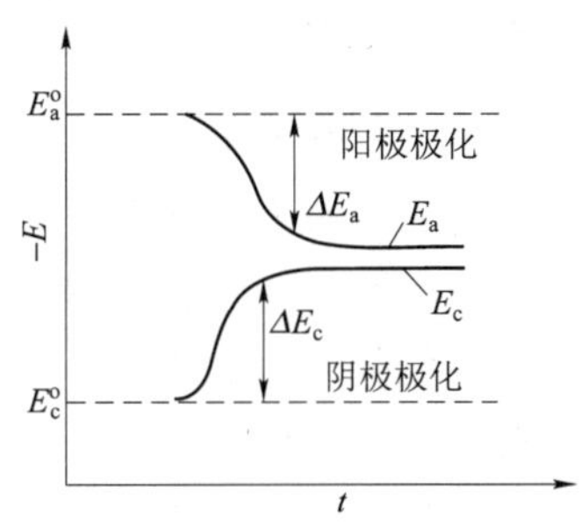

图 2-4-1　电位-时间关系曲线

电极极化（无论阳极极化还是阴极极化）程度与电流密度有关。极化对抑制或减少金属腐蚀具有很重要的意义应予足够的重视。

腐蚀原电池由于通过电流而引起电池两极间电位差的减小的现象，称为电池的极化作用。电池极化是由阳极极化和阴极极化作用两部分组成的。当电池通过电流时阳极电位向正的方向移动的现象，称为阳极极化。而电池通过电流时阴极电位向负的方向移动的现象，称为阴极极化。

（2）阳极极化

产生阳极极化的原因有三个：

• 活化极化。阳极过程是金属离子从基体转移到溶液中并形成水化离子的过程。

$$Me^{n+}\cdot ne+mH_2O=Me^{n+}\cdot mH_2O+ne$$

由此可见，只有阳极附近所形成的金属离子不断地迁移到电解质溶液中，该过程才能顺利进行。如果金属离子进入溶液里的速度小于电子从阳极迁移到阴极的速度，则阳极上就会有过多的带正电荷金属离子的积累，由此引起电极双电层上的负电荷减少，于是阳极电位就向正方向移动，产生阳极极化。这种极化称为活化极化或电化学极化。

• 浓差极化。在阳极过程中产生的金属离子首先进入阳极表面附近的溶液中，如果进入溶液中的金属离子向远离阳极表面的溶液扩散得缓慢时，会使阳极附近的金属离子溶度，增加阻碍金属继续溶解，必然使阳极电位往正方向移动，产生阳极极化。这种极化称为浓差极化。

• 电阻极化。在阳极过程中由于某种机制在金属表面上形成了钝化膜，阳极过程受到了阻碍，使得金属的溶解速度显著降低，此时，阳极电位剧烈地向正的方向移动，由此引起的极化称为电阻极化。

由此可见，阳极极化对抑制、降低腐蚀速度是有利的，反之消除阳极极化就会促进阳极过程进行，加速腐蚀。

（3）阴极极化

产生阴极极化的原因有两个：

• 阴极活化极化。阴极过程是接受电子过程，即：

$$D+ne=(D\cdot ne)$$

如果由阳极迁移来的电子过多，由于某种原因阴极接受电子的物质与电子结合的速度进行得很慢，使阴极积累了剩余电子，电子密度增高，结果使阴极电位向负方向移动，产生阴极极化。也称为阴极活化极化或电化学极化。

• 阴极浓差极化。阴极附近参与反应的物质或反应产物扩散较慢引起阴极过程受阻，造成阴极电子堆积，使阴极电位向负方向移动，由此引起的极化为浓差极化。

2.4.2 去极化

(1) 去极化作用

消除或减弱阳极和阴极极化作用的电极过程称为去极化作用或去极化。与极化相反，凡是能消除或减缓极化所造成原电池阻滞作用的均叫做去极化，能够起到这种作用的物质称去极化剂，去极化剂是活化剂，它起加速腐蚀的作用。海水中的氧对腐蚀电池阳极极化起去极化作用，称为阳极去极化。对阴极起的去极化作用称为阴极去极化。

凡是在电极上能吸收电子的还原反应都能起到去极化作用。阴极去极化反应一般有下列几种类型：

• 阳离子还原反应：

$$Cu^{2+}+2e=Cu$$

$$Fe^{3+}+e=Fe^{2+}$$

• 析氢反应：

$$2H^{+}+2e=H_2\uparrow$$

• 阴离子的还原反应：

$$NO_3^-+2H^++2e=NO_2^-+H_2O$$

$$Cr_2O_7^{2-}+14H^++6e=2Cr^{3+}+7H_2O$$

• 中性分子的还原反应：

$$O_2+2H_2O+4e=4OH^-$$

$$Cl_2+2e=2Cl^-$$

• 不溶性膜或沉积物的还原反应：

$$Fe_3O_4+H_2O+2e=3FeO+2OH^-$$

$$Fe(OH)_3+e=Fe(OH)_2+OH^-$$

另外，利用机械方式减少扩散层厚度、降低生成物浓度、在介质中加入过电位低的 Pt 盐等均可加速阴极过程。

最重要最常见的两种阴极去极化反应是氢离子和氧分子阴极还原反应。铁、锌、铝等金属及其合金在稀的还原酸溶液中的腐蚀，其阴极过程主要是氢离子还原反应。锌、铁等金属及其合金在海水、潮湿大气、土壤和中性盐溶液中的腐蚀，其阴极过程主要是去氧极化反应。特别是 Cl^- 离子对金属钝化膜破坏的阳极去极化，在海洋腐蚀中极为重要。

(2) 析氢腐蚀

以氢离子作为去极化剂。在阴极上发生 $2H^++2e^-=H_2$ 的电极反应叫氢去极化反应。

由氢去极化引起的金属腐蚀称为析氢腐蚀。

如果金属(阳极)与氢电极(阴极)构成原电池,当金属的电位比氢的平衡电位更负时,两电极间存在着一定的电位差,才有可能发生氢去极化反应。例如,在 pH 为 7 的中性溶液中,氢电极的平衡电位 $E_H=-0.413$ V,当金属(阳极)电位小于 -0.413 V 时,才有可能发生氢去极化腐蚀。

在酸性介质中一般电位负的金属如 Fe、Zn 等均能发生氢去极化腐蚀,电位更负的金属 Mg 及其合金在水中或中性盐溶液中(海水)也能发生氢去极化腐蚀。

(3) 氧去极化腐蚀

• 氧去极化腐蚀

当电解质溶液中有氧存在时在阴极上发生氧去极化反应:

在中性或碱性溶液中: $O_2+2H_2O+4e=4OH^-$

在酸性溶液中: $O_2+4H^++4e=2H_2O$

由此引起阳极金属不断溶解的现象称作氧去极化腐蚀。

当原电池的阳极电极电位较氧电极的平衡电位负时,即 $E_a<E^{\ominus}_{O_2}$,才有可能发生氧去极化腐蚀。在 pH=7 的中性溶液中,$P_{O_2}=21$ kPa,氧的平衡电位为 $E=0.815$ V,在中性溶液中有氧存在时如果金属的电位小于 0.815 V,就可能发生氧去极化腐蚀。许多金属及其合金在中性或碱性溶液中,在潮湿大气、海水、土壤中都可能发生氧去极化腐蚀,甚至在流动的弱酸性溶液中也会发生氧去极化反应。因此,与析氢腐蚀比较氧去极化腐蚀更为普遍和重要。

• 影响氧去极化腐蚀的因素

多数情况下,发生氧去极化腐蚀主要由扩散过程控制。腐蚀电流受氧去极化反应的极限电流密度影响。因此,凡是影响极限扩散电流密度的因素均能影响氧去极化腐蚀。如氧的扩散系数、氧的浓度以及扩散层厚度等。根据

$$i_d=nFDc/\delta$$

式中,i_d——氧的扩散电流线密度,A/cm;

D——氧的扩散系数;

c——溶液本体氧的浓度,mol/L;

δ——扩散层厚度,cm;

n——交换电子数或金属离子的价数;

F——法拉第常数,C/mol。

氧的扩散电流密度 i_d 随溶解氧的浓度 c 的增加而增加,并与扩散层厚度 δ 成反比,流速越大氧的扩散层厚度越小,氧的扩散电流密度越大,腐蚀增大。

降低温度,扩散层厚度增大,i_d 减小,腐蚀速度减弱。

对于阳极活化体系(非钝化体系),氧去极化腐蚀速度随着氧浓度的增加而增加。对于阳极可钝化体系,氧去极化腐蚀速度与氧的浓度关系要复杂得多。

2.4.3 腐蚀极化图

在研究金属腐蚀过程时,常用图解法来分析腐蚀过程和腐蚀速度的相对大小。尤其是讨论某些因素对腐蚀速度的影响时,图解法显得更方便。如暂不考虑电位随电流变化细节

可将两个电极反应所对应的阴极、阳极极化曲线简化成直线画在一张图上这种简化了的图称为伊文思(Evans)极化图(如图 2-4-2 所示)。其横坐标用电流强度表示,纵坐标用电位表示。在一个均相的腐蚀电极上,如果只进行两个电极反应,则金属阳极溶解的电流强度 I_a 一定等于阴极还原反应电流强度 I_c。

在实验室里,一般用外加电流测定阴、阳极极化曲线来绘制伊文思极化图。

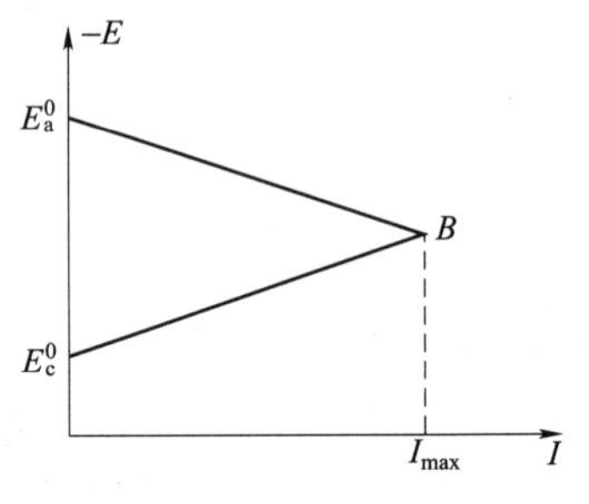

图 2-4-2 伊文思极化图

2.5 金属的钝化

2.5.1 金属的钝化现象

钝态的概念最初是来自法拉第对 Fe 在 HNO_3 溶液中溶解行为的观察。把一块铁片放在 HNO_3 溶液中,观察其溶解速度与 HNO_3 浓度的关系。发现铁片的溶解速度随硝酸浓度的增加而增大,但当 HNO_3 的质量浓度达到 30%~40%时,溶解度达到最大值,当 HNO_3 质量浓度大于 40%时铁的溶解速度随 HNO_3 浓度的增加而迅速下降;继续增加 HNO_3 浓度,其溶解速度达到最小,如图 2-5-1 所示。这时把铁转移到稀的硫酸中铁不再发生溶解。勋巴恩(Schnbein)称铁在浓 HNO_3 中获得的耐蚀状态为钝态。像铁那样的金属或合金在某种条件下,由活化态转为钝态的过程称为钝化,金属(合金)钝化后所具有的耐蚀性称为钝性。

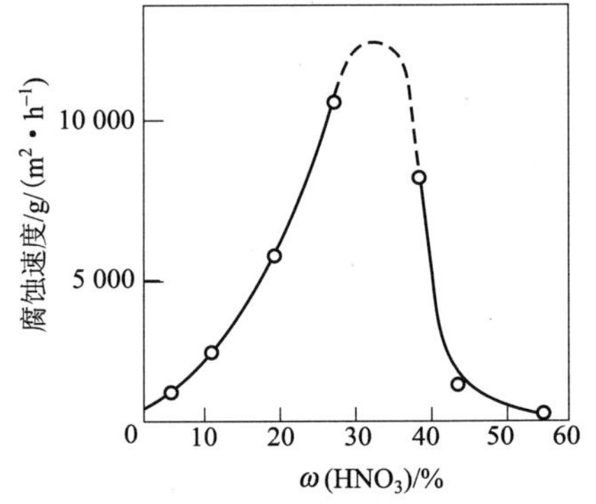

图 2-5-1 工业纯铁的溶解速度与硝酸浓度的关系(25 ℃)

2.5.2 钝化原因

引起金属钝化的因素有化学及电化学两种。化学因素引起的钝化,一般是由强氧化剂引起的。如硝酸、硝酸银、氯酸、氯酸钾、重铬酸钾、高锰酸钾以及氧等,它们也是钝化剂。有些非氧化性酸也能使金属钝化,如 Mo 在 HCl 中、Mg 在 HF 中的钝化。电化学钝化是指外加电流的阳极极化产生的钝化。如 Fe 在 0.5 mol/L 的 H_2SO_4 溶液中,外加电流引起钝化。

2.5.3 钝化类型

不同的金属或合金的钝化体系将表现出各自不同的特征。按活化-钝化过渡区、钝化区和过钝化区等特征,可把钝化体系的阳极极化曲线的主要特征归纳为如图 2-5-2 所示的几种情况。

(1) 活化-钝化过渡区

活化-钝化过渡区,如图 2-5-2(a)所示,有 3 种可能出现的特征,其中最简单的情况只出现单一电流峰。如图 2-5-2(a)中的第 1 种情况。例如,Fe -稀 H_2SO_4 体系就属于这类情况。

(2) 钝化区

对于多数钝化金属来说，在钝化区稳态阳极电流是不随电位而变化的，如图 2-5-2(b)中的第 1 种情况。而对某些金属如 Co 则表现出逐级钝化的情况，即不同电位区间，其钝化程度也不相同。如图 2-5-2(b)中的第 2 种情况。另外，少数金属，如 Ni 在钝化区内，它的钝态电流密度是随电位增加而增加的。如图 2-5-2(b)中的第 3 种情况。

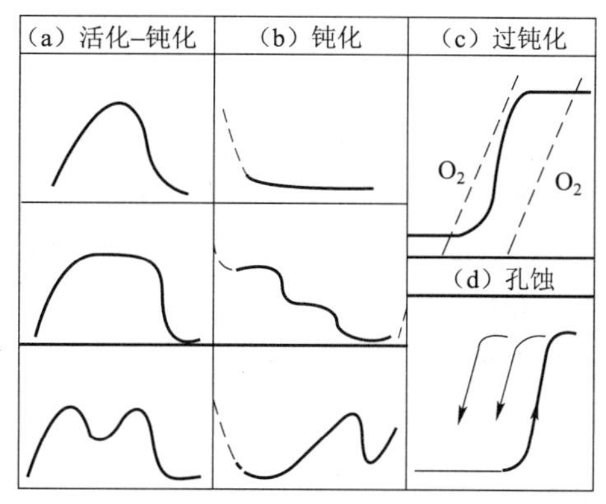

图 2-5-2　不同的金属钝化系统的阳极极化曲线的主要特征

(3) 过钝化区

过钝化区的特征是，电位达到或超过钝化电位时，阳极溶解电流又突然随电位升高而增加，金属表面经受全面腐蚀，如图 2-5-2(c)所示。当电位进一步升高，过钝化电流达到某一极限值时过钝化电流对金属表面具有抛光作用。

有两种过钝化模式，一种，如金属 Cr 所表现的那样，过钝化溶解产物是高价离子形式；另一种，如 Fe 它的过钝化溶解和钝化区溶解的离子一样。当溶液中存在对钝化膜有破坏作用的阴离子时，且电位达到某一临界电位点蚀电位，则金属发生点蚀，此时阳极极化曲线的形状如图 2-5-2(d)所示。

2.5.4　钝化膜的性质

多数钝化膜是由金属氧化物组成的。在一定条件下，铬酸盐、磷酸盐、硅酸盐及难溶的硫酸盐和硫化物也能构成相膜。钝化膜与溶液的 pH、电极电位及阴离子性质、浓度有关。研究发现，某些金属(Cd，Ag，Pb 等)的活化电位不仅与致钝电位很相近，还和使金属钝化的氧化物的平衡电位很相近。这说明钝化膜的生成与消失是在近于可逆条件下进行的。佛莱德(Flade)发现，在很快达到活化电位之前，金属所达到的电极电位愈正，钝态被破坏时溶液的酸性将愈强。这个特征电位值称为 Flade 电位(E_F)。佛朗克(Franck)发现溶液 pH 与 Flade 电位之间存在线性关系。这一结果与其他研究结果一致。钝态的 Fe，Cr，Ni 电极分别在 0.5 mol/L 的 H_2SO_4 中，当温度为 25 ℃时，E_F 与 pH 的关系如下：

$$E_F^{Fe}=0.63-0.059pH$$

$$E_F^{Cr}=-0.22-2\times0.059pH$$

$$E_F^{Ni}=0.22-0.059pH$$

上式表明，E_F 愈正，钝化膜的活化倾向愈大；E_F 愈负，钝化膜的稳定性愈强。显然，Cr 钝化膜的稳定性比 Ni、Fe 钝化膜稳定性高。虽然目前关于 Flade 电位的物理意义的说法尚不统一，但仍可用来相对地衡量钝化膜的稳定性。

某些活性的阴离子，如 SCN^-、卤素离子 Cl^- 等对钝化膜的破坏作用最大。大量研究表明，在含 Cl^- 离子的溶液中，钝化膜的结构发生了改变。并且由于氯离子半径小，穿透力强，最易透过膜内微小的孔隙，并与金属相互作用形成可溶性的化合物。恩格尔(Engell)和斯托利卡(Stolica)发现氯化物浓度在 3×10^{-4} mol/L 时，钝态的铁电极上出现孔蚀。他们认为这是由于氯离子穿过氧化膜和 Fe 离子发生反应引起的。其反应为：

$$Fe^{3+} + 3Cl^- = FeCl_3$$
$$FeCl_3 = Fe^{3+} + 3Cl^-$$

钝化膜穿孔发生溶解所需要的最低电位值称作点蚀临界电位，简称点蚀电位。或称击穿电位，用 E_{br} 表示。如图 2-5-3 所示的点蚀电位与 Cl^- 浓度的关系可看出，随着 Cl^- 浓度增加，界点蚀电位将迅速降低，不锈钢的点蚀电位与卤族离子浓度关系可用下式表示：

$$E_{br}^{x^-} = a + b\lg a_x^-$$

式中，a，b 是与钢种、卤族离子种类有关的常数。

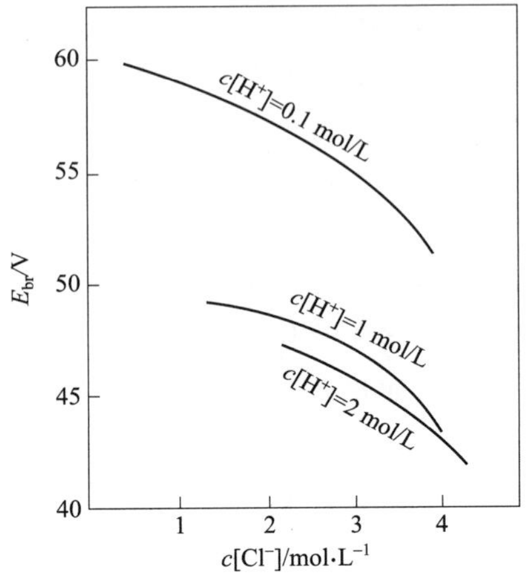

图 2-5-3 临界击穿电位与 Cl^- 的关系

18-8 型不锈钢在卤化物溶液中的点蚀电位 E_{br} 如下：

$$E_{br}^{Cl^-} = -0.881\lg a_{Cl^-} + 0.168\ \text{V}$$

$$E_{br}^{Br^-} = -0.126\lg a_{Br^-} + 0.294\ \text{V}$$

一般点蚀电位愈正，发生点蚀愈困难。使不锈钢发生点蚀的程度按 $Cl^- > Br^- > I^-$ 顺序降低。

2.5.5 钝化理论

金属由活化态进入钝态是一个较复杂的过程。由于金属形成钝化膜的环境及形成钝化膜的机制不同，不可能有统一的理论。能为多数人接受的钝化理论主要有两种。

（1）成相膜理论

该理论认为钝化金属的表面存在一层非常薄、致密、而且覆盖性能良好的三维固态产物膜。该膜形成的独立相（成相膜）的厚度一般在 1～10 nm 之间，它可用光学法测出。这些固相产物大多数是金属氧化物。此外，磷酸盐、铬酸盐、硅酸盐以及难溶的硫酸盐、卤化物等在一定的条件下也可构成钝化膜。

（2）吸附理论

吸附理论认为，金属钝化并不需要生成成相的固态产物膜。只要在金属表面或部分表面上形成氧或含氧粒子的吸附层就够了。这种吸附层只有单分子层厚，它可以是原子氧或分子氧，也可以是 OH^- 或 O^-。吸附层对反应活性的阻滞作用有如下几种说法：

- 认为吸附氧饱和了金属表面的化学亲和力，使金属原子不再从晶格上移出，使金属钝化。
- 认为含氧吸附层粒子占据了金属表面的反应活性点，例如边缘、棱角等处，因而阻滞了金属表面的溶解。
- 认为吸附改变了“金属/电解质”的界面双电层结构，使金属阳极反应的激活能显著升高因而降低了金属的活性。

两种钝化理论都能解释一些实验事实。共同点是：由于在金属表面上生成一层极薄的膜，从而阻碍了金属的溶解。不同点在于对成膜的解释，吸附理论认为形成单分子层的二维吸附层导致钝化；成相膜理论认为至少要形成几个分子层厚的三维膜才能保护金属。实际上，金属在钝化过程中，在不同的条件下，吸附膜与成相膜可能分别起主导作用。

金属的钝化在腐蚀科学中占有很重要的地位。钝化对控制金属在许多介质中的稳定性提高金属的耐蚀性是极为重要的。但由于钝化现象的复杂性，人们对于产生钝化的机制、钝化膜的组成与性质等问题依然不十分清楚，仍有大量未知问题需要去研究和探索。

复习思考题

1. 何谓“双电层”？
2. 解释“腐蚀原电池”模型。
3. 解释腐蚀电池与原电池的区别。
4. 概述腐蚀电池工作的基本过程。
5. 腐蚀电池的类型有哪些？
6. 何谓极化作用？
7. 产生阳极极化的原因有哪些？
8. 产生阴极极化的原因有哪些？
9. 解释去极化作用。
10. 概述金属的钝化现象。

第三章 腐蚀类型

腐蚀形态可分为两大类，即全面腐蚀与局部腐蚀。而局部腐蚀又可分别为点腐蚀、缝隙腐蚀、电偶腐蚀、晶间腐蚀、选择性腐蚀、磨蚀腐蚀、应力腐蚀和腐蚀疲劳。以上就是通常讲的八大腐蚀形态。实际上细分起来还有多种名称。

（1）全面腐蚀

全面腐蚀可视为均匀腐蚀，它是一种常见的腐蚀形态。其特征是腐蚀分布于金属整个表面，最后使金属变薄了。例如钢或锌浸在稀硫酸中，以及某些材料在大气中的腐蚀等。

全面腐蚀的电化学过程特点是腐蚀原电池的阴、阳极面积非常小，甚至用微观方法也无法辨认出来，而且微阳极与微阴极的位置是变幻不定的，因为整个金属表面在溶液中都处于活化状态，只是各点随时间（或地点）有能量起伏，能量高时（处）为阳极，能量低时为阴极，这样使金属表面都遭受腐蚀。

全面腐蚀按其腐蚀程度可分为均匀的或不均匀的。如果金属的材质和腐蚀环境较为均一，腐蚀不仅分布于整个表面，并以相同速度进行，就是均匀腐蚀。通常以均匀腐蚀速度来表示腐蚀进行的快慢。腐蚀速率常以失重或失厚表示。

全面腐蚀往往造成金属的大量损失，但从技术观点来看，这类腐蚀并不可怕，不会造成突然事故。其腐蚀速度较易测定，在工程设计时可预先考虑应有的腐蚀裕量，防止设备过早地腐蚀破坏。

（2）局部腐蚀

局部腐蚀是相对全面腐蚀而言，其特点是腐蚀仅局限或集中于金属的某一特定部位。局部腐蚀时阳极和阴极区一般可以截然分开，其位置可用肉眼或微观检查的方法加以区分和辨别；腐蚀电池中的阳极反应和腐蚀剂的还原反应可以在不同地区发生，而次生腐蚀产物又可在第三地点形成。著名的盐水滴实验证实了上述电化学腐蚀的本质。

1）盐水滴实验

盐水滴实验是在一块抛光、干净的钢片上滴上一滴含有少量铁羟指示剂（酚酞铁氧化钾）并为空气所饱和的盐水滴。在液滴覆盖的区域出现粉红色和蓝色的小斑点。稍待片刻液滴中心变为蓝色，边缘为粉红色，而且两者之间有一棕色环。这一现象的原因是：在该体系中，钢为阳极被腐蚀，即

$$Fe=Fe^{2+}+2e$$

铁离子与指示剂作用生成蓝色沉淀：

$$3Fe^{2+}+2[Fe(CN)_6]^{3-}=Fe_3[Fe(CN)_6]_2\downarrow$$

而阴极区的反应为：

$$1/2O_2+H_2O+2e\rightarrow 2(OH)^-$$

OH^- 增多，使 pH 增高，使酚酞呈红色。

在开始阶段，溶液中的含氧量是均匀的，而金属表面在制样过程中或多或少有些划痕（纹路），因此阳极小点是沿纹路出现的，而周围的粉红斑点是阴极区，说明这时的腐蚀是由

于金属表面结构的不均匀而引起的，这种情况称为初生分布。

初生情况持续不久，溶液中的氧渐渐被消耗，需要从空气中补充氧，液滴中心部位由于液层较厚，氧的扩散路程较长，故供氧较慢。反之液点边缘液层较薄，氧扩散较快，边缘富氧，所以在液滴与金属表面接触处出现了含氧不均匀。这时阴极反应在边缘较易进行，即产生较多的氢氧根离子，使边缘呈红色。而液滴中心阳极反应占优势，Fe^{2+} 增多，呈蓝色。同时阳极产物 Fe^{2+} 及阴极产物 OH^- 由于扩散和迁移的结果，在中间地带相遇而形成 $Fe(OH)_2$，而后又被氧氧化成为棕褐色的铁锈 $Fe(OH)_3$，即为腐蚀的二次产物。这一阶段的腐蚀主要是介质的不均匀性引起的。

以上的实验说明：

• 金属表面结构或组织不均匀性，或者腐蚀介质不均匀性，都可以导致腐蚀电池的形成。

• 失电子的阳极氧化反应和得电子的阴极还原反应是在两个相对独立的区域进行的，但又不可分割同时完成。

• 金属的电化学腐蚀过程伴随着电流的发生(有电子流动)，该电流表征着金属的腐蚀速度。

在发生局部腐蚀情况下，通常阳极区面积比阴极区面积要小得多，这时阳极区腐蚀非常强烈，虽然金属失重不大，但带来的危害极大。例如点腐蚀能使容器穿孔而报废，晶间腐蚀能使晶粒丧失结合力，导致材料的强度丧失。

2) 腐蚀电池的类型

为研究局部腐蚀，先了解一下腐蚀电池的类型是很有必要的。按组成电池的大小可分为：宏电池与微电池；按产生原理可分为：介质不均匀性引起的腐蚀电池，以及金属材料或金属本身组织结构及表面物理状态不均匀引起的腐蚀电池。

常见的腐蚀电池有以下几种：氧浓差电池、金属离子浓差电池、温差电池、不同金属材料或金属本身组织结构及表面物理状态不均匀性引起的腐蚀电池。

局部腐蚀是金属材料最常见的破坏形态，因为很难估算其腐蚀速度，而且危险又很大，所以至今仍然是腐蚀与防护科技工作者的主要研究对象。

3.1 点腐蚀

点腐蚀(孔蚀)是一种腐蚀集中于金属表面的很小范围内，并深入到金属内部的蚀孔状腐蚀形态，一般是直径小而深度深。蚀孔的最大深度和金属平均腐蚀深度的比值，称为点蚀系数，点腐蚀系数越大表示点蚀越严重。

点腐蚀是一种破坏性和隐患较大的腐蚀形态之一，是化工生产及海洋事业中经常遇到的问题。

3.1.1 点腐蚀的形貌与特征

点腐蚀发生的特征，即产生点腐蚀的主要条件有下列三个方面。

(1) 多发生于表面生成钝化膜的金属材料上或表面有阴极性镀层的金属上。当这些膜上某点发生破坏，破坏区下的金属基体与膜未破坏区形成活化-钝化腐蚀电池，钝化表面为阴极而且面积比活化区大很多，腐蚀就向深处发展而形成小孔。

(2) 点腐蚀发生于有特殊离子的介质中，如不锈钢对含有卤素离子特别敏感，其作用顺序为 $Cl^- > Br^- > I^-$。这些阴离子在合金表面不均匀吸附导致膜的不均匀破坏。

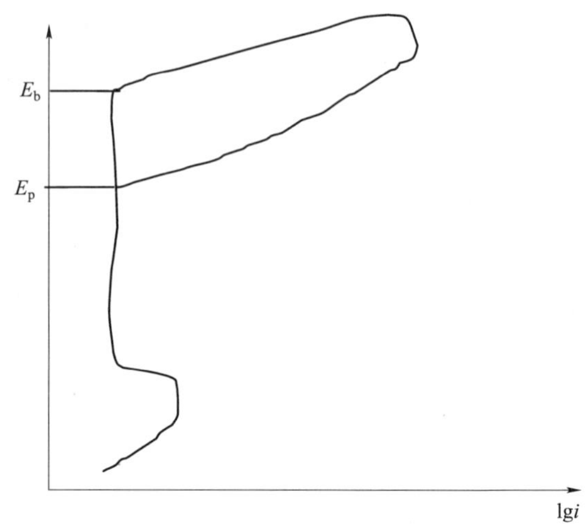

图 3-1-1 动电位测量阳极极化曲线模式图

点腐蚀发生在某一临界电位以上，该电位称作点蚀电位，用 E_b 表示，如图 3-1-1 所示。E_p 为钝化电位或叫保护电位。大于 E_b 值，点蚀迅速发生、发展；$E_p \sim E_b$ 之间，已发生的蚀孔继续发展，但不产生新的蚀孔；小于 E_p 值，点蚀不发生。所以 E_b 值越高表征材料耐点蚀性能越好。E_p 与 E_b 值越接近，说明钝化膜修复能力越强。

3.1.2 点腐蚀机理

点腐蚀可分为两个阶段，即蚀孔成核和蚀孔生长。

(1) 蚀孔成核

关于蚀孔成核的原因目前通常有两种学说，即钝化膜破坏理论和吸附理论。

- 钝化膜破坏理论：这种说法认为小孔的发生是当腐蚀性阴离子在不锈钢钝化膜上吸附后，由于氯离子半径小而穿过钝化膜，氯离子进入膜内后“污染了氯化膜”，产生了强烈的感应离子导电，于是此膜在一定点上变得能够维持高的电流密度，并能使阳离子杂乱移动而活跃起来，当膜-溶液界面的电场达到某一临界值时，就发生点蚀。
- 吸附理论：认为点蚀的发生是由于氯离子和氧的竞争吸附结果而造成的。当金属表面上氧的吸附点被氯离子所替代时，点蚀就发生。
- 点蚀敏感位置：上述理论都认为点蚀是氯离子在金属表面某些点引起膜的局部破坏的结果，那么这些点又最易发生在金属表面的哪些部位呢？许多文献都谈到金属的耐蚀能力与其表面的均匀性有关，非金属夹杂物的分布和组成以及金属组织不均匀性都对点腐蚀有重大影响。此外，钝化膜的划伤或应力集中，甚至晶格缺陷，也都可能是产生点蚀的原因。
- 点蚀的孕育期：从金属与溶液接触一直到点蚀刚刚发生，这段时间称作孕育期，孕育期随氯离子浓度增大及电极电位升高而缩短。

(2) 蚀孔的生长

由于上述原因一旦形成蚀孔后，蚀孔的发展是很快的。孔蚀发展模型也有很多学说，目前公认的是蚀孔内发生的自催化过程。图 3-1-2 说明了这种情况。当点蚀一旦发生，蚀孔内金属发生溶解，即 $M \rightarrow M^{n+} + ne$。如果是在含氯离子水溶液中，则阴极反应为吸氧反应，孔内氧浓度下降，而蚀孔外富氧形成氧浓差电池。孔内金属离子不断增加，为保持电中性，蚀孔外阴离子(Cl^-)向孔内迁移，孔内氯离子浓度升高。由于孔内金属离子升高并发生水解：$M^{n+} + n(H_2O) \rightarrow M(OH)_n + nH^+$，这使孔内溶液氢离子浓度升高，pH 降低，孔内 pH 低达 2～3，而氯离子浓度为整体溶液的 3～10 倍。孔内酸化，使蚀孔内金属处于 HCl 介质中，即处于活化溶解状态；而蚀孔外溶液仍然是富氧，介质保持中性，因此表面膜维持钝态，从而构成了活化（孔内）-钝化（孔外）腐蚀电池，促使蚀孔内金属不断溶解，蚀孔外表面发生氧的还原。这样使点蚀以自催化的过程发展下去，从而促进腐蚀破坏的迅速发展。

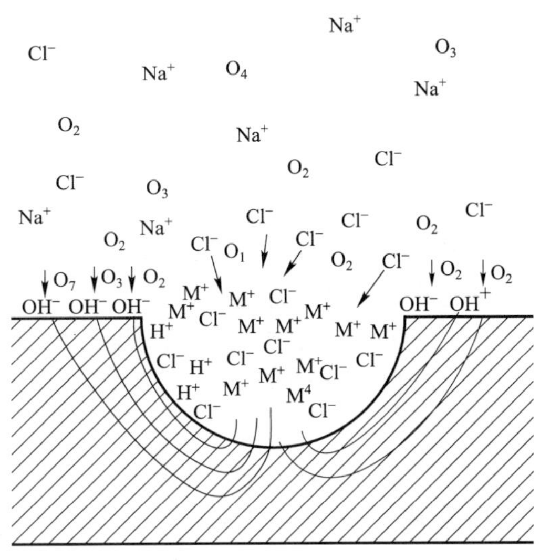

图 3-1-2　在蚀孔内发生的自催化过程

3.1.3　影响点蚀的因素

（1）环境因素

这里是指材料所处的介质特性，它对点蚀的形成有重要的影响。

- 介质类型：某些材料易发生点蚀的介质是特定的，如不锈钢易在含卤族元素阴离子 Cl^-、Br^-、I^- 中发生，而铜则对 SO_4^{2-} 更敏感。
- 介质浓度：以卤素离子为例，一般认为，只有当卤素离子达到一定浓度时才发生点蚀。可以把产生点蚀的最小浓度作为评定点蚀趋势的一个参量。
- 介质中其他阴离子作用：介质中如存在 OH^-，SO_4^{2-} 等阴离子，对不锈钢点蚀起缓蚀作用，效果随下列顺序而递减：$OH^- > NO_3^- > AC^- > SO_4^{2-} > ClO_4^-$。
- 介质温度的影响：温度升高，对不锈钢来说点蚀电位降低。
- 溶液 pH 的影响：pH>10 时点蚀电位上升，而小于 10 时影响很小。

（2）冶金因素

工业上大量使用的不锈钢的耐点蚀性能，人们做了许多详细的研究工作。提高不锈钢耐点蚀性能最有效的元素是铬、钼，氮、镍也有好的作用。含铬量增加提高了钝化膜的稳定性；钼的作用在于以 MoO_4^{2-} 的形式溶解，并吸附于金属表面，抑制了 Cl^- 的破坏作用。

不锈钢中加入适量的 V、Si、稀土对提高耐点蚀性能也稍有作用。从合金材料的组织结构来看，提高其均匀性可增强其抗点蚀性能。如果钢中含硫量增加，硫化物夹杂物增多，以及碳含量增多和不适当的热处理，均易产生晶界分析，这都会增加点蚀的起源位置，促进点蚀核的形成。反之，降低钢中 S、P、C 等杂质元素，则减少点蚀敏感性。

3.1.4　点蚀防护措施

为了防止点蚀，可以采取以下几种措施：

- 改善介质条件：如降低溶液中 Cl^- 含量，减少氧化剂（如除氧、防止 Fe^{3+} 及 Cu^{2+} 存在），降低温度，提高 pH 等皆可减少点蚀的发生。
- 选用耐点蚀的合金材料：在奥氏体不锈钢中耐点蚀性能顺序为 18Cr-9Ni<17Cr-12Ni-2.5Mo<20Cr-14Ni-3.5Mo。
- 阴极保护：阴极极化使电位低于 E_b，最可靠是低于 E_p，使不锈钢处于稳定钝化区。
- 对合金表面进行钝化处理，提高材料钝态稳定性。
- 使用缓蚀剂：特别在封闭系统中使用缓蚀剂最有效，用于不锈钢的缓蚀剂有硝酸盐、铬酸盐、硫酸盐和碱，最有效的是亚硝酸钠。但是注意，缓蚀剂量不足或过大，都可以加速腐蚀。

3.2 缝隙腐蚀

缝隙腐蚀是因金属与金属，金属与非金属的表面存在缝隙，并有介质存在时而发生的局部腐蚀形态。造成缝隙腐蚀的条件有：

- 金属结构的连接。铆接、焊接、螺纹连接等。
- 金属与非金属的连接。如金属与塑料、橡胶、木材、石棉、织物等，以及各种法兰盘之间的衬垫。
- 金属表面的沉积物、附着物。如灰尘、砂粒、腐蚀产物的沉积等。

由于缝隙在工程结构中是不可避免的，所以缝隙腐蚀也是不可完全避免的，它的发生会导致部件强度降低，减少吻合程度。缝中腐蚀产物的体积增大，可产生局部应力，并使装配困难等，因此应尽可能避免。

3.2.1 缝隙腐蚀的特征

- 可发生在所有金属与合金上，特别容易发生在靠钝化而耐蚀的金属及合金上。
- 介质可以是任何浸蚀性溶液，酸性或中性，而含有氯离子的溶液最易引起缝隙腐蚀。
- 与点蚀相比，对同一种合金而言，缝隙腐蚀更易发生。在 $E_b \sim E_p$ 的电位范围内，对点蚀讲，原有点蚀可以发展，但不产生新的蚀孔；而缝隙腐蚀在该电位区内，既能发生，也能发展。缝隙腐蚀的临界电位要比点蚀电位低。

3.2.2 缝隙腐蚀机理

缝隙腐蚀的发生，首先应具有满足腐蚀条件的缝隙，其缝宽必须使浸蚀液能进入缝内，同时缝宽又必须窄到能使液体在缝内停滞，一般发生缝隙腐蚀最敏感的缝宽为 0.025～0.1 mm。

下面以铆接金属浸入充空气的海水中为例，说明缝隙腐蚀的机理。

缝隙腐蚀可分为初期阶段和后期阶段，如图 3-2-1 和图 3-2-2 所示。在初期阶段，缝内外的全部表面上发生金属的溶解和阴极的氧还原为 OH^- 离子的反应：

阳极 $$4M \rightarrow 4M^+ + 4e$$

阴极 $$O_2 + 2H_2O + 4e \rightarrow 4OH^-$$

在经过一个短时间后，缝内的氧消耗完后，氧的还原反应不再进行，这时由于缝内缺氧，缝外富氧，形成了氧浓差电池。然而金属 M 在缝内继续溶解，缝内溶液中 M^+ 过剩，为了保持平衡，氯离子迁移到缝内，同时阴极过程转到缝外。缝内已形成金属的盐类发生水解：

$$M^+Cl^- + H_2O \rightarrow MOH\downarrow + H^+Cl^-$$

结果使缝内 pH 下降，可达 2～3，这就促使缝内金属溶解速度增加，相应缝外邻近表面的阴极过程，即氧的还原速度也增加，使外部表面得到阴极保护，而加速了缝内金属的腐蚀。缝内金属离子进一步过剩又促使氯离子迁入缝内，形成金属盐类，水解，使缝内酸度增加，更加促使金属溶解，这就是缝隙腐蚀发展的自催化过程。这一发展过程与点蚀发展机理是类似的。

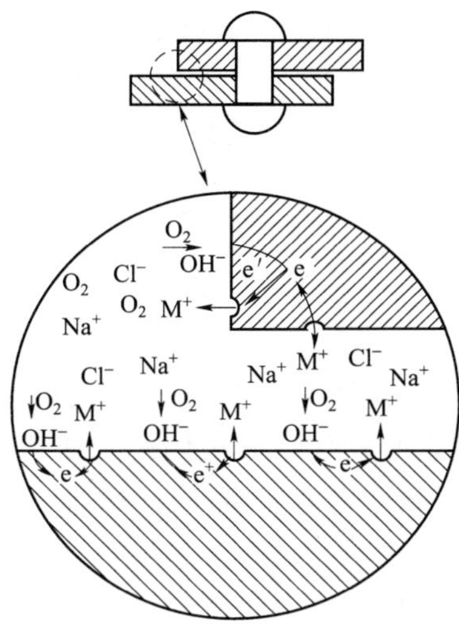

图 3-2-1　缝隙腐蚀——初期阶段

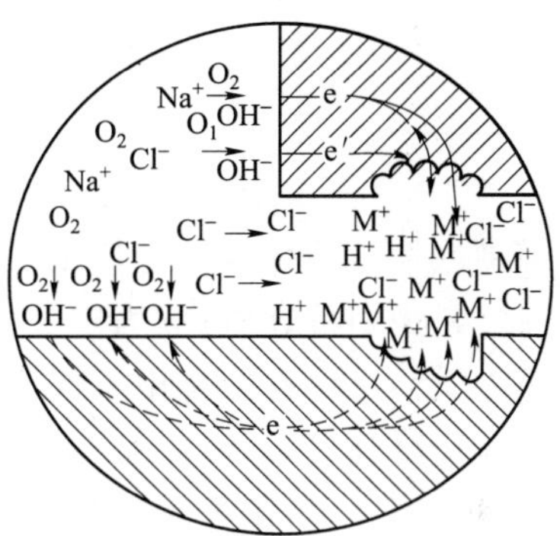

图 3-2-2　缝隙腐蚀——后期阶段

3.2.3　影响缝隙腐蚀的因素

• 几何形状:缝隙的宽度与缝隙腐蚀深度和速率有关。当缝隙变窄时,腐蚀率增加;另外缝隙腐蚀还与缝外部面积有关,外部面积增大,缝内腐蚀增加。

• 溶液中氧浓度:溶液中氧浓度增加,缝外阴极还原更易进行,缝隙腐蚀加速。

• 腐蚀液流速:分两种情况,当流速增加时,缝外溶液中含氧量相应增加,缝隙腐蚀增加;另一种情况,对由于沉积物引起的缝隙腐蚀,当流速加大时,有可能把沉积物冲掉,相应使缝隙腐蚀减轻。

• 温度的影响:温度升高,增加阳极反应,在敞开系统的海水中,80 ℃达最大腐蚀率,大于 80 ℃由于溶氧下降而相应腐蚀速度下降。

• pH:只要 pH 下降,只要缝外金属仍处于钝化状态,则缝隙腐蚀量增加。

• 溶液中 Cl^- 离子浓度:Cl^- 增加,使电位向负方向移动,缝隙腐蚀速度增加。

• 材料因素:不同材料耐缝隙腐蚀不同,如不锈钢随铬、钼、镍含量增高,耐缝隙腐蚀性能提高。

3.2.4　缝隙腐蚀防护措施

• 合理设计。在设计容器时,必须考虑可以将容器中液体全部排尽,避免有尖角或其他溶液积滞区,要便于清洗和清除容器底部的固态沉积物;搭接处应使缝隙处于浸蚀液外或者把缝宽增大,使浸蚀液不能保持在缝中或用填料密封缝隙;在带有垫片的连接件设计时应注意垫圈尺寸要合适,防止出现缝隙;两种金属复合在一起时应特别注意结合处出现缝隙腐蚀与电偶腐蚀的联合作用。

• 在制造时,用焊接代替铆合或螺栓结合。焊接缝不应有孔眼,叠接时的缝隙应缝死。使用衬垫时,应尽量使用没有吸附性的材料,如聚四氟乙烯。

• 电化学保护。采用阴极保护,但并不能完全解决缝隙腐蚀问题。关键看是否有足够电流达到缝内,使产生必须的保护电位。

• 缓蚀剂的应用。用磷酸盐、铬酸盐、亚硝酸盐的混合物，对钢、黄铜、锌结构是有效的。也可在接合面上涂加缓蚀剂的油漆。

• 要经常检查设备，清除沉积物，尽早除去介质中的固形物。长期停用时，应除去湿的垫衬材料。

3.3 电偶腐蚀

电偶腐蚀是由两种腐蚀电位不同的金属在介质中相互接触而产生的一种腐蚀。腐蚀电位较正的金属为阴极，较负的为阳极。阳极金属的溶解速度较其原来的有所增加，阴极金属的则有所降低。这种腐蚀是由不同金属组成阴、阳极，因此称点电偶腐蚀，又称双金属腐蚀；又因其在两金属处发生，所以又称接触腐蚀。它是由宏观电池引起的局部腐蚀。

在工程应用中，采用异种金属的组合是不可避免的，所以电偶腐蚀是一种常见的腐蚀形态。

3.3.1 电偶腐蚀的机理

(1) 电动序和电偶序

电偶腐蚀是与相互接触的金属在溶液中的电位有关，因此构成了腐蚀原电池(宏电池)。接触金属的电位差为电偶腐蚀的推动力。一般来讲，两种金属的电极电位差愈大，电偶腐蚀愈严重。

电动序(标准电位序)是按金属元素标准电极电位高低排列成的次序表。它是从热力学公式计算出来的，此电位是指金属在该金属盐(活度为1)的溶液中的平衡电位。而实际情况下，金属常不是纯金属，而是合金，有的还带有膜。而溶液也不可能刚好是该金属离子，且活度为1。因此电动序在实际使用中不合适，所以常应用电偶序来判断不同金属材料接触后的电偶腐蚀倾向。

电偶序是实用金属和合金在具体使用介质中的电位(非平衡电位)排成的次序表。表3-3-1为金属或合金在流动海水中的电偶序。从表3-3-1中可以看出，如电位高的金属材料与电位低的金属材料相接触，则低电位的为阳极，被加速腐蚀。若两者间的电位差越大，则低电位的更容易被加速腐蚀。

表3-3-1 金属或合金在流动海水中的电偶序(腐蚀电位 V/SCE)

金　属	E_H/V	金　属	E_H/V
镁	−1.45	铁	−0.50
镁合金(6%Al,3%Zn,0.5%Mn)	−1.20	碳钢	−0.40
锌	−0.80	灰口铁	−0.36
铝合金(10%Mg)	−0.74	不锈钢Cr13和Cr17(活态)	−0.32
铝合金(10%Zn)	−0.70	Ni—Cu铸铁(12%~15%,5%~7%Cu)	−0.30
铝	−0.53	不锈钢Cr19Ni19(活态)	−0.30
镉	−0.52	不锈钢Cr18Ni12Mo2Ti(活态)	−0.30
杜拉铝	−0.50	铅	−0.30

续表

金 属	E_H/V	金 属	E_H/V
锡	−0.25	镍(钝态)	+0.05
α+β黄铜(40%Zn)	−0.20	Inconel(11%～15%Cr,1%Mn,1%Fe)	+0.08
锰青铜(5%Mn)	−0.20	Cr17 不锈钢(钝态)	+0.10
镍(活态)	−0.12	Cr18Ni19 不锈钢(钝态)	+0.17
α黄铜(30%Zn)	−0.11	Hastelloy(20%Mo,18%Cr,6%W,7%Fe)	+0.17
青铜(5%～10%Al)	−0.10	Monel	+0.17
铜锌合金(5%～10%Zn)	−0.10	Cr18Ni12Mo3 不锈钢(钝态)	+0.20
铜	−0.08	银	+0.12～0.2
铜镍合金(30%Ni)	−0.02	钛	+0.15～0.2
石墨	+0.02～0.3	铂	+0.40
不锈钢 Cr13(钝态)	+0.03	/	/

无论是电动序还是电偶序都只能反映一个腐蚀倾向,不能表示出实际的腐蚀速度。而有时某些金属在具体介质中双方电位可以发生逆转。例如铝和镁在中性氯化钠溶液中接触,开始时铝比镁电位正,镁为阳极发生溶解。以后由于镁的溶解而使介质变为碱性,这时电位发生逆转,铝变成了阳极。所以电动序与电偶序都有一定的局限性。

(2) 电偶电流及电偶腐蚀效应

电偶腐蚀的推动力是电位差,而电偶腐蚀速度的大小和电偶电流成正比,可以用下式表示:

$$I=(E_c-E_a)/(P_c/S_c+P_a/S_a+R)$$

式中,I——电偶电流;

E_c,E_a——阴、阳极金属相应的稳定电位;

P_c,P_a——阴、阳极平均比极化率;

S_c,S_a——阴、阳极面积;

R——欧姆电阻。

从式中可以看出,稳定电位(腐蚀电位)起始电位差越大,P_c、P_a、R 越小,则 I 越大,导致阳极加速腐蚀。

人们把 A、B 两种金属偶接后,阳极金属(B)的腐蚀电流 i'_B 与未偶合时该金属的自腐蚀电流 i_B 之比 γ 称为电偶效应。

$$\gamma=i'_B/i_B=(i_g+i_{Bc})/i_B\approx i_g/i_B$$

式中,i_g——电偶电流;

i_{Bc}——阴极自腐蚀电流。

该公式表示偶接后,阳极金属 B 溶解速度增加了多少倍。γ 越大,则电偶腐蚀越严重。

可以用极化图来说明电偶腐蚀关系,见图 3-3-1。

金属 A、B 在酸性溶液中相接触。金属 A 为正电性,A 的腐蚀电位为 E_A,自腐蚀电流为 i_A;金属 B 的腐蚀电位为 E_B,自腐蚀电流为 i_B,i_B 与 E_B 是由阳极反应 $M\rightarrow M^{n+}+ne$(曲线 1)和阴极反应 $2H^++2e\rightarrow H_2\uparrow$(曲线 2)的理论极化曲线的交点所决定。曲线 4 是金属 B

的实测阳极极化曲线。当金属A、B组成电偶对时，它们具有混合电位E_g，E_g处于E_A、E_B之间。假定A、B两金属面积相等，E_g由曲线3和4的交点决定。通过E_g的水平线与曲线4的交点对应于电偶腐蚀电流i_g，并与曲线1相交，交点对应于阳极金属B的总电流i'_B，即偶接后B的自腐蚀电流。E_g与曲线2交点对应于金属B的阴极自腐蚀电流i_{Bc}。可见$i'_B > i_B$，而$i'_B = i_g + i_{Bc}$，而i_{Bc}很小，可以忽略。

所以　$\gamma = i'_B / i_B \approx i_g / i_B$

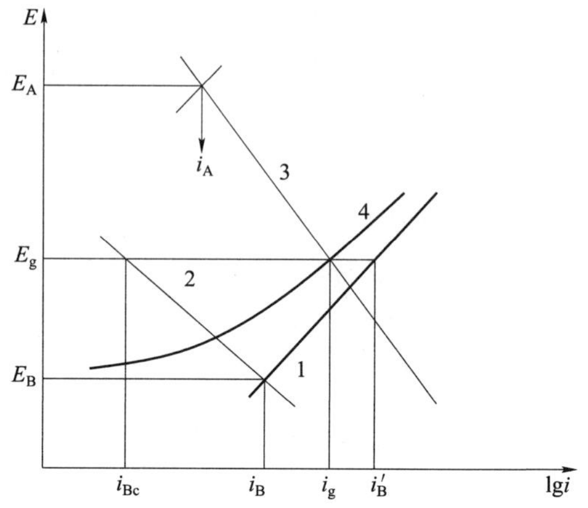

图3-3-1　说明电偶腐蚀关系的极化图

3.3.2　影响电偶腐蚀因素

对电偶腐蚀的主要影响因素有以下几个：

(1) 金属材料的起始电位差

差值越大则电偶腐蚀倾向越大。

(2) 极化作用

这一因素比较复杂，下面举两个实例加以说明。1) 阴极极化率的影响。例如在海水中不锈钢与铝组成的电偶对，以及铜与铝组成的电偶对。两者电位差是相近似的，阴极反应都是氧分子还原。实际上不锈钢与铝组成的电偶对腐蚀倾向很小，这是因为不锈钢有良好的钝化膜，阴极反应只能在膜的薄弱处、电子可以穿过的地方进行，阴极极化率高，阴极反应相对难进行。而铜铝偶对的铜表面氧化物能被阴极还原，阴极反应容易进行，极化率小，导致电偶腐蚀严重。2) 阳极极化率的影响。如在海水中低合金钢与碳钢的自腐蚀电流是相似的，而低合金钢的自腐蚀电位比低碳钢高，阴极反应都是受氧的扩散控制。当这两种金属偶接以后，低合金钢的阳极化率比低碳钢高，所以偶接后碳钢为阳极，腐蚀电流增大，如图3-3-2所示。

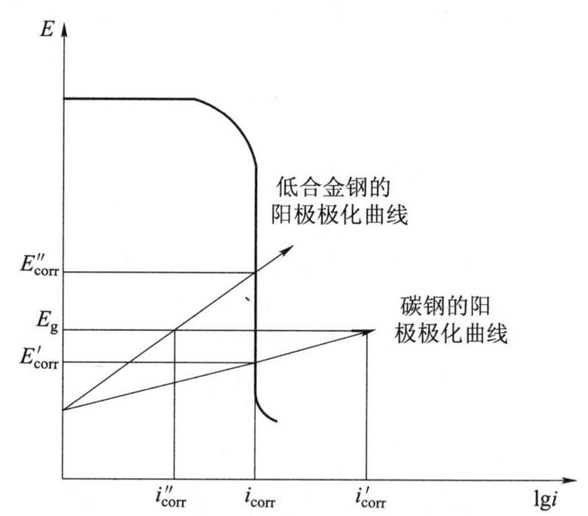

图3-3-2　阳极极化率对电偶腐蚀的影响

(3) 面积效应

一般来讲，电偶腐蚀电池的阳极面积减小，阴极面积增大，将导致阳极金属腐蚀加剧。这是因为电偶腐蚀电池工作时阳极电流总是等于阴极电流，阳极面积愈小，则阳极上电流密度就愈大，即阳极金属的腐蚀速率增大。如在铜板上装上铁铆钉或铁板上装上铜铆钉并浸入海水中，因铜的电位比铁正，所以铜板装上铁铆钉就构成了大阴极(铜板)—小阳极(铁铆钉)的电偶腐蚀；而铁板装铜铆钉使铁板的腐蚀增加不多。所以应避免大阴极—小阳极的构件连接。

如一工厂在制作大水箱时，因考虑底部易受腐蚀，不易清除和维修，所以在软钢上覆盖一层18-8不锈钢，周壁和顶部用钢制成。周壁焊在不锈钢底部后再加上一层酚类涂料，焊缝下部不锈钢处仅一小部分涂了涂料。使用几个月后,在焊缝以上 5 cm 区开始穿孔损坏。这是因为涂料面上可能有些缺损,出现了小阳极,不锈钢成了大阴极。阴阳极如此悬殊的面积比,引起了高达 2.5 cm/a 的腐蚀速度。这个例子说明,使用涂料时,如果两种相接触的异金属中只涂一种,那就应涂在耐蚀性较好的一种金属上。

(4) 介质的影响

介质的导电性对电偶腐蚀有较大的影响。在大气中发生的电偶腐蚀,其腐蚀速度取决于大气中的湿度和所含杂质的成分。如靠海边的地区比较干燥地区的大气腐蚀要严重些。因海边的金属表面凝聚含有盐分的水,导电性较好。如果金属完全干燥,两极之间没有电解质就不会腐蚀。

金属的稳定性因介质条件不同而异,所以电偶序总要规定在什么环境才能适用。例如 Cu-Fe 偶对在中性氯化钠溶液中,铁为阳极;若介质中含氨,则铜变为阳极。

(5) 距离的影响

在靠近金属的连接处,电偶作用一般最大,离联结处距离加大时,电偶作用减小,腐蚀随之减弱。这是由于回路电阻增高的缘故。如在高纯水中,因其电阻很大,电偶腐蚀会形成一狭小的沟槽。

3.3.3 电偶腐蚀防护措施

以下一些措施可用来防止或减轻电偶腐蚀。有时用一种即可,有时则需几种办法联合采用。

- 在电偶序中相距较远的金属,尽量避免接触。如在设备设计中相互接触的材料,应注意选择,焊接时应用相同合金制作的焊条。
- 避免小阳极和大阴极的情况出现。
- 使用涂料时应注意对涂层的维修,特别是称为阳极的部件。
- 尽可能做到异种金属之间的绝缘。
- 在介质中添加缓蚀剂以减轻其浸蚀性。
- 在设计设备时,应考虑阳极部件便于更换或增加厚度,以延长其使用期限。

3.4 晶间腐蚀

在金属界面上或其邻近区域发生剧烈腐蚀,而晶粒的腐蚀则相对很小,这种腐蚀称为晶间腐蚀。腐蚀的结果使合金的强度和塑性下降或晶粒脱落,金属碎裂,设备过早损坏。晶间腐蚀是由于晶界区有新的相形成,使金属中某一合金元素增多或减少,同时晶界变得非常活泼因而导致腐蚀。这种腐蚀不易检查,设备会突然损坏,造成较大的危害。工程技术上用的许多合金都会发生晶间腐蚀,如铁基合金,特别是各种不锈钢(Fe-Cr、Fe-Ni-Cr、Fe-Mn-Ni-Cr 等),镍基合金(Ni-Mo、Ni-Cr-Mo),以及铝基合金(Al-Cu、Al-Mg-Si)等。

3.4.1 晶间腐蚀的机理

不锈钢对晶间腐蚀特别敏感。几乎公认的最基本原因是,在回火时晶界析出不易腐蚀的富铬区(或富铬相)和邻近易腐蚀的贫铬区(或贫铬相)。富铬相有:铬的碳化物、铬的碳氮化合物、铬的铁素体等，最常见的与晶间腐蚀有关的是碳化铬。

要使普通钢的耐蚀性增加，加铬量必须在12%以上，如果含铬量不够，其耐蚀性不会增加多少。当含碳量约为0.02%或略大于0.02%时，在510～788 ℃范围内，$Cr_{23}C_6$ 实际上是不固溶的，并会从固溶体中沉淀出来。这样，铬从固溶体中分离，造成晶界邻近金属的贫铬区。进一步生成碳化物所需的碳和铬则依靠晶内向晶界扩散来提供。碳的扩散速度比铬高。固溶体几乎所有的碳都生成了碳化物，而铬则只有晶界邻近的铬生成了碳化物，致使该区铬含量低于12%，甚至可降至零。由此，贫铬区的耐蚀性大大降低，构成为电偶电池，加上很不利的面积比，结果造成贫铬区迅速腐蚀而晶粒腐蚀极微，贫铬理论如图3-4-1所示。

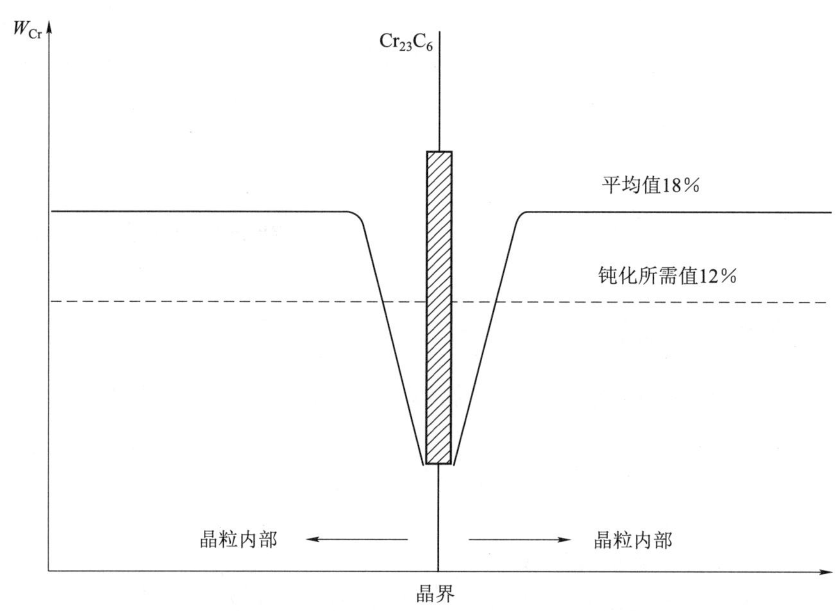

图3-4-1 晶间腐蚀贫铬理论示意图

生成其他元素构成的富铬相时也能产生贫铬区。

这种贫铬理论很好地解释了热处理对晶间腐蚀的影响，含碳量以及C、Mo、Si等元素对晶间腐蚀的影响，将在下节中再加阐述。

除贫铬理论外，有人认为产生晶间腐蚀的原因是由于内应力的缘故。认为在晶界上析出的碳化铬或其他新相的体积比其在固溶体中的大，因此产生机械应力，减低了新相邻近固溶体的电位。由于阳极机化率的减少使其溶解速度增大。但有人提出内应力可用长时间低温加热消除，这就很难解释不锈钢在350 ℃以上的水和蒸汽中会发生晶界腐蚀的原因。

3.4.2 影响晶间腐蚀因素

(1) 热处理影响

金属或合金晶界腐蚀与热处理温度(t)、时间(τ)的关系曲线，即C曲线或罗莱逊(Rollason)图，可以说明热处理对晶间腐蚀的重要影响。图3-4-2即为钢的C形曲线，AB线为不同温度时出现的晶间腐蚀倾向所需最短时间，$A'B'$线为不同温度时消除晶界腐蚀倾向所需最短时间。AB与$A'B'$中间区为晶界腐蚀出现区。

用电子显微镜对碳化物形貌进行分析，表明危险区退火后，沿晶界析出大量树枝状碳化物薄片，形成连续的链状。图 3-4-3 说明了晶界结构变化与回火时间的关系。图中 1 为淬火后，相当纯净的晶界；2 为退火时，局部弥散的碳化物析出；3、4 为危险区沿晶界出现的几乎连续的网状碳化物；5 为延长加热时间时，出现碳化物的凝聚、晶间腐蚀，出现碳化物的凝聚，晶间腐蚀倾向又降低。延长退火时间时，又因铬的扩散使晶粒和晶界铬的浓度趋向均匀化(此时晶粒内的碳已基本扩散至晶界生成了碳化物，不再进一步形成碳化铬)。提高退火温度，使扩散加快，晶间腐蚀倾向会较大增大或减小。了解所用合金出现晶间腐蚀的最短退火时间选择合金热处理条件是很重要的。还应指出，晶间腐蚀还受淬火温度的影响。如已添加钛的稳定化的钢经高温淬火，碳化钛可能溶解，这样就增加了固溶体中碳的含量，随后在危险区退火时，由于钛的扩散速度小，还来不及与碳生成碳化物，晶界上已生成大量的碳化铬，所以对已稳定化的钢也该注意热处理条件。

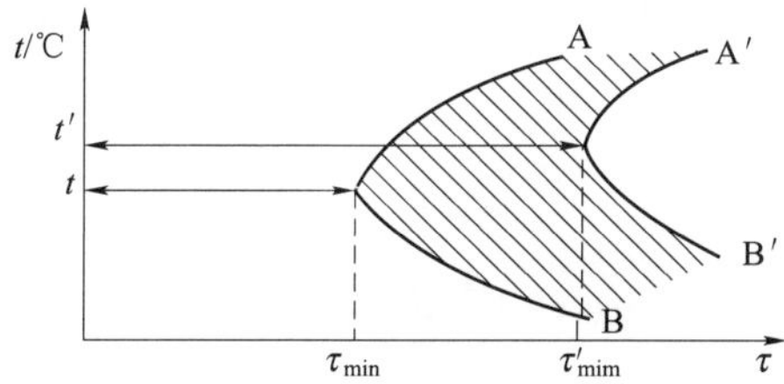

图 3-4-2 钢晶界腐蚀倾向与回火温度和时间关系的 C 形曲线

图中，τ_{min}——t℃时出现晶间腐蚀的最短时间；

τ'_{min}——t'℃时消除晶间腐蚀的最短时间

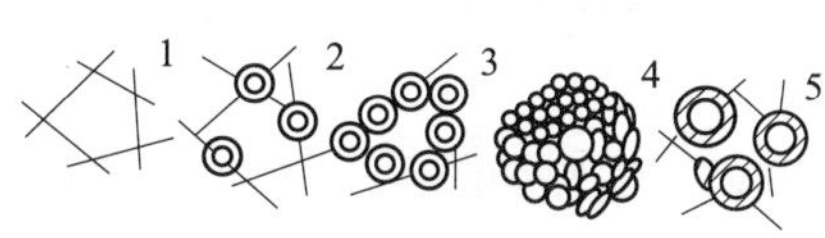

图 3-4-3 碳化物形貌分析示意

(2) 金属或合金组成的影响

这里主要介绍不锈钢的成分对晶间腐蚀的影响。

- 碳

碳对钢的晶间腐蚀有很大影响。含碳量增加时，晶间腐蚀的倾向加大，腐蚀速度也加快。含碳量等于 0.02%时，奥氏体钢一般不致出现晶间腐蚀，但是含碳量小于 0.02%的钢在退火温度低于 500 ℃保持很长时间之后，仍然会有晶间腐蚀倾向。只有含碳量低于 0.009%时，在任何温度退火也不会出现晶间腐蚀。这个含碳量，相当于低温回火时，碳在奥氏体中的溶解极限。为了提高钢对晶间腐蚀的稳定性，必须尽一切办法降低含碳量。现在有些国家已生产工业用的 0.02%～0.03%C 的超低碳钢，使钢对晶间腐蚀有足够的稳定性。但要注意的是晶界上形成的新相不是碳化铬时，有的也会使钢的晶间腐蚀倾向增大。

- 铬

铬可提高铬-镍钢对晶间腐蚀的稳定性。有人认为钢中含铬量从 18%提高到 22%，则含碳量从 0.02 %增加到 0.06%时，钢对晶间腐蚀仍是稳定的。还有人认为铬的抑制作用只在高温退火(7 600 ℃)时有效；退火温度在 450～550 ℃时，铬甚至还有加速晶间腐蚀的倾向。

- 镍

镍会提高不锈钢晶间腐蚀倾向。增加不锈钢中的含镍量会缩短出现晶间腐蚀的时间，这种影响对稳定化的钢更为明显。

• 钛、铌、钽

它们是容易生成碳化物的元素。加至钢中，碳首先与之生成稳定的钛、铌的碳化物，这些碳化物的固溶度比$(Fe、Cr)_{23}C_6$小得多，在固溶温度下几乎不溶于奥氏体中。这样，经过过敏化温度时$(Fe、Cr)_{23}C_6$不至在晶界上大量析出，在很大程度上消除了奥氏体不锈钢产生晶间腐蚀的倾向，钛和铌的加入量一般控制在含碳量的5～10倍。为了使钢达到最大的稳定度，还需进行稳定化处理。所谓稳定化处理就是把部件加热至900 ℃，使碳与钛、铌形成稳定的钛、铌碳化物，于是$(Fe,Cr)_{23}C_6$就没有在晶间析出的可能。

有人认为实际加入的稳定化元素的量，远远超过按碳化物计算的量。例如加入的钛，有一部分与氮形成氮化物，一部分溶解于奥氏体中，所以在稳定时，加入钛的量要比按TiC计算的量大得多。

钢中含碳量等于或小于0.04%时，铌和碳之比应为11，钽与碳之比应为20。铌的优点是在提高淬火温度时，其碳化物溶解度较小。在焊接时，过烧比钛少，但可能出现热裂。

• 氮

促使晶界腐蚀，它使出现晶界腐蚀的温度范围扩大。

• 钼

在铬镍不锈钢中加入2%～3%钼合金化时，对晶界腐蚀倾向无影响。

• 锰

不锈钢中常用锰代替镍，加入量达5%～14%。含Mn的不锈钢在危险温度区回火之后。会有很大的晶界腐蚀倾向。加入铌使之稳定化后，在很大程度上可消除这种倾向。

3.4.3 不锈钢晶间腐蚀防护措施

针对晶界腐蚀的机理及影响因素，目前采用的有效控制方法有以下几种。

(1) 采用高温固溶处理

先将钢部件加热到1 066～1 121 ℃，然后水淬。在此温度下碳化铬固溶，水淬后可得到更为均匀的合金。但这种方法在经过焊接的大型设备上采用，几乎是不可能的。因为很难有这么大的热处理炉，而且淬火也很困难，如果冷却得慢，就不能收到预期效果。

(2) 添加稳定化元素

稳定化元素如钛、铌和铌加钽，和碳的结合力比铬的大得多。加入足够量时，即和钢中的碳全部结合，不需要在制造和焊接后再经固溶淬火。

(3) 降低含碳量

选用含碳量低于0.03%的碳钢，就不会因形成足量的碳化物而引起晶界腐蚀，这种钢称为超低碳钢。

现在有一种奥氏体钢中含10%～20%铁素体，称双相钢，它能弥补奥氏体钢耐蚀性差和铁素体钢加工性能差的不足，被认为是优良的抗晶界腐蚀钢种。

3.4.4 晶界腐蚀的两种特殊形态

(1) 焊缝腐蚀

焊缝腐蚀是一种由焊接导致的晶界腐蚀。发生在离焊缝稍有距离的母材上，腐蚀区呈带状。不锈钢容易发生这种形态的腐蚀。这是由于在焊接时，不锈钢的受热温度在其敏化温度范围内，晶界生成沉淀而引起的。对不锈钢的焊接，采用电焊优于气焊。因为电焊在较短的时间内产生高温，而气焊则使金属较长时间内处在敏化范围，使更多的铬的碳化物析出。图 3-4-4 为 304 型不锈钢电弧焊的温度。热电偶在 *A*、*B*、*C* 和 *D* 四点处记录焊接温度和时间。从图上可以看出 *BC* 间的金属有一段时间处于敏化温度范围。薄钢板在厚度为 1 mm 以下时，处在敏化范围温度的时间较短，一般不致发生焊接腐蚀。

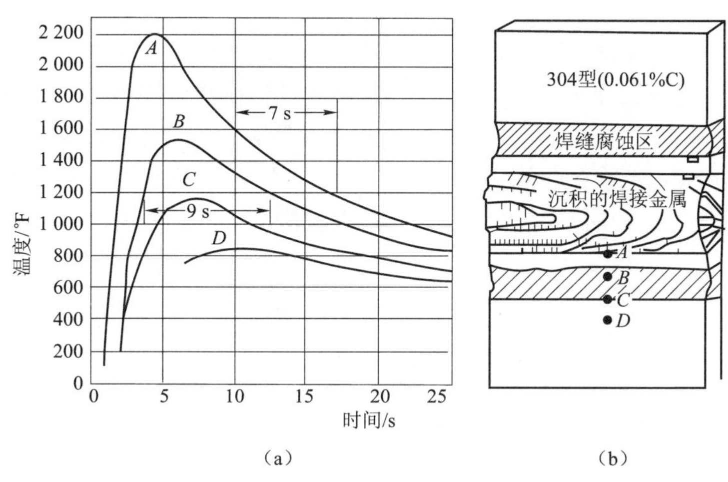

图 3-4-4　304 型不锈钢电弧焊的温度

(a) 温度-时间关系；(b) 热电偶位置

(2) 刀线腐蚀

稳定化的奥氏体不锈钢在某些情况下，也会因铌或钛没有能够和碳化合，仍然生成碳化铬沉淀而引起晶界腐蚀。这种腐蚀发生紧靠焊缝两侧几个晶粒宽的窄带内，其余部分看不到腐蚀迹象。由于其外形犹如刀切一般，故称刀线腐蚀，如图 3-4-5 所示。

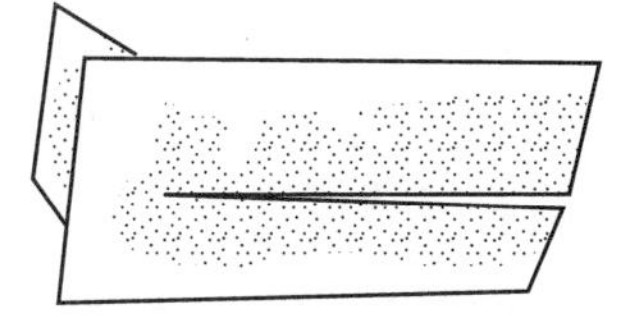

图 3-4-5　347 型不锈钢上发生的刀线腐蚀

稳定化的不锈钢之所以会发生刀线腐蚀，与铌在不锈钢中的溶解度有关。当加热到很高温度时，铌和碳化铌都溶解在金属中，当迅速冷却时，它们仍保留在固溶体中，其后当金属又加热到碳化铬沉淀的温度范围时，铌仍留在固溶体中而不生成碳化铌，像未加铌稳定的钢一样。

现以 18Cr8Ni 加铌稳定的薄钢板为例加以说明。焊接时必须加热至合金熔融的温度 1 650 ℃。焊缝邻近的金属处于高温下，但低于熔点，约为 1 430～1 480 ℃。这种 18-8 不锈钢的导热性差，而且在薄板(厚约 1.6 mm)上焊接操作快，因此在金属上存在着明显的温度梯度。薄板焊接后迅速冷却，焊缝邻近的金属窄带上，全部都是固溶体没有任何碳化物沉淀。为了消除应力，再把焊接好的金属在 510～790 ℃下退火。由于温度不够高，因此只有碳化铬沉淀，而不会生成碳化铌沉淀。如果不经退火，就不会发生这种情况。要避免刀线腐蚀，又要消除应力，较好的办法是把焊接后的整个构件加热到 1 066 ℃，这样就使碳化铬溶解而生成碳化铌。温度升高后的冷却速度并不重要。超低碳钢不会发生刀线腐蚀。

碳化铌和碳化铬的溶解和沉淀温度范围如表 3-4-1 所示。

表 3-4-1 碳化物溶解和沉淀的温度

熔　点	碳化物变化情况	熔　点	碳化物变化情况
1 230 ℃	碳化铬溶解	510 ℃	碳化铌沉淀
790 ℃	碳化铌沉淀 碳化铬溶解	20 ℃	无反应

刀线腐蚀和焊缝腐蚀相同之处是两者都属晶界腐蚀且都和焊接有关。其主要的不同为:a. 刀线腐蚀发生在紧靠焊缝的母材上,呈狭窄的带状;焊缝腐蚀发生在离焊缝稍有一些距离的母材上,呈带状。b. 刀线腐蚀仅在稳定化不锈钢上发生,焊缝腐蚀则在未经稳定的不锈钢上发生。c. 刀线腐蚀是由于焊接后,用不恰当的温度退火造成碳化铬的沉淀引起的。焊缝腐蚀则是因焊接时,金属处于敏化温度范围内造成碳化铬的沉淀引起的。

3.5 选择性腐蚀

合金的成分选择性腐蚀是合金中某种活性较强的组分(或相)优先腐蚀,而残留下一个蚀变了的残余结构的一种腐蚀形式,又称为成分选择性腐蚀(compositions selective corrosion),脱合金元素腐蚀(dealloying corrosion)或选择性浸出(selective leaching)。例如,黄铜的脱锌就是典型的成分选择性腐蚀,在腐蚀过程中锌被优先腐蚀脱落,而留下多孔的铜(或富铜)的骨架,其机械强度已几乎全部丧失,Calvert 和 Johnson 于 1866 年首先发现并报道了这种现象。后来,发现有很多铜基合金和其他合金,如会口铸铁、贵金属合金、中碳钢、高碳钢、镍钼合金和镍钼铬合金等,在合适的介质中都会发生选择性腐蚀。

就介质而言,常见的选择性腐蚀多发生在水溶液中,但某些材料在熔融盐、高温气体介质中也有成分选择性腐蚀出现。最普通的例子是黄铜的脱锌,其他合金体系也有选择性腐蚀,如铝黄铜在酸中的脱铝;硅青铜(Cu-Si)的脱硅;Co-W-Cr 合金的脱钴等。下面简要介绍黄铜的脱锌和铸铁石墨化。

3.5.1 黄铜的脱锌

(1) 特征和分类

普通黄铜含铜量约 70%,含锌约 30%。用肉眼很容易观察到脱锌现象,黄铜的颜色从原来的黄色变成红色就表明脱锌。

脱锌分两类:一类是均匀层状脱锌,如黄铜管接触介质的整个表面层均匀脱锌。另一类是局部塞状脱锌,如凝汽器铜管冷却水侧出现的像塞子一样的局部脱锌。局部脱锌区是多孔性的和可渗入的,材质变得脆弱,缺乏强度,可以被水压冲开,使铜管穿孔报废。更为严重的是,由于脱锌后尺寸改变不大,如果腐蚀区覆盖有泥土或沉积物,没有及时查出,可能会因材料强度大幅度下降,管材突然断裂,造成意外事故。

(2) 影响因素

• 合金成分的影响

选择性腐蚀是由于合金中各组分在介质中的电化学行为不同而引起的,腐蚀的严重程度,首先与合金成分有关。或者说,发生选择性腐蚀的必要条件,是合金组分在介质中的稳定性必须具有足够明显的差异，而且其中一种组分（通常为基础组分）应该有较高的平衡电位，或是易钝化的金属。如果没有这种显著的差异，则两组分腐蚀的速度相近，就难以发生选择性腐蚀，活性组分含量愈高，其选择性腐蚀倾向愈大，即脱合金之素（或相）的倾向愈大，这是一条普遍的规律。

• 组织和热处理条件的影响

通过热处理可以对合金的组织进行调整，从而降低或避免选择性腐蚀，但处理不当，也可能加速这类腐蚀。一般而言，当多相合金中各相的电化学稳定性有较大差异时，腐蚀往往首先在稳定性较低的相开始，即发生组织选择性腐蚀，如果这种腐蚀又具有成分选择性的特点，则发生既是组织选择性腐蚀又是成分选择性腐蚀。较不稳定的相开始腐蚀后，产生的大量孔隙使介质可渗入材料更深处，腐蚀前沿不断向内扩展。如果另一相也有成分选择性腐蚀倾向，则随着介质的渗入，此相也开始腐蚀，而剩下阴极性组元的疏松层（如 $\alpha+\beta$ 两相黄铜的脱锌）。

• 介质的影响

一定成分的合金往往只对某些介质有选择性腐蚀的敏感性，而对于其他介质则并不敏感。介质不流动或流速缓慢对脱锌有利。这是因为金属表面易积聚沉淀物，引起沉积物下的腐蚀，而且由于沉积物热传导差，在换热时易使金属表面温度升高而加速脱锌速度。

• 温度的影响

如同其他腐蚀形式一样，温度的提高一般都会加速水溶液介质中的成分选择性腐蚀。

（3）脱锌机理

脱锌首先是黄铜溶解，锌离子留在溶液中，铜离子则置换基体中的锌而成金属铜。腐蚀的阴极反应为介质中溶氧的还原。如无氧存在时，水还原成 H_2 和 OH^-。因此脱锌可在无氧的情况下进行，有氧存在时会增大腐蚀率。对脱锌区分析结果表明其中含铜量高达90%～95%，有些是以氧化铜的形态存在的，显然氧化铜的量与介质中的含氧量有关。

（4）脱锌的防止

• 改善黄铜的组成

这是较好的方法，如在70-30黄铜中加入1%锡，进一步改善时可再加入少量砷、锑或磷，如在锡黄铜中添加0.04%的砷。这些元素溶解后可重新沉积在合金表面上成为膜，从而阻止了铜的再沉积。也可使用铝黄铜（2%Al）并在其中加砷。红黄铜（15%Zn）则几乎不脱锌。

在脱锌腐蚀严重的环境中，要考虑用无锌材料如B10、B30即铜镍合金，含镍量分别为10%和30%，又称白钢，或用钛。

• 降低介质的侵蚀性。如调节pH，添加缓蚀剂，适当排放和局部过滤冷却水等等。

• 对设备采用阴极保护，采取阴极保护虽然有些效果，但要考虑经济性。

3.5.2 铸铁的石墨化

铸铁在腐蚀性较弱的环境中，铁基体受到选择性腐蚀后，外观像石墨，能用小刀削切，所以称为铸铁的石墨化。实际上石墨是铸铁中原有的，并非铸铁变成的，因此，应称铸铁的石墨化腐蚀。

灰口铁的铁基体腐蚀后，剩下石墨网状体。石墨为阴极，铁为阳极，组成高效原电池，最后成为由石墨网状体、孔隙和铁锈组成的多孔体。尺寸虽没有变化,但已完全失去了金属的性能,如果没有及时检查发现,就有可能造成风险事故。

3.6 磨损腐蚀

磨损腐蚀是腐蚀性流体和金属表面的相对运动引起的金属快速腐蚀。这种相对运动的速度很快,所以金属的损坏包括机械磨损。金属腐蚀后,或以离子离开金属表面,或生成固态的腐蚀产物受流体的机械冲刷离开金属表面。

磨损腐蚀的外表特征是呈槽、沟、波纹、圆孔和小谷形,还常常显示方向性。图 3-6-1 为冷凝器冷却水进口处的磨损腐蚀。

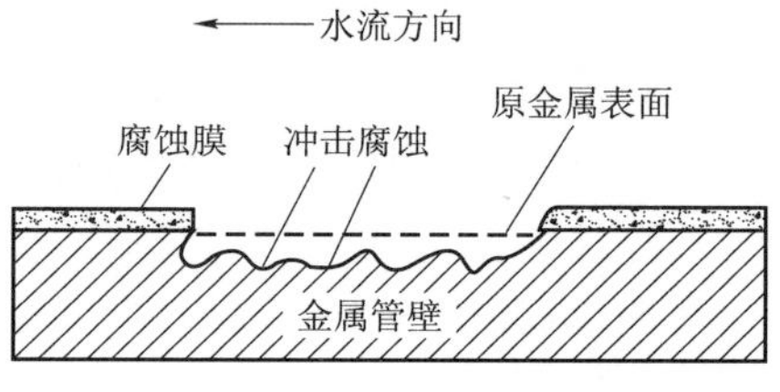

图 3-6-1 冷凝器管壁的磨损腐蚀

3.6.1 磨损腐蚀影响因素

(1) 表面膜

大多数金属和合金都发生了磨损腐蚀。有些金属的耐蚀性是依靠其表面膜。从耐磨损腐蚀性观点来看,这些表面膜的性能非常重要。膜对金属的保护能力取决于金属在介质中初始成膜的速度、膜的耐磨损能力以及受损伤后再生膜的速度。膜的黏着性、连续性和塑性好对金属的保护性也好。可用机械方法磨掉的膜保护性差,应力下破裂的膜也没有保护性。金属上形成保护膜的性质与介质的情况有关,膜的性质又直接决定金属对流体抗磨损腐蚀的性能。不锈钢依靠钝化膜来抗腐蚀,当膜破坏时,腐蚀就以高速进行。不锈钢泵叶轮一般可用两年,如输送强还原性介质时,钝化膜被还原,寿命可缩短至仅三星期。

流速相同,pH 不同的水对钢的腐蚀也不同。这是由于生成的膜成分和性质不同。图 3-6-2 是 50 ℃下不同 pH 的蒸馏水对碳钢磨损腐蚀的影响。pH 为 6 和 10 时,腐蚀很轻,pH 为 8 或低于 6 时,腐蚀率很高。腐蚀率高的膜由磁性氧化铁颗粒组成;腐蚀率低的膜由腐蚀产物 $Fe(OH)_2$ 和 $Fe(OH)_3$ 组成。pH 小于 5 时,可能因内应力使膜破裂,金属裸露。

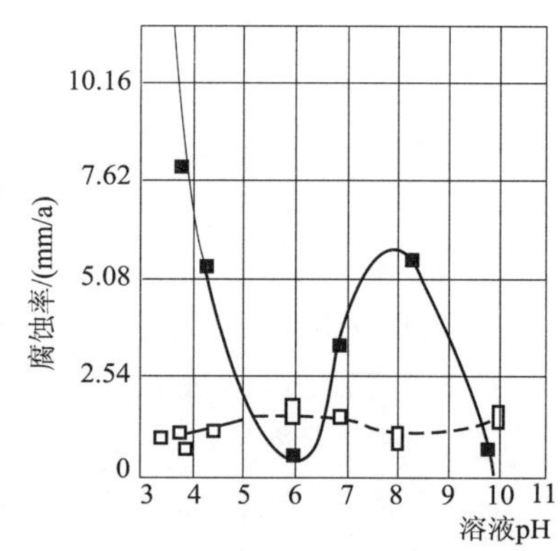

图 3-6-2 在 50 ℃下蒸馏水的 pH 对碳钢磨损腐蚀的影响

铜在饱和了氧的氯化钠溶液中的腐蚀比黄铜严重。因为铜上覆盖的是黑色和棕黄色的 $CuCl_2$ 膜,而黄铜上覆盖的是深灰色的 CuO 膜。CuO 膜较 $CuCl_2$ 膜稳定,有较好的保护性。

钛原是活动性较大的金属,但由于表面有稳定的 TiO_2 膜,可以抗磨损腐蚀。钛对海水、氯化物溶液都有优良的抗腐蚀性。

金属与缓蚀剂可生成表面膜时将减轻磨损腐蚀,显然缓蚀效果与膜的性质和类型有关。

(2) 介质的流速

介质流速对磨损腐蚀起着极其重要的作用,高流速的流体使腐蚀大大提高。特别在流体中有悬浮固体时，呈现机械磨损。由于金属材质不同，流速对磨损腐蚀的影响可能很大，也可能很小。一般来说，流速增加，腐蚀加速。对每种金属都有一个流速临界值，在未达到此值前，增加流速对磨损腐蚀影响不大；达临界流速时，再增加流速，腐蚀就会显著加剧。这就说明为什么有些金属材料，增加流速对腐蚀速度影响不大，那只是因为尚未达到其临界流速而已。

增加流速，腐蚀也增加的原因是，流速增加提高了氧、CO_2、有时还有 H_2S 与金属表面接触的量，而且使金属表面流体的滞流层变薄，流体中的腐蚀性物质达到金属表面的速度加快，腐蚀速度也就加快。有时增加流速反使腐蚀减轻，这是因为增加了缓蚀剂的供应量并冲走了污泥、尘垢和沉积物。

当流体产生湍流时，金属表面液层受到流体的搅动远比层流剧烈，易造成磨损腐蚀。在凝汽器铜管冷却水出口 10～15 cm 处的“进口管腐蚀”就属于这类由湍流引起的磨损腐蚀。

流体由大管流入小口径的管子时，在小管进口处产生湍流，进口一段距离后才成为层流。湍流的形成取决于流体的速度和流量，也决定于设备的形状和设计。存在凸出物、缝隙和沉积物的构体，以及流体突然改变方向的截面，都可能因湍流而发生磨损腐蚀。

冲击能引起磨损腐蚀而造成设备的破坏。在水流被迫改变方向的部位会发生冲击而引起腐蚀，如蒸汽汽轮机叶轮，特别是排汽端或湿蒸汽部位；再如汽水分离器、弯头、三通、水箱的内入口管部位、旋风分离器等部位也承受流体冲击。流体中的固形物和气泡会增加这种冲击作用，从而加速腐蚀。空泡是加速冲击腐蚀的一个重要因素。

(3) 电偶效应

两种不同金属在静态的流体中，可能没有电偶效应，但当流体流动时，电偶效应大大增加，并且影响磨损腐蚀。钝化膜在电偶腐蚀和磨损腐蚀双重作用下破坏大为加剧。在低流速海水中，钢与不锈钢、铜、镍或钛偶接时，对钢的影响不大；在高流速下，钢与不锈钢或钛偶接时比与铜或镍偶接时的腐蚀速度要小，因为不锈钢和钛在高流速下阴极极化较大。

(4) 金属或合金的性质

金属或合金的成分对耐蚀性起决定作用。如 80-20 镍铬合金的耐蚀性比 80-20 铁铬合金好，白铜(铜镍合金)的比黄铜(铜锌合金)好。在合金中加入合适的第三种元素，可提高其耐蚀性，如在 18-8 镍铬不锈钢中加入 2%～3%的钼可提高其耐蚀性和抗磨损腐蚀性，黄铜中加入少量的锡和铝也起同样的作用。

软金属易受磨损腐蚀，硬度高的金属与合金耐磨损性较好，但其抗磨损腐蚀性不一定好。沉淀硬化不锈钢在磨损方面的性能还不及 304 不锈钢好。固溶硬化则可使合金具有优良的抗磨损腐蚀性能，如高硅(14.5%Si)铁就是一种良好的抗磨损腐蚀材料。

3.6.2 磨损腐蚀防护措施

(1) 选用耐磨损腐蚀性较好的材料

这是解决磨损腐蚀的常用方法。

(2) 改进设计

改进设计是指改变设备形状或级和结构，不包括选材。改进设计后，仍可采用较价廉的金属材料但其寿命却大大延长。如增大管径，减小流速，保证层流。增大直径并使弯头呈流线型可减少冲击作用。增加材料厚度可加固易受破坏的部位。进出口管应采用流线型以减少阻力。进口管管口应在容器中央，不要对着周壁。进口管应伸出花板一段，管头虽受到侵蚀，但不影响操作。有些实例表明，伸出管口10 cm，管子寿命增加一倍，如图 3-6-3所示。

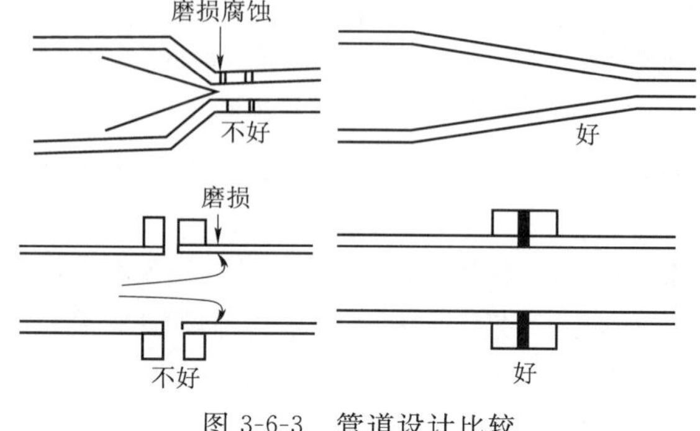

图 3-6-3 管道设计比较

设计时应考虑部件易于更换和修理，也可考虑安装容易更换的冲击板或折流板。

(3) 改变环境

除去溶氧和添加缓蚀剂可以减少磨损腐蚀。及时除去流体中的固形物，可采用澄清和过滤等方法。尽量降低温度，因升温一般加速各种腐蚀。

此外，还可在金属表面刷一涂层以隔离金属和介质。但一般涂层对磨损腐蚀的防护作用并不总是有效的，还可以采用阴极保护来减轻腐蚀。但现尚未广泛用于磨损腐蚀的防护上。

虽然泵、阀、管道等并不都是由于磨损腐蚀而损坏，但若不考虑这个问题，可能引起严重后果。

3.6.3 磨损腐蚀的特殊形态

(1) 空泡腐蚀

由于金属表面液体中蒸汽泡的形成和破灭引起的金属腐蚀，称为空泡腐蚀。它是磨损腐蚀的一种特殊形态。在高流速液体和压力发生变化的设备(如水轮机、船的螺旋桨、泵的叶轮等)中容易发生。在水泵运转时，蒸汽泡迅速形成和破灭。迅速破灭时产生的冲击波压力，据计算可达 415 MPa，这能使许多金属塑性变形，所以在泵部件或其他受空泡腐蚀的设备中会出现滑移线。

空泡腐蚀外观类似点蚀。但蚀点分布紧密，表面常十分粗糙。

• 机理

空泡腐蚀是由腐蚀和机械作用共同而引起的。蒸汽泡破灭时，冲击波压力毁坏了金属表面的保护膜，使腐蚀增加。空泡腐蚀有以下几个步骤：金属保护膜上形成气泡；气泡破灭，保护膜损坏；新表面上又形成保护膜；在同处又形成新气泡；气泡破灭，保护膜损坏；新表面上又形成保护膜；在同处又形成新气泡；气泡破灭，膜又损坏。如此反复进行，形成深孔(如图 3-6-4 所示)。

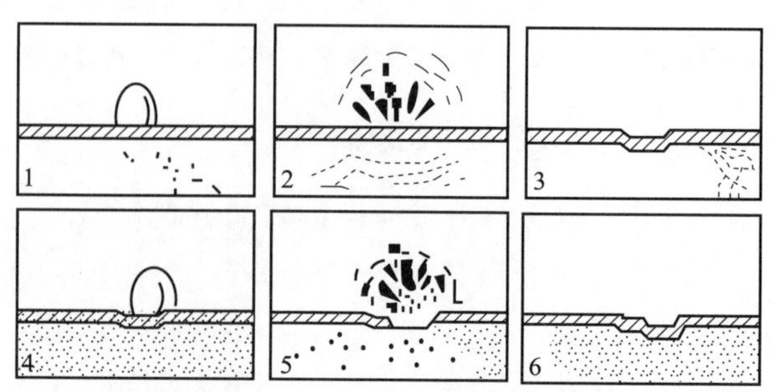

图 3-6-4 空泡腐蚀步骤示意图

• 防止

防止磨损腐蚀的方法均可用于防止空泡腐蚀。此外还有：设计时使流体的动压差减小；采用更耐蚀的材料；材料表面尽量光洁，可消除形成空泡的核心；金属表面涂上橡胶或塑料等弹性涂层；采用阴极保护。金属表面上产生的氢气泡可阻挡空泡破灭时产生的冲击波。

（2）摩振腐蚀

摩振腐蚀本质上也是磨损腐蚀的一种特殊形态，不过发生在大气中而不在水溶液中，摩振腐蚀是指在有负载的两种金属材料相互接触表面之间，由于振动和滑移所产生的腐蚀。其外观是金属表面上呈现麻点或沟纹，麻点和沟纹的周围是腐蚀产物。

摩振腐蚀非常有害，它破坏金属部件，还产生氧化锈泥，常常发生黏结。同时破坏了部件接触面所容许的公差，使本来紧密组配的部件变松了，这样可能产生过量的应变。摩振腐蚀的蚀坑又使应力提高，由此可能引起疲劳破裂。

常见的摩振腐蚀如在滚珠轴承套与轴之间，由摩振腐蚀引起松脱，最后造成破坏。图 3-6-5 为典型的摩振腐蚀部位。

1）条件

摩振腐蚀的基本条件如下：

- 界面必须有负载；
- 两表面间必须存在振动或反复相对运动；
- 界面的负载和相对运动必须达到使表面产生滑移或变形。

发生摩振腐蚀的相对运动仅需小于 10^{-8} cm 的位移。必须的条件是反复的相对运动。连续运动表面不发生摩振腐蚀。

2）机理

关于摩振腐蚀的机理主要是两种理论。一种是磨损氧化，认为是先磨损后氧化。主要是磨损引起破坏，而后的氧化是次要的。磨损、氧化反复进行引起摩振腐蚀。另一种是氧化磨损，认为摩擦使氧化加速。金属在负载下相互接触并反复相对运动，表面金属高出点的氧化膜破裂，结果产生氧化锈屑而暴露金属的新表面又被氧化，如此反复进行而导致腐蚀。摩振腐蚀的磨损氧化理论示意如图 3-6-6 所示。

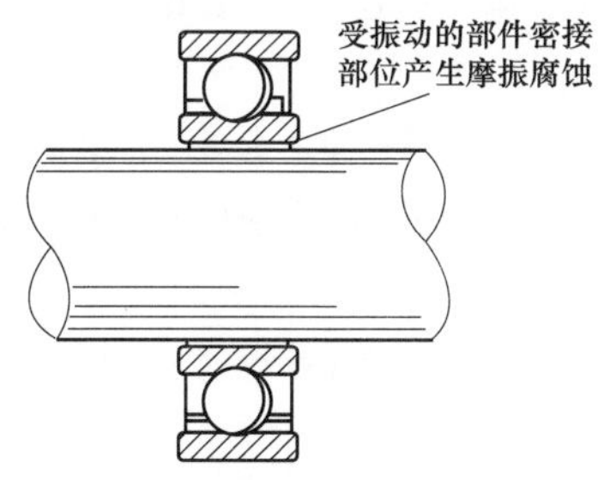

图 3-6-5 典型的摩振腐蚀部位

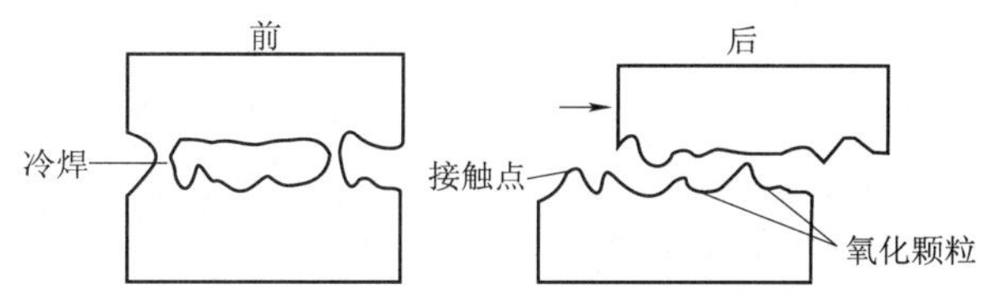

图 3-6-6 摩振腐蚀的磨损氧化理论示意图

3）防止

采用低黏度、高韧性的油脂润滑，可减少摩振并避免金属与氧的接触，也可用磷酸盐涂层和润滑剂联合使用。提高一种或两种接触材质的硬度，因硬度材料耐蚀性较好。用垫片减轻振动并排除表面的氧。在金属表面涂一层暂时性的铅层，这铅层在运行过程中迅速磨掉。增大负载以减少两接触面的滑移。部件间增大相对运动以减小腐蚀。

3.7 应力腐蚀

应力腐蚀破裂简称应力腐蚀，亦常称SCC(Stress Corrosion Cracking)，是由拉应力和特定的腐蚀介质共同引起的金属破裂。这种破裂开始只有一些微小的裂纹。然后发展为宏观裂纹。裂纹穿透金属或合金，其他大部分表面实际不受腐蚀。裂纹因受许多因素的综合影响而有不同的形态，微裂纹有穿晶、晶界和混合型三种。穿晶裂纹穿越晶粒延伸，晶界裂纹沿晶界延伸，混合型裂纹穿晶和晶界两种延伸同时存在。主干裂纹之外，还有许多分支同时存在，如图3-7-1和图3-7-2所示。

图3-7-1 黄铜的晶界应力腐蚀破裂

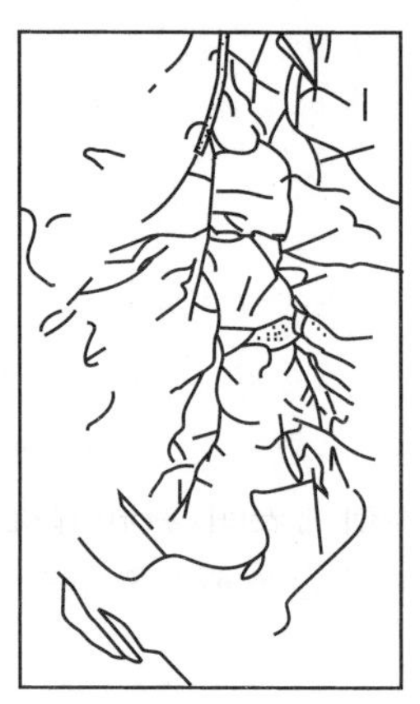

图3-7-2 不锈钢中的应力腐蚀裂纹界面

裂纹出现在与最大拉应力相垂直的平面上。裂纹越深越窄，有时深度比宽度大几个数量级，到严重阶段就越容易断裂。断口呈脆性断裂，没有任何塑性变形的特征。

微裂纹一旦形成，扩展速度很快。如在海水中的碳钢应力腐蚀速度是点蚀速度的106倍。由于它的发展速度快，而且在破裂之前没有明显的先兆，所以它是破坏性和危害性最大的一种腐蚀。

必须指出的是特定材料在特定介质中会发生腐蚀破裂，不是材料和介质任意组合就会发生的。如奥氏体不锈钢在氯化物溶液和高温高压蒸馏水中会发生，而铜和铜合金则在氨蒸气、汞盐溶液和含SO_2的大气中才会发生。

还要说明的是应力腐蚀破裂和氢脆不能混为一谈。应力腐蚀破裂是一种阳极过程，而氢脆是一种阴极过程。对氢脆采用阴极保护反而会加速腐蚀。

3.7.1 应力腐蚀实例

- 黄铜的“季裂”

过去曾在热带雨季，在铜子弹壳向弹头收缩部位发生裂纹，这实际上是黄铜在氨气中的应力腐蚀裂纹。在热带雨季的条件下，有机物分解而产生氨。

- 钢的碱脆

早期的铆合锅炉在铆孔发生裂纹或脆性破坏时，曾导致锅炉爆炸。铆合是冷加工。锅炉铆孔处有白色沉积物，主要成分是氢氧化钠。这种在烧碱存在下发生的脆裂称为碱脆。

如果只有应力作用,会发生蠕变、疲劳和应力断裂。如果只有腐蚀单独作用时,会发生特征性的溶解反应。这两者同时作用时,才会发生这样突然的破坏事故。现在铆合锅炉早已停止制造,但是近代锅炉仍然有应力腐蚀。

3.7.2 应力腐蚀影响因素

(1) 冶金因素

以奥氏体不锈钢的氯化物应力腐蚀为例,介绍一下冶金因素的影响。

• 合金成分的影响

镍。在Fe-18Cr合金中加入少量镍,增加了应力腐蚀敏感性,特别是在5%~10%Ni时敏感性最大;当镍含量超过10%~12%时,敏感性降低;浓度大于40%时,基本可免于应力腐蚀。

铬。在Fe-10Ni合金中,铬含量5%~12%时并无应力腐蚀发生;但从12%逐渐增大到25%时,应力腐蚀敏感性便急剧上升。对Fe-20Ni合金可获得类似的结果。据认为铬的影响与铁素体的出现和对堆垛层错能的影响有关。

碳。除某些结果外,多数人认为在高浓氯化物中,碳含量增加对改善Cr-Ni奥氏体不锈钢的应力腐蚀性能有益。据认为这是堆垛层错能增加,容易形成网状位错结构所致。

氮,磷。研究表明,氮和磷及其他ⅤA族元素对奥氏体不锈钢的应力腐蚀性能都是有害的。据认为这些元素促进了阴极析氢过程,也有人认为是短程序的过程,促进了位错平面滑移。

锰,钼,硅。一般认为锰含量较低时,对奥氏体应力腐蚀性能影响不大,但超过2%(另一说法为5%)则起加速作用。不少工作证明,微量钼是有害的,促进了晶间型应力腐蚀断裂;而较多的钼含量(>4%),可以显著改善耐应力腐蚀性能。在高浓氯化物中,硅能显著提高Cr-Ni奥氏体不锈钢的耐应力腐蚀性能。据认为这与出现大量δ铁素体有关,也有人认为它改变了再钝化动力学,或与硅在表面富集及生成硅酸盐膜有关。

• 晶体结构的影响

具有面心立方结构的奥氏体不锈钢在较低应力下容易滑移,容易产生应力腐蚀。具有体心立方结构的铁素体不锈钢滑移系多,容易产生交滑移,难于出现粗大的滑移台阶,故较难发生应力腐蚀。把18.4%Cr-8.1%~8.6%Ni不锈钢的含碳量0.08%和含氮量0.04%分别降至0.004%和0.005%,可从奥氏体结构变成铁素体结构,在154 ℃的沸腾氯化镁溶液中断裂时间分别为1.4 h和大于260 h。Cr-Ni奥氏体不锈钢由于调整成分、处于铸态等情况下含有一定数量的铁素体,也已发现铁素体含量达到40%~50%时,耐应力腐蚀性能最好。

• 敏化处理的影响

敏化对Cr-Ni奥氏体不锈钢的氯脆是有害的,并随敏化程度增加,氯脆敏感性增大。研究表明敏化的304不锈钢在45%$MgCl_2$中应力腐蚀裂纹依然是穿晶型的,据认为贫铬的晶界未构成活性途径是由于晶间腐蚀和应力腐蚀的电位不同所致。而在低浓度的溶液(如20%$MgCl_2$)中,应力腐蚀则主要是沿晶的。

(2) 应力因素

应力是应力腐蚀的必要条件,但必须是拉应力并有足够的大小。应力可以是外加的、残余的或是焊接应力。焊接的钢有接近屈服点的残余应力。在设备收缩区内的腐蚀产物也会使材料产生应力，有的可高达700 kg/cm^2。受腐蚀产物应力而引起的应力腐蚀破裂，腐蚀产物起了楔入作用。

不同的合金、介质构成的应力腐蚀破裂，各有其最低的临界应力。有的临界应力不到合金屈服强度的10%，有的却高于屈服强度的70%。

(3) 环境因素

• 介质

如前所述，每种金属或合金都有各自特定的引起应力腐蚀破裂的介质。表3-7-1为部分可能引起金属和合金应力腐蚀破裂的介质。介质的物理状态也很重要，在同样的温度和应力下，干湿胶体状态比只在单相水溶液中的应力腐蚀破裂严重。

表3-7-1 可能引起金属和合金应力腐蚀破裂的介质

材料	介质	材料	介质
铝合金	$NaCl-H_2O$ 溶液	普通钢	NaOH 溶液
	NaCl 溶液		$NaOH-Na_2SiO_3$ 溶液
	海水		硝酸钙、硝酸铵、硝酸钠溶液
	空气、水蒸气		$H_2SO_4-HNO_3$ 混酸
铜合金	氨蒸气、氨溶液		HCN 溶液
	胺		酸化 H_2S 溶液
	水、水蒸气		海水
金合金	$FeCl_3$ 溶液		熔融 Na-Pb 合金
	醋酸盐溶液	不锈钢	酸性氯化物溶液
Inconel	烧碱溶液		$MgCl_2$ 及 $BaCl_2$ 溶液
铅	醋酸铅溶液		$NaCl-H_2O_2$ 溶液
镁合金	$NaCl-K_2CrO_4$ 溶液		海水
	农村及海岸的大气		H_2S
	蒸馏水		$NaOH-H_2S$ 溶液
蒙耐尔	熔融烧碱		含 Cl^- 的凝聚水汽
	氢氟酸	钛合金	发烟硝酸
	氟硅酸		海水、N_2O_4
镍	熔融烧碱		甲醇-HCl

• 氧化剂

溶解氧或其他氧化剂对奥氏体不锈钢在氯化物溶液中的应力腐蚀破裂起关键作用。如果没有氧和氧化剂就不会发生破裂。

• 温度

升高温度会加速应力腐蚀破裂。产生破裂的多数合金，一般破裂温度不低于100 ℃。

• 金属因素

对应力腐蚀破裂，二元和多元合金的敏感性比纯度高的金属要高。中碳钢的含碳量为0.12%时最敏感，含碳量高于或低于此值敏感性都降低。实验结果指出，增加铬-镍钢和铬-

镍-锰钢中的含镍量,能提高其抗应力腐蚀的能力。在含钼 0.1%～4.5%的铬(20%)镍(20%)钢中,含钼 1.5%的钢抗腐蚀性最差。

(4) 破裂时间

破裂时间是应力腐蚀破裂的一个很重要的参数。应力腐蚀裂纹穿透材料,材料截面减小,最终的断裂完全是机械作用。图 3-7-3 是试样在恒定的拉伸负载下,破裂扩展速度与裂纹深度的关系。最初裂纹扩展速度变化不大,当裂纹加深时,试样截面积减小,承受的拉应力上升,裂纹进展速度也随之上升,直到断裂。在断裂前的瞬间,材料截面减小到材料所承受的应力等于或大于金属的强度极限而发生机械性破坏(注意:裂纹与拉应力相垂直)。图 3-7-4 表明应力腐蚀破裂的暴露时间和试样延伸率的关系。早期裂纹很窄小,延伸率无大变化。末期裂纹变宽,断裂之前发生大量塑性变形,延伸率有很大变化。

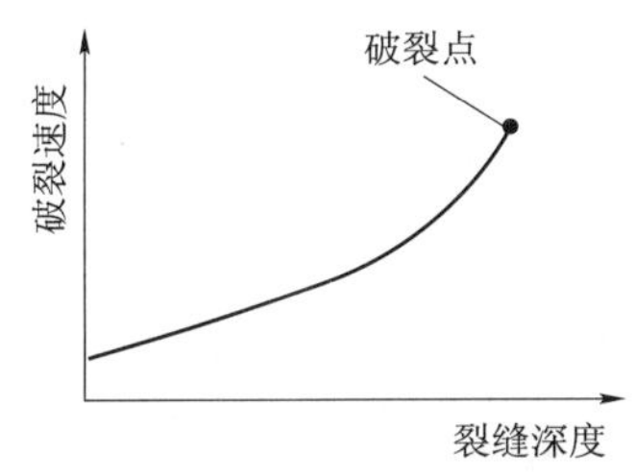

图 3-7-3 拉伸负载下应力破裂验扩展速度中试样延伸率与时间函数关系

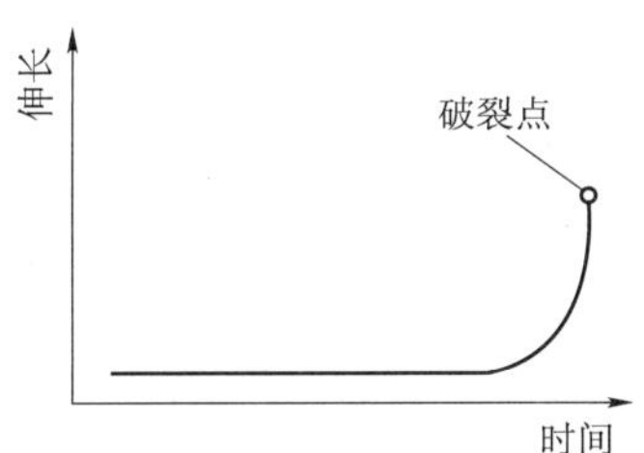

图 3-7-4 恒负载应力腐蚀破裂试与裂纹深度的关系

进行应力腐蚀破裂试验应直至断裂为止,否则试验的可靠性较差,因为在断裂之前,物理和机械迹象都很不明显。

3.7.3 应力腐蚀断裂机理

(1) 应力腐蚀断裂的可能机理

尽管已提出十几种应力腐蚀断裂的机理,但迄今尚无被普遍接受的统一机理。既然应力腐蚀是一种腐蚀有关的过程,其机理就必然与腐蚀的阳极或阴极过程有关。因此,其可能的机理不外乎是:

• 阳极溶解为主的机理:认为阳极溶解起控制作用,如黄铜的氨脆等。

• 氢脆机理:认为阴极过程放出的氢原子进入基体,导致材料脆化,如钢的硫化氢应力腐蚀。

• 阳极溶解与氢脆共同作用的机理:认为阳极溶解和阴极析氢过程都有影响,如钛合金、不锈钢、铝合金、镍合金等的应力腐蚀。

• 吸附特殊离子降低表面能的机理:认为环境中某些侵蚀性物质吸附在裂纹尖端,降低了形式新表面所需的能量,使断裂应力随之降低。这是一种主要以机械方式导致应力腐蚀断裂的理论,由于缺乏实验证明,也不能解释某些应力腐蚀的现象。

(2) 阳极溶解为主的理论

在大多数情况下,金属是被钝化膜覆盖的,并不与腐蚀介质直接接触。这些膜在热力学上是稳定的,只有膜遭受局部破坏,裂纹形核,才有可能沿某一择优路径溶解,最终导致应力腐蚀断裂。所以,按这种理论,应力腐蚀要经历膜破裂-溶解-断裂这三个阶段。

• 膜破裂:表面膜可能是吸附膜、氧化膜、反应产物膜、某些组分优先溶解而富集某一电位较正组分的膜,它们可能由于化学方式或机械方式而发生局部破坏,尤其晶间处的膜往往不完整,更容易破坏。

化学方式破坏是指若腐蚀电位比点蚀电位更正,则局部的膜被击穿,形成点蚀在应力作用下可由点蚀坑根部诱发应力腐蚀裂纹。

若腐蚀电位处于活化-钝化或钝化-过钝化过渡电位区间,则钝化膜处于不稳定状态,应力腐蚀裂纹容易在较薄弱的部位形核。

机械方式破坏是指膜的延性和强度一般较基体金属差,受力变形后往往使局部的膜破裂。在裂纹尖端被膜覆盖的情况下,由于应力应变集中,此处的膜更容易破裂。晶界缺陷及杂质较多,膜往往不完整,容易产生晶间型断裂。在说明穿晶应力腐蚀的起因时,用滑移导致膜破裂的机构可以进行很好的解释(如图 3-7-5 所示)。

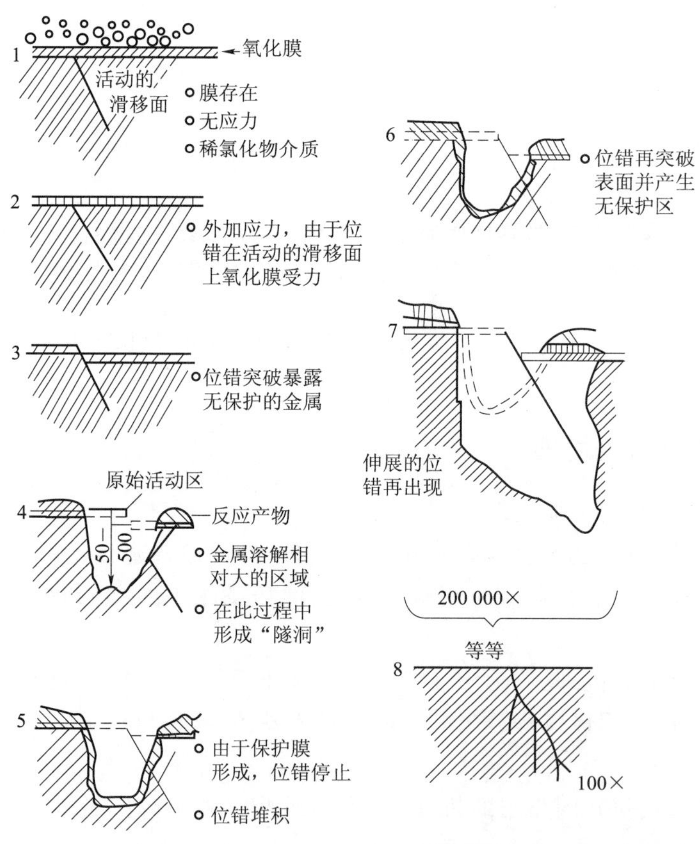

图 3-7-5 滑移台阶活化和局部溶解示意图

可以看出,若处于稳定钝化电位区,再钝化能力强,破裂的膜容易迅速修复,故较难发生应力腐蚀断裂。同样,膜的延性好、容易变形,使新鲜金属表面裸露变得困难,也不容易发生应力腐蚀断裂。

此外,膜厚 t 与滑移台阶高度 h 相对大小也很重要。$h \gg t$ 时,容易裸露出新鲜金属表面,因而粗大滑移较细小滑移容易造成应力腐蚀。一般认为,堆垛层错能低,位错共平面程度高,呈层状排列,容易产生粗滑移;反之,呈网状结构,容易产生交滑移,滑移台阶细小,似乎对应力腐蚀敏感程度低。在高堆垛层错能的合金里，如果存在短程序，交滑移困难，共平面滑移也是可能的。但某些合金的位错虽是共平面排列，但对应力腐蚀并不敏感，说明这只是发生穿晶应力腐蚀断裂的必要条件，而非充分条件。

• 溶解：裂纹形核后要在裂纹尖端快速溶解，而裂纹侧面仍保持钝态的情况下，裂纹才能不断得以扩展。裂纹的特殊几何形状构成了一个闭塞区，存在着裂尖高速溶解的电化学条件；而应力与材料为高速溶解提供了择优腐蚀的途径。

裂纹的可能途径有二，即预存活性途径和应力产生的活性途径。

在晶粒本身保持钝态，而晶界具有较高活性时，应力腐蚀裂纹可能沿晶界这条预存的活性途径扩展，造成晶间型断裂。这种活性可以是因为无序的晶界结构固有的，或晶界存在化学活性的杂质元素，或存在阳极性晶界析出相，也可能是由于晶界析出相虽是阴极性的，但其周围存在阳极性的溶质贫化造成的。应力的作用据认为是使裂纹张开，便于物质的传递，避免通道被腐蚀产物堵塞，同时可机械撕开尚连接的部分。

• 断裂：不管是何种机制控制，只要应力腐蚀裂纹扩展到临界尺寸，便会发生纯机械断裂。

不同的材料-环境体系产生应力腐蚀的机构是不同的，不同的研究者往往存在某种分歧。

(3) 电化学腐蚀和应力机械破坏联合作用理论

实验结果指出，应力腐蚀体系外加阳极电流时，裂纹加速扩展；外加阴极电流时，裂纹扩展受到抑制或不再扩展。这说明可以把应力腐蚀破裂看成是电化学腐蚀和应力机械破坏相互作用的结果。

任何金属在组织上多少有些缺陷，钝化膜也总存在一些不连续处，这些表面缺陷处的电位比其他部位的低，为应力腐蚀提供了裂纹源。其他如表面上的划痕、小孔或缝隙也是裂纹源。这些裂纹源在特定介质和拉应力的双重作用下可能产生塑性变形而出现滑移阶梯。如果滑移阶梯足够大，表面膜就会被拉破而出现裸露金属表面。这个新表面比有膜的表面电位偏负，成为一个微小的阳极，很快发展成为蚀坑。坑外有膜的金属表面则成为阴极，发生 H^+ 或溶氧的还原反应。蚀坑沿滑移线，即与拉应力成垂直的方向发展为细微裂纹。从裂纹源至形成蚀坑需有一段时间称为孕育期。

细微裂纹形成后，应力便高度集中在裂纹尖端，使其变形而再度出现滑移阶梯，表面膜再次拉破，尖端又加速溶解。这样交替进行，使裂纹向深处发展，最后断裂。

由此可知，裂纹尖端处具有阳极特征。因此一旦形成，扩展就会很快进行，裂纹临近的金属，表面膜破坏后仍具有一定的修复能力，因此虽亦有溶解，但速度慢得多。试验结果指出裂纹尖端区的溶解速度可达它的104倍。图3-7-6为钝化合金的应力腐蚀破裂机理示意图。

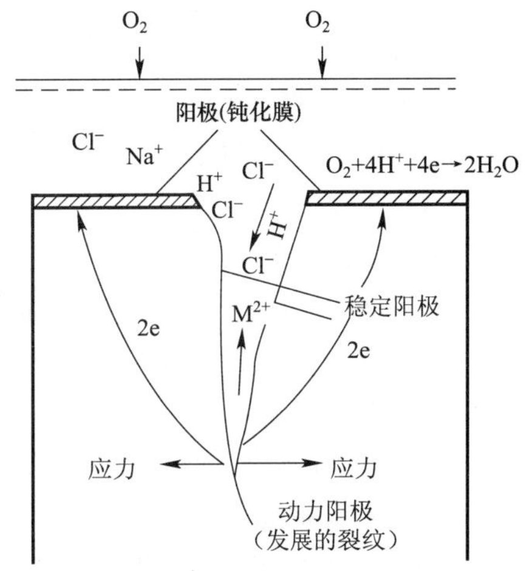

图 3-7-6 钝化合金的 SCC 机理示意图

这种理论虽然解释了很多应力腐蚀的现象，但仍有些情况不能圆满解释。如金属在气体介质、液态金属或熔融盐中的应力腐蚀。

3.7.4 应力腐蚀防护措施

由于应力腐蚀涉及环境、应力、材料三个方面，因而防止应力腐蚀也应从这三个方面入手，采取相应对策。

(1) 降低和消除应力

为了达到此目的，可以采取如下的一些措施。

• 改进结构设计：应力腐蚀常发生在结构件的应力集中处，所以在设计时，应避免或减小局部应力集中的结构形式。应力腐蚀事故分析表明，由残余应力引起的比例最大，因而在加工、制造、装配中应尽量避免产生较大的残余应力。结构设计应尽量避免缝隙和可能造成腐蚀液残留的死角，防止有害物质(如 Cl^-、OH^-)的浓缩。

• 消除应力处理：减少残余应力可采取热处理、低温应力松弛法、过变形法、喷丸法处理等方法，其中消除应力退火是减少残余应力的最重要手段，特别是对焊接件，退火处理尤为重要。

• 按照断裂力学进行结构设计：由于构件中存在宏观或亚微观的裂纹，缺陷是不可避免的，所以用断裂力学进行设计比用传统力学方法具有更高的可靠性。

(2) 控制环境

环境因素是应力腐蚀中非常重要的因素，为此需对它加以控制。

• 改善使用条件：每种合金都有其敏感的介质，减少和控制这些有害介质的数量是十分必要的。由于应力腐蚀与温度有很大关系，故首先应控制环境温度。在条件允许时降低温度，对抑制或减轻应力腐蚀是有益的。此外，减少内外温差、避免反复加热、冷却，可以防止热应力带来的危害。介质的 pH 和含氧量对不同材料-环境体系都有一定的影响。一般来说，降低含氧量、升高 pH 是有益的。

• 加入缓蚀剂：每种材料-环境体系都有某些能够抑制或减缓应力腐蚀的物质，这些物质由于改变电位、促进成膜、阻止氢的侵入或有害物质的吸附、影响电化学反应动力学等原因而起到缓蚀作用，因而也就改变了环境的敏感物质。

• 保护涂层：使用有机涂层可将材料表面与环境隔离，或使用对环境不敏感的金属为敏感材料的镀层，都可减少材料的应力腐蚀敏感性。

• 电化学保护：由于应力腐蚀发生在三个敏感的电位区间，理论上可通过控制电位进行阴极或阳极保护防止应力腐蚀。但对于不同体系，要具体分析，分别对待。

(3) 改善材质

它包括以下几方面的措施。

• 选材：在满足其他条件(性能、成本等)的情况下，结合具体使用环境，尽量选择在该环境中尚未发生过应力腐蚀断裂的材料，或对现有可供选择的材料进行试验筛选，择优使用。

• 开发新材料：为满足一定的使用要求，在只能使用有敏感性的某类合金的情况下，发展新型耐应力腐蚀合金就成为冶金工作者的一项任务。为此需要运用现有理论来指导合金设计，通过实验室试验、中间试验，并在现场使用中积累经验。目前在各类工程常用合金中都已研制出不少能耐应力腐蚀的品种。

• 冶炼工艺和热处理工艺：采用冶金新工艺对减少材料中的杂质、提高纯度、避免应力腐蚀是有益的。通过热处理改变组织、消除有害物质的偏析、细化晶粒等，对减少材料应力腐蚀敏感性起重要作用。

3.8 腐蚀疲劳

腐蚀疲劳与疲劳破裂不同。腐蚀疲劳是金属在腐蚀介质中，在交变的循环应力作用下引起的抗疲劳性能下降。疲劳破裂则是金属在只有交变循环应力作用下产生破裂的倾向，没有腐蚀介质的作用。应力值低于屈服点，并且经过许多周期之后才发生，这对两者都一样。但两者断裂金属截面的外观不一样，疲劳断裂的断裂面一大半是光滑的表面，另一半则是粗糙的。这是因为疲劳裂纹在金属中扩展时，频繁的循环应力不断锤打破裂面，使之平滑。裂纹扩展至金属截面不能承受此应力强度时就发生脆性断裂。脆断表面一般都是粗糙的。腐蚀疲劳的断裂面，没有光滑面，而是覆盖着腐蚀产物，另一小半仍是脆断造成的粗糙面。必须强调指出，表面腐蚀产物的存在不能作为腐蚀疲劳的判据，应由腐蚀疲劳试验来确定。因为在疲劳破裂过程中，有时也能产生浮锈或其他腐蚀产物。

腐蚀环境的出现可以使疲劳寿命和疲劳极限都显著降低，在许多情况下，不再能观察到疲劳极限。此外，腐蚀环境能加速裂纹扩展。腐蚀疲劳引起的损伤几乎总是大于由腐蚀和疲劳分别作用引起的作用之和。

一般来说，腐蚀环境可以降低任何工程合金的疲劳性能，这意味着腐蚀疲劳不要求特定的材料环境组合。虽然典型疲劳裂纹是穿晶的，但腐蚀疲劳裂纹却可以是穿晶的，沿晶的，或是两者的组合，这取决于载荷和环境条件。局部腐蚀，如点蚀，经常是腐蚀疲劳裂纹优先萌生的位置，但点蚀坑不是惟一的萌生位置，而且点蚀不是腐蚀疲劳的必要条件。虽然有许多裂纹可以萌生，但经常由一个裂纹的扩展导致断裂。裂纹交互作用和裂纹连接在腐蚀疲劳断裂过程中是重要的。

3.8.1 影响腐蚀疲劳因素

（1）力学因素的影响

• 应力循环参数：当应力交变频率 f 很高时，腐蚀的作用不显著，以机械疲劳为主；当 f 很低时，又与静拉伸应力的作用相似，只是在某一范围的交变频率下最容易产生腐蚀疲劳。R 值高，腐蚀的影响增大；R 值低，较多反映了材料固有的疲劳性能（见图 3-8-1）。在产生腐蚀疲劳的应力交变频率范围内，频率越低，裂纹扩展速度越高（见图 3-8-2）。

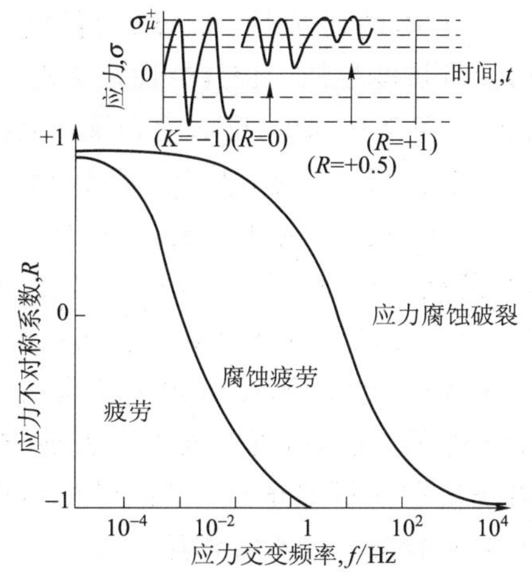

图 3-8-1　应力交变频率（f）与应力不同对称系数（R）对有应力腐蚀敏感性的材料产生应力腐蚀疲劳的影响

（0.16%C 钢在 1%NaCl 中，$R=-1$）

• 疲劳加载方式：一般来说，加载方式的影响按下面顺序排列：扭转疲劳＞旋转弯曲疲劳＞拉压疲劳。

• 应力循环波形：与纯疲劳不同，应力循环波形对腐蚀疲劳有一定影响。其中方波、负锯齿波影响小，而正弦波、三角波或正锯齿波影响较大。

• 应力集中：表面缺口处引起的应力集中，容易引发裂纹，故对腐蚀疲劳初始影响较大。但随疲劳周次增加，对裂纹扩展的影响减弱。

(2) 环境因素的影响

• 温度：一般来说，随温度升高，材料的耐腐蚀疲劳性能下降，而对纯疲劳性能影响较小。但对碳钢来说，低周腐蚀疲劳性能在温度超过 50 ℃后，似乎没有影响(见图 3-8-3)。

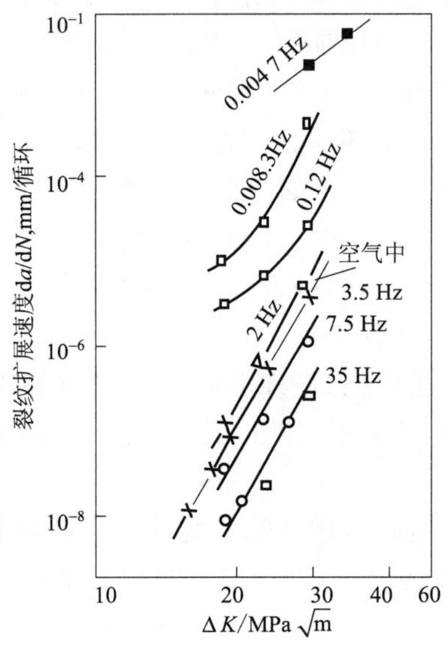

图 3-8-2 不同应力交变频率下，裂纹扩展速度与 ΔK 值的关系

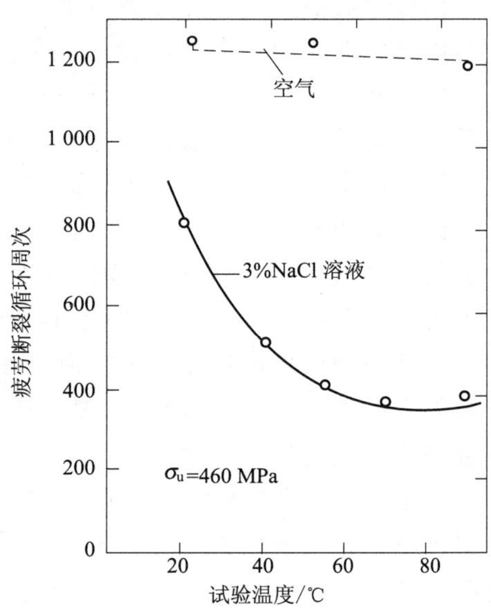

图 3-8-3 环境温度对 0.18%C 钢缺口试样低周疲劳寿命的影响

• 介质的腐蚀性：介质的腐蚀性越强，腐蚀疲劳强度越低。但腐蚀性过强时，形成疲劳裂纹的可能性减少，反而使裂纹扩展速度下降。一般在pH<4时，疲劳寿命较低；在 pH 等于 4～10 时，疲劳寿命逐渐增加；pH>12 时，与纯疲劳寿命相同(见图 3-8-4)。添加氧化剂，可以提高可钝化金属的腐蚀疲劳强度。

• 外加电流：阴极极化可使裂纹扩展速度明显降低，甚至接近空气中的疲劳强度；但阴极极化进入析氢电位区后，对高强钢的腐蚀疲劳性能会产生有害作用。对处于活化态的碳钢而言，阳极极化加速腐蚀疲劳，但对在氧化性介质中使用的碳钢，特别是不锈钢来说，阳极极化可提高腐蚀疲劳强度，有的甚至比在空气中的还高(见图 3-8-5)。

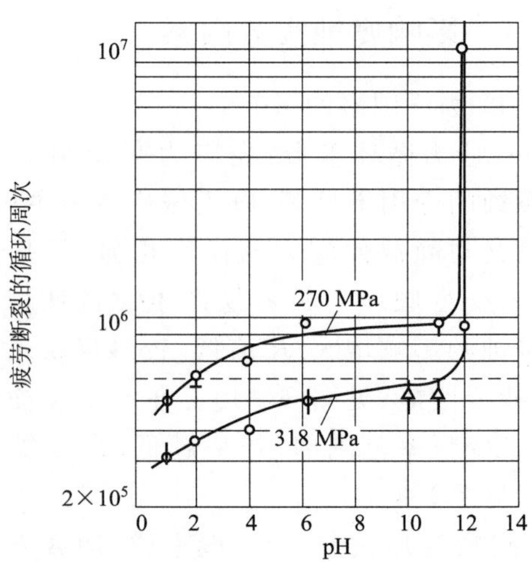

图 3-8-4 某些非合金化的低碳钢疲劳断裂，循环周次与 NaCl 溶液 pH (加酸或碱调整)的关系

(3) 材料因素的影响

• 材料耐蚀性:耐蚀性较高的金属,如钛、铜及其合金、不锈钢等,对腐蚀疲劳的敏感性较小;耐蚀性较差的金属,如高强铝合金、镁合金等,对腐蚀疲劳的敏感性较大,见图 3-8-6。因而只是那些改善材料耐蚀性的合金才是有益的。对不锈钢来说,较好的耐点蚀性能使其在海水中的耐腐蚀疲劳性能也较好,故增加 Cr、Ni、Mo 等元素含量是有益的。

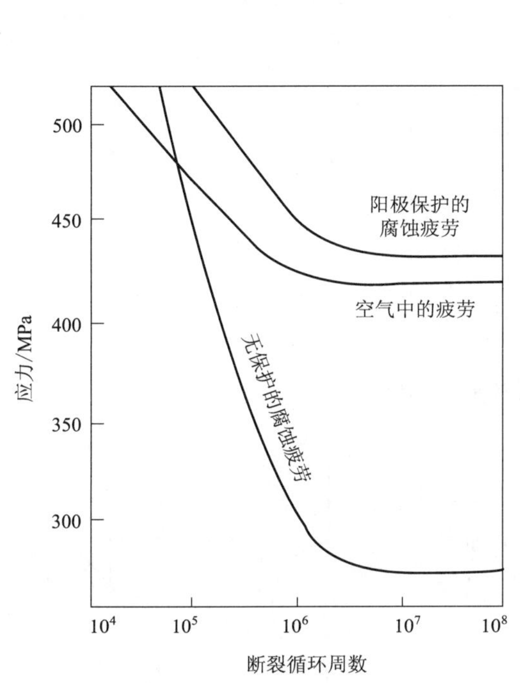

图 3-8-5 阴极保护对 Fe-13Cr 合金在 10%NH_4NO_3 中腐蚀疲劳的影响

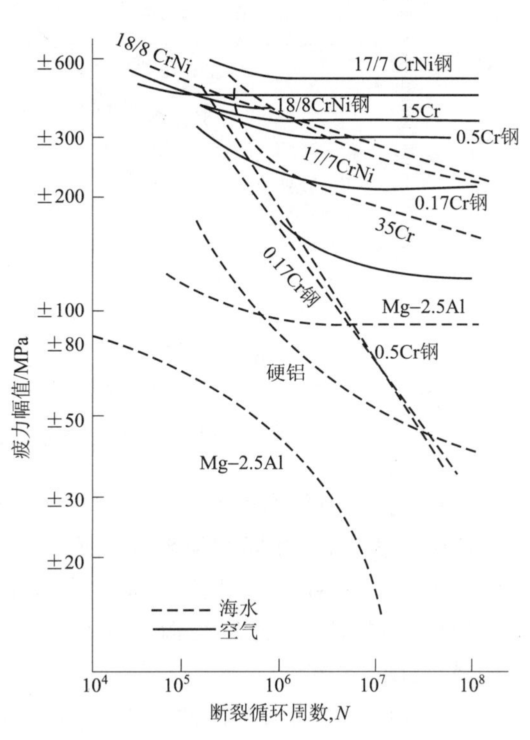

图 3-8-6 各种材料的海水腐蚀疲劳曲线

• 组织结构:碳钢、低合金钢热处理对腐蚀疲劳行为的影响较小,提高强度的热处理有降低腐蚀疲劳强度的倾向。对不锈钢来说,某些提高强度的处理可以提高腐蚀疲劳强度,敏化处理则是有害的。细化晶粒可以提高钢在空气中的疲劳强度,对腐蚀疲劳也可起到类似的效果。

• 表面状态:表面残余应力为压应力时,耐腐蚀疲劳性能较表面残余拉应力好;施加保护涂层可以改善材料的腐蚀疲劳性能,见图 3-8-7。

腐蚀疲劳的这些影响因素不是单独起作用的,而是取决于材料、环境、化学与电化学参数、力学条件之间的交互作用。

3.8.2 腐蚀疲劳的机理

由于腐蚀疲劳是交变应力与腐蚀介质共同作用的结果,所以在说明其机理时,人们往往把纯疲劳机理与电化学腐蚀作用(以至借助于应力腐蚀或氢脆机理)结合起来。现已建立起多种腐蚀疲劳模型,这里介绍其中有代表的两种。

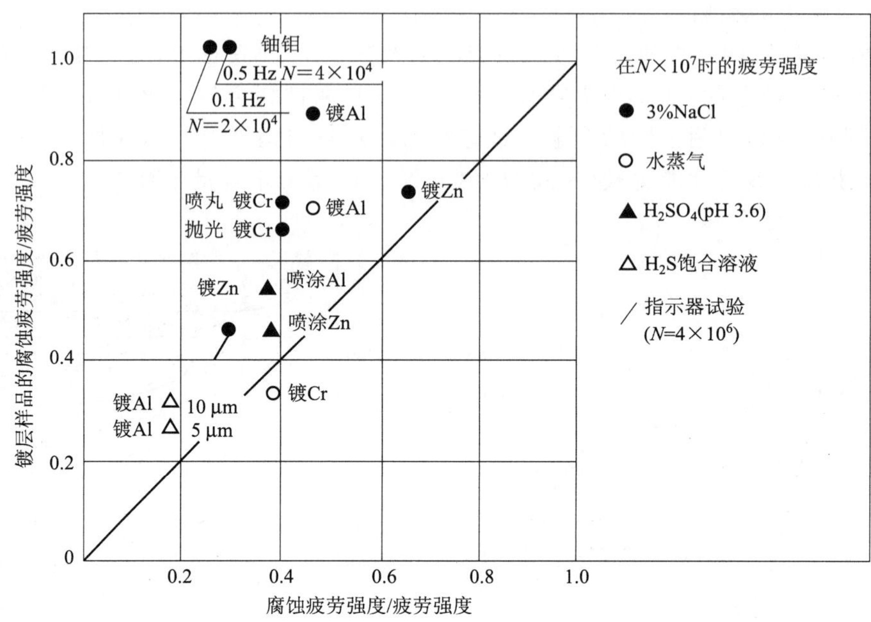

图 3-8-7 金属镀层对碳钢腐蚀疲劳强度的影响

(1) 蚀孔应力集中模型

该模型认为,腐蚀环境使金属表面形成蚀孔,在孔底应力集中产生滑移。滑移台阶的溶解使逆向加载时,表面不能复原,成为裂纹源。反复加载,使裂纹不断扩展,见图 3-8-8。

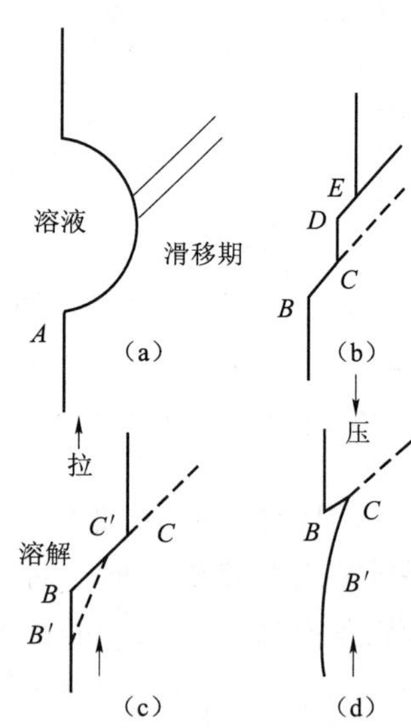

图 3-8-8 蚀孔应力集中模型

(a) 产生点蚀;(b) 生成 BCD 滑移台阶;(c) BC 台阶溶解生 $B'C'$ 新表面;(d) 滑移生成 $B'C'B$ 裂纹

(2) 滑移带优先溶解模型

观察表明,某些合金在腐蚀疲劳裂纹萌生阶段并未产生蚀坑(如碳钢),或虽产生蚀孔,但未见裂纹从蚀孔处萌生,故有人提出另外的裂纹萌生机理。此模型认为在交变应力作用下产生驻留滑移带,挤出、挤入处由于位错密度高,或杂质在滑移带沉积等原因,使原子具有较高的活性,故受到优先腐蚀,导致腐蚀疲劳裂纹形核。变形区为阳极,未变形区为阴极,在交变应力作用下促进了裂纹的扩展。

腐蚀疲劳较应力腐蚀裂纹易于形核的原因在于应力状态不同。在交变应力下,滑移具有累积效应,表面膜更容易遭到破坏。在静拉伸应力下,产生滑移台阶相对困难一些,而且只有在滑移台阶溶解速度大于再钝化速度时,应力腐蚀裂纹才能扩展,故对介质有一定的要求。

腐蚀疲劳与纯疲劳的差别在腐蚀介质的作用,使裂纹更容易形核和扩展。在交变应力较低时,对纯疲劳来说形核困难,以致低于某一数值便不能形核,故疲劳寿命可以无限长,存在疲劳极限,而且提高抗拉强度极限也会提高疲劳极限。存在腐蚀介质时,裂纹形核容易,一旦形核便不断扩展，故不存在腐蚀疲劳极限。由于提高强度对裂纹形核影响较小，因此腐蚀疲劳强度与抗拉强度并无一定的比例关系。

3.8.3　腐蚀疲劳的防护措施

(1) 通过表面涂层和镀层改善材料的耐腐蚀性，可以改善材料的耐腐蚀疲劳性能，如镀锌钢丝在海水中的疲劳寿命得到显著延长。

(2) 使用缓蚀剂进行保护很有效。如添加重铬酸盐可以提高碳钢在盐水中的疲劳抗力。

(3) 阴极保护已广泛用于海洋金属结构物的防腐蚀疲劳中。

(4) 通过氧化、喷丸和高频淬火等表面硬化处理，造成材料表面压应力层，对提高材料抗腐蚀疲劳性能有益。

(5) 合理选材，提高表面光洁度。

(6) 设计上注意结构平衡，避免颤动、震动或共振的出现，同时减少应力集中，适当加大危险截面的尺寸。

复习思考题

1. 腐蚀的有效控制途径有哪些?
2. 缝隙变窄时，缝隙腐蚀腐蚀率怎么变化? 为什么?
3. 极化作用对电偶腐蚀的影响有哪些?
4. 控制电偶腐蚀的措施有哪些? 其原理各是什么?
5. 有效控制焊缝腐蚀和刀线腐蚀的措施有哪些?
6. 铜的脱锌有哪些控制措施?
7. 磨损腐蚀的作用机理和发生过程是什么?
8. 应力腐蚀的影响因素有哪些?
9. 应力腐蚀的防护措施有哪些?
10. 疲劳腐蚀和应力腐蚀的特征是什么? 有什么区别?

第四章　核岛内的危害与防护

在 RX 厂房内的系统、设备，它们是设计最周全、选材最优的，种种可能发生腐蚀的设想在材料选择、制造工艺优化、化学介质选择、运行方式调整等多方面均有所考虑。通常它们极少出现直接的腐蚀失效，但腐蚀引起的老化、疲劳、材料劣化是明显的，鉴于核岛内设备的重要性，其任何的可能腐蚀情况必须得到重视。

但根据国内外事件的经验反馈来看，腐蚀风险是存在的，并直接影响着电站最核心区域的安全和寿命。特别是直接作为隔离边界的一回路，其腐蚀介质虽然不是非常苛刻，但是服役的温度高、水化学条件苛刻，再加上辐照可能产生的影响，极少量的腐蚀介质就有可能造成破坏性的后果。而且由于认识的局限性和研究的不断进步，原有的设计往往存在一些固有缺陷，因此需要对整个系统的一些关键部件，上升到“老化管理”的级别进行持续关注。

本篇通过腐蚀环境、材料选择、经验反馈进行了一些腐蚀分析。

(1) 核岛的腐蚀环境分析

通常核岛可能出现的腐蚀环境有如下两类：

• 高温水环境：一回路正常运行工况下，平均温度为 310 ℃，其与腐蚀相关的参数有温度、锂、氯化物、氟化物、硫酸盐、溶解氢、溶解氧、pH。高温水环境对设备的腐蚀影响主要造成不锈钢材料和镍基合金材料的高温水应力腐蚀开裂。

• 硼酸腐蚀环境：硼酸是一回路冷却剂的中子化学毒物，用来补偿控制棒对反应堆反应性的控制。硼酸本身是一种弱酸，在一回路环境下对不锈钢设备的腐蚀影响很小。它对设备的腐蚀影响主要是硼酸发生泄漏蒸发浓缩后(泄漏的原因有部件松动、部件老化破损、意外人因事件等)对碳钢和低合金钢的腐蚀。

(2) 一回路系统高温水环境和硼酸腐蚀环境的腐蚀设计和选材

• 腐蚀因子

一回路冷却剂主要的腐蚀因素是：

① 氢含量，氢气主要用来和辐照分解产生的氧反应以降低一回路冷却剂中的氧含量，但是氢本身对某些腐蚀模式也有促进作用，例如应力腐蚀开裂，因此必须对一回路冷却剂中的氢浓度进行限制；

② LiOH 含量，LiOH 是用来调整一回路冷却剂的 pH 的，但是 LiOH 对燃料包壳锆合金的氧化膜形成有影响，Li 浓度越高，氧化膜越疏松，进而导致锆合金的腐蚀速度增大，因此必须对 Li 浓度进行限制。

• 材料情况

核级系统材料选择原则必须遵循 RCCM 的要求，系统中与反应堆冷却剂接触的不锈钢材料必须满足晶间腐蚀试验准则，具体到设备的选材必须满足的要求有：

1) 反应堆压力容器：容器的基体金属是淬火和回火的低合金碳钢，容器与反应堆冷却剂接触的全部内表面都用不锈钢或 Inconel 合金覆盖。

2) 稳压器：容器的基体材料是低合金碳钢，容器内表面全部用奥氏体不锈钢覆盖。

3）蒸汽发生器：传热管、隔板和管板覆盖层为 Inconel 合金，底封头基体为碳钢，覆盖层为奥氏体不锈钢，管板和壳体为低合金钢。

4）反应堆冷却剂泵：叶轮、扩散器和涡壳为 Cr-Ni 奥氏体、铁素体不锈钢，泵轴承为奥氏体不锈钢锻件，隔热屏盘管为奥氏体不锈钢管。

5）管道：管道材料为奥氏体不锈钢，焊缝填充金属的机械性能和化学成分必须与被焊接的基材相容。

4.1　反应堆压力容器

反应堆压力容器包括压力容器和堆内构件两大部分，而压力容器又包括压力容器本体和压力容器顶盖，它们之间通过双头螺栓进行连接。反应堆压力容器包括筒体、进出口管嘴、底封头、上法兰、下法兰、顶部贯穿件、底部贯穿件等部件，见图 4-1-1，这些部件的材料见表 4-1-1。

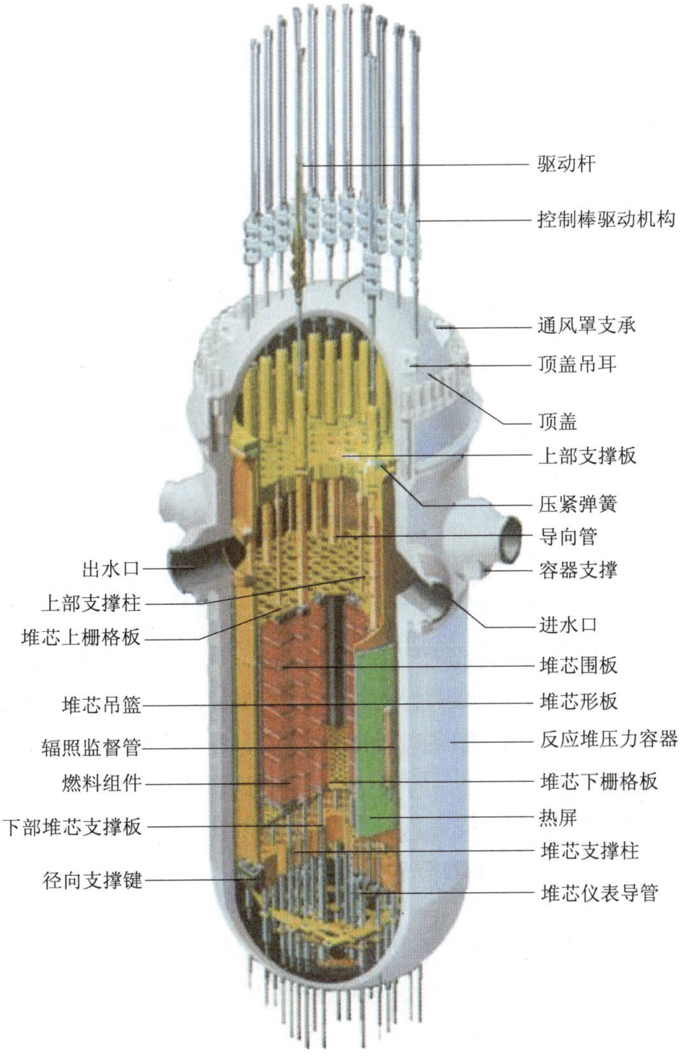

图 4-1-1　反应堆压力容器部件图

表 4-1-1　反应堆压力容器部件材料表

部件名称	材　料	部件名称	材　料
CRDM 贯穿件	NC30Fe	中子测量管贯穿件	NC30Fe
CRDM 法兰	Z2CN19-10(控氮)	容器辅助支撑底板	16MND5
排气管贯穿件	NC30Fe	容器辅助支撑筋板	16MND5
排气管安全端	Z2CN19-10(控氮)	容器辅助支撑横板	16MND5
热电偶贯穿件	NC30Fe	容器法兰接管段	16MND5
热电偶法兰	Z2CN19-10(控氮)	堆芯筒体	16MND5
通风罩法兰	16MnR	下封头	16MND5
通风罩支撑筒体	16MnR	径向支撑板	NC30Fe
通风罩支撑肋板	16MnR	下封头过渡段	16MND5
内部角钢	Q235-A	入口接管安全段	Z2CN19-10(控氮)
外部角钢	Q235-A	入口接管	16MND5
吊耳	16MND5	安注管	16MND5
通风罩连接块	16MND5	安注管安全端	Z2CN19-10(控氮)
螺母 M20×2	20 号	出口接管	16MND5
连接销	Z2CN19-10(控氮)	出口接管安全端	Z2CN19-10(控氮)
通风罩连接销	40Cr	换料密封支撑	20Mn
上封头	16MND5	球面垫圈	40NCD07.03
顶盖法兰	16MND5	主螺母	40NCD07.03
喇叭罩	Z2CN19-10(控氮)	主螺栓	40NCDV07.03
检漏管安全端	Z2CN19-10(控氮)	顶塞	35 号
检漏管	Z2CN19-10(控氮)	底塞	35 号
中子测量管法兰	Z2CN19-10(控氮)	主螺栓吊耳	40 号

这些材料中,16MND5 为低合金压力容器钢。Z2CN19-10 为奥氏体不锈钢。NC30Fe 为 Inconel 合金,相当于 690 合金。螺栓材料 40NCDV07.03 为高强合金钢。压力容器内表面堆焊层材料采用 308L 和 309L 奥氏体不锈钢焊接材料,以避免低合金压力容器钢直接与反应堆冷却剂接触而腐蚀。

根据国际上 600 合金 CRDM 贯穿件应力腐蚀开裂的经验反馈,秦山第二核电厂的压力容器顶盖使用 690 合金贯穿件的压力容器顶盖。

• 防腐蚀设计

反应堆压力容器的防腐蚀设计主要是从三个方面来考虑的:

(1) 与反应堆冷却剂接触的低合金钢表面都用 308L 和 309L 奥氏体不锈钢焊条进行了堆焊,堆焊层厚度都不小于 5 mm。

(2) 其他反应堆冷却剂压力边界部件都尽量选用高耐蚀等级的材料,如 Z2CN19-10(控氮)和 NC30Fe 等材料。

(3) 尽可能避免反应堆冷却剂泄漏导致硼酸腐蚀低合金钢 16MND5。

4.1.1 可能出现的腐蚀风险

(1) 反应堆压力容器 600 合金部件的应力腐蚀开裂风险

虽然秦山第二核电厂选材阶段就杜绝了 600 合金的使用，但早期的反应堆压力容器通常有一些部件的材料是 600 合金，并采用 182 或 82 合金作为焊缝填充金属，主要是两个部件：径向导向块和底部仪表贯穿件。

径向导向块共四个，结构如图 4-1-2 所示，圆周方向每 90°分布一个，目的是在安装吊篮时起径向导向作用，在反应堆运行时，防止堆芯周向的转动。底部仪表贯穿件的结构如图 4-1-3 所示，仪表管贯穿件是通过 J 型焊缝把一根长管焊接在 RPV 底部，RPV 底部内表面堆焊一层最小 5 mm 厚的不锈钢，RPV 底部最小厚度为 128 mm。正常运行时，BMI 反应堆内部部分的设计压力可高达 170 bar，温度 292 ℃。根据国际上核电站运行经验反馈，600 合金及其 82/182 合金的焊缝填充金属在高温水环境下存在应力腐蚀开裂风险。

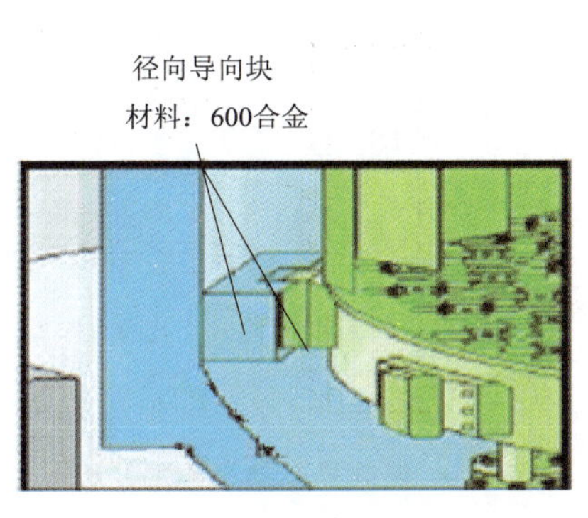

图 4-1-2 径向导向块的结构

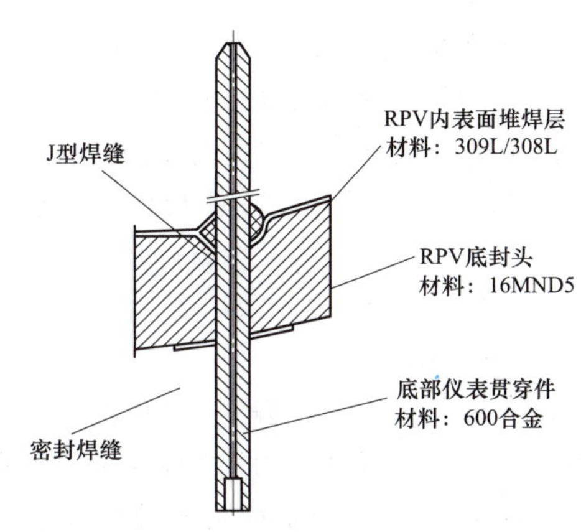

图 4-1-3 底部仪表贯穿件的结构

(2) 反应堆压力容器顶部控制棒驱动机构应力腐蚀开裂风险

控制棒驱动机构的结构如图 4-1-4 所示，主要包括以下三个部分：反应堆压力容器顶部贯穿件、控制棒驱动机构室和上部结构。贯穿件的结构是：适配器与反应堆压力容器采用干涉配合，并在反应堆压力容器内表面采用 J 型焊缝与顶盖焊接。适配器通过法兰与控制棒驱动机构室连接，法兰与适配器通过异种金属焊接来实现连接，法兰与控制棒驱动机构室则通过螺纹连接，然后连接处的表面用不锈钢焊缝密封，通常叫做 Canopy 焊缝。上部结构包括控制棒行程室(Rod Travel Housing)和眼孔结构，它们之间以及与控制棒驱动机构室的连接都是螺纹连接，然后用不锈钢焊缝密封，通常叫做 Ω 焊缝。贯穿件 J 型焊缝由于采用 690 合金，根据国内外运行经验，发生应力腐蚀开裂的风险较小，其他焊缝，包括：异种金属焊缝、Canopy 焊缝和两道 Ω 焊缝，根据国内外经验反馈，存在发生应力开裂的风险。

由于早期的控制棒驱动机构采用的是 600/82/182 合金的组合，贯穿件存在应力腐蚀的敏感性，并已经有大量的开裂导致泄漏的报道，这种开裂通常称为一回路水应力腐蚀开裂

(PWSCC)。PWSCC和所有的应力腐蚀开裂一样,同样需要三个必要的条件:拉伸应力、腐蚀环境和敏感材料。对于CRDM来说,这三个条件如图4-1-5所示。

CRDM的PWSCC运行经验总结见表4-1-2。CRDM贯穿件出现泄漏最早发生在1991年法国PWR核电站—Bugey 3。泄漏发生在10年运行后的水压实验中,实验压力为20.7 MPa,温度为80 ℃,测量装置为声发射监测仪,泄漏率为0.7 L/h。

1991年9月,Bugey 3在进行十年水压试验时,发现反应堆顶盖上控制棒驱动机构或热电偶管座(亦称贯穿件)出现裂纹而使一回路水泄漏。该事件当时引起了国际原子能机构以及法国、美国、日本等核电发达国家的高度重视。Framatome公司为此开展了广泛的调查和试验研究,并于1994年对法国本土的核电站进行了普遍的检查,共检查了44座反应堆,有33座反应堆的管座有裂纹,占总数的75%。检查过的3 213个管座中108个管座有裂纹,占总数的3.36%,概率相当高。

相继研究分析结果表明:贯穿件管座出现裂纹的主要原因是应力腐蚀,制造管座所用的Inconel 600合金抗应力腐蚀性能差。

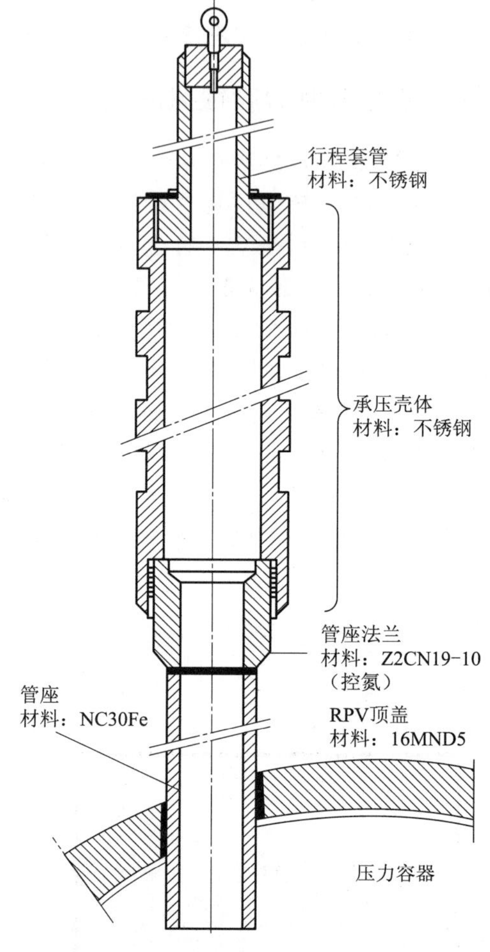

图4-1-4 控制棒驱动机构的结构

表4-1-2 反应堆压力容器CRDM的PWSCC运行经验

年份	运 行 经 验
1959	Coriou报道662°F(350 ℃)的"高纯水"中镍基合金的SCC行为
1991	法国Bugey 3核电站发现CRDM泄漏,这是世界范围内首次发现CRDM的应力腐蚀开裂
1992	EDF在一个"冷顶盖"(运行温度290 ℃)上的CRDM管嘴上发现了裂纹
1992	Bugey 3泄漏的CRDM贯穿件的破坏性检查表明,除了导致泄漏的轴向裂纹外,还在J型焊缝处发现了周向裂纹
1994	在D. C. Cook 2发现了一条7 mm深的裂纹
2000	在Oconee 1的一个CRDM和5个热电偶贯穿件上发现了泄漏,这是美国首次在CRDM上发现PWSCC
2001	在Oconee 3的CRDM贯穿件上发现一条穿透壁厚的周向裂纹
2002	在Davis Besse,CRDM泄漏导致反应堆压力容器顶部严重的硼酸腐蚀
	在North Anna 2,由于大部分CRDM的J型焊缝发现了裂纹,需要太多的修复工作,而不得不更换顶盖
2003	在South Texas Project Unit 1,两个反应堆压力容器底部仪表管嘴发现了泄漏,这是至今发现的唯一一例底部仪表管嘴的PWSCC。由于底部仪表管嘴无法更换,且不能完全修复,应引起关注

敏感材料

材料种类：600 合金、82 合金和 182 合金敏感，690 合金、52 合金和 152 合金运行核电站至今没有 PWSCC 的报道。

影响因素：

- 600 合金的晶界由碳化物连续和半连续覆盖时可提高材料对 PWSCC 的抵抗力；
- 高温热处理使碳化物重新溶解，使晶界覆盖率和微观结构优化，能增加 PWSCC 抵抗力；
- 大晶粒材料的晶界面积由于比细晶材料少，更容易获得完全的晶界碳化物覆盖率。

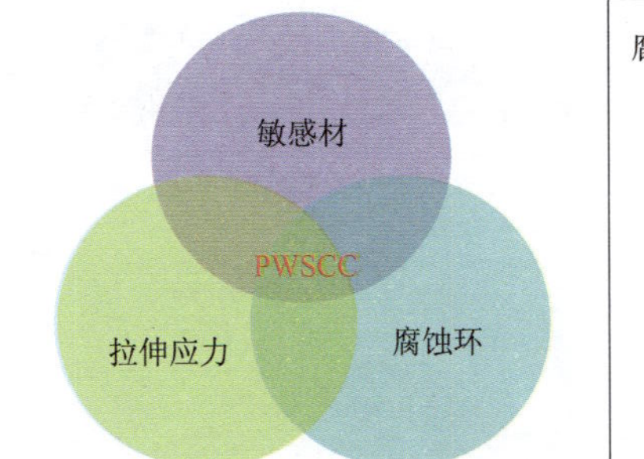

腐蚀环境

- 温度：贯穿件的温度取决于 RPV 顶部冷却剂的温度，估计值为 289～327 ℃，运行温度从 315 ℃起每增加 10 ℃，PWSCC 的孕育期就要减少为原来的 1/2；
- H 含量：在一回路冷却剂中增加 H_2 含量会减少 PWSCC 的孕育期，因此，EPRI 的 PWR 水化学导则推荐的一回路中 H_2 含量为 25～35 cm^3/kg，接近典型 H_2 含量的下限，典型 H_2 含量的范围是 25～50 cm^3/kg。

拉伸应力

- 破坏速度$\propto\sigma^a$，$a=4\sim7$，σ=外应力＋残余应力；
- 最外围的贯穿件内表面焊接应力最大，中心部位贯穿件应力最小。而周向应力要比轴向应力大约 1.6 倍。

图 4-1-5　CRDM 发生 PWSCC 的条件

后来,法国电站对管座定期检查、修理和更换等做法进行了经济分析,分析结果表明:按以上做法既成本费用高,又影响发电。最终决定采取更换整个反应堆压力容器顶盖(管座为Inconel 690材料)的方案来彻底解决这个问题。法国EDF自1993年以来每年更换5~6台机组新顶盖,到2003年为止已换完42台机组新顶盖,运行效果良好。

秦山第二核电厂在这个部位特别选择了Inconel690材料来防止这个问题。

(3) RPV底部仪表管贯穿件应力腐蚀开裂

2003年4月,美国South Texas Project Unit 1(STP-1)的一次例行的检查在RPV底部仪表管贯穿件处发现了硼结晶,见图4-1-6。STP-1的RPV底部共有58个贯穿件,其中1号和46号贯穿件上发现了硼结晶,其他56个没有发现硼结晶,RPV底部的温度是294 ℃。进一步的NDT检查发现1号和46号贯穿件中共有5条裂纹,其中每个贯穿件都有一条轴向贯穿裂纹,它们是硼酸泄漏的通道。随后对有硼酸泄漏的贯穿件进行了破坏性检查,裂纹形貌见图4-1-7,经根本原因分析得出轴向裂纹很可能是PWSCC引起的,但也不能完全排除焊接缺陷。

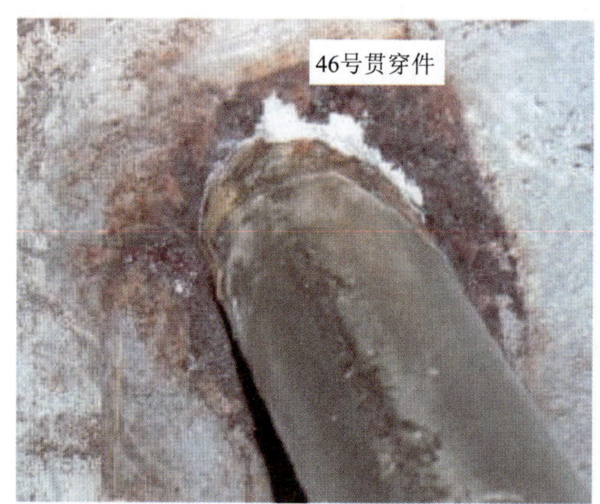

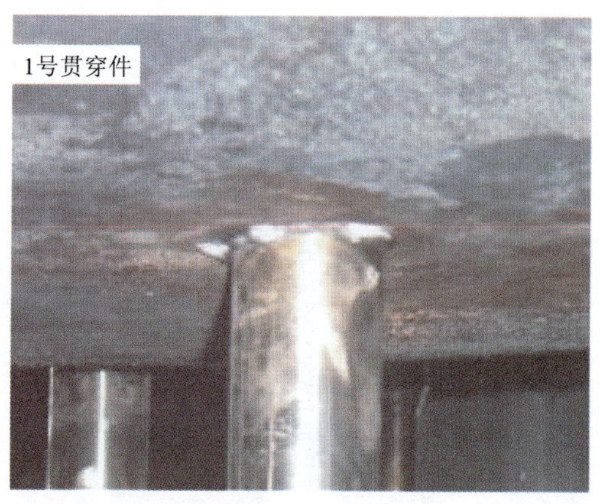

图4-1-6 美国South Texas Project Unit 1RPV底部仪表管贯穿件处发现了硼结晶

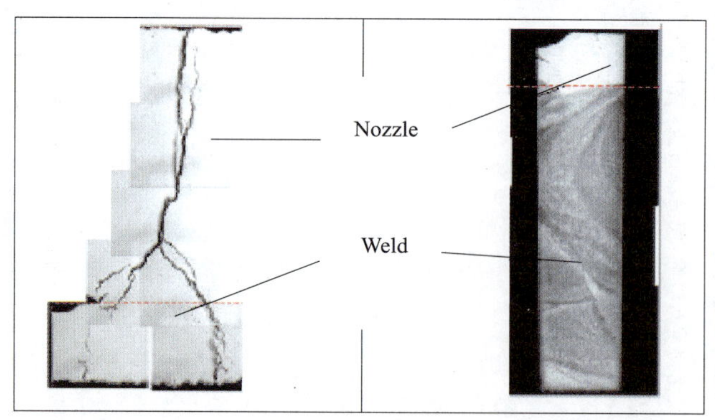

图4-1-7 STP-1 RPV有硼结晶的贯穿件轴向裂纹的形貌

NRC(美国核管会)后来要求对它所管辖的全部核电站的RPV的底部贯穿件都进行检查,没有在其他核电站发现有PWSCC的迹象。但STP-1核电站的事件同样具有重要的意义,它表明不光是RPV顶部贯穿件存在PWSCC,底部贯穿件也同样如此。

（4）反应堆压力容器进出口管嘴异种金属焊接件应力腐蚀开裂风险

反应堆压力容器及其进出口管嘴的材料为16MND5的低合金压力容器钢，而一回路主冷却剂管道的材料为Z3CN20.09M的奥氏体-铁素体双相不锈钢，两者之间成分差异很大，如果在安装阶段现场直接焊接，由于现场工作环境和焊接设备受到限制，加上成分的急剧变化增加了焊缝的脆性，焊缝可靠性将受到影响。

为此，在主冷却剂管道和压力容器管嘴之间设置一个过渡件，通常叫安全端，安全端的材料为Z2CN19-10（控氮）。这样在制造反应堆压力容器的时候，利用制造工厂优越的焊接设备就把管嘴和安全端焊接好，在现场安装的时候只要对安全端和主冷却剂管道进行焊接就可以了，由于是同种金属焊接，焊接可靠性将增加。但是由于16MND5和Z2CN19-10（控氮）两种材料之间成分存在明显的差别，它们之间的焊接属异种金属焊接，其异种金属焊接结构见图4-1-8，管嘴内表面堆焊不锈钢，管嘴与安全端之间进行焊接。

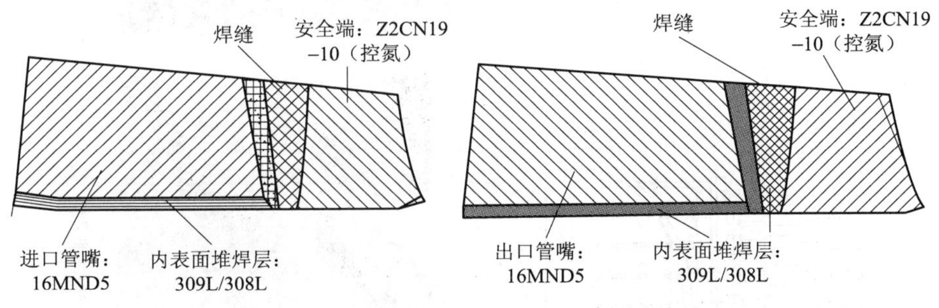

图4-1-8 反应堆压力容器进出口管嘴结构图

根据国际上的经验反馈，异种金属焊接存在应力腐蚀开裂的风险，特别是出口管嘴，正常运行时，温度为327 ℃，刚好处在PWSCC敏感温度区间，发生应力腐蚀开裂的风险更大。

此外，蒸汽发生器一次侧水室与主冷却剂管道的连接、稳压器与波动管线的连接、稳压器与喷淋管线的连接和稳压器与安全阀的连接也都是异种金属焊接，同样也存在发生应力腐蚀开裂的风险，值得关注。

（5）反应堆压力容器碳钢部分硼酸腐蚀风险

硼酸是一种弱酸，当它泄漏到热的表面时，水不断蒸发，剩下的溶液不断浓缩，到最后形成硼酸结晶。95 ℃的饱和硼酸溶液pH会小于3，腐蚀性很强，能使碳钢和低合金钢设备溶解和腐蚀。大多数情况下，硼酸溶液泄漏点附近结晶，而腐蚀就在硼酸结晶下面进行。硼结晶对硼酸腐蚀是有加速作用的。硼酸腐蚀的另一种机理是异种金属之间的原电池腐蚀，通常发生在异种金属焊接区域。如果这种焊接有硼酸溶液的话，碳钢将迅速腐蚀。至于缝隙腐蚀，实验表明缝隙中硼酸溶液将会沸腾、浓缩和消耗，因此寿命很短，潜在的风险较小。但是碳钢例外，值得注意。

反应堆压力容器的材料为低合金钢（16MND5），不耐硼酸腐蚀。由于反应堆压力容器顶部压力边界构件存在应力腐蚀开裂的风险，这样就使得一回路冷却剂存在泄漏的风险，泄漏的一回路冷却剂在反应堆压力容器高温表面蒸发浓缩，浓缩的硼酸溶液腐蚀性增强，将会使16MND5材料发生溶解腐蚀。如果泄漏长期存在，腐蚀将会不断进行，使反应堆压力容器的壁厚减薄，并影响其强度。

硼酸腐蚀已有较多相关运行事件，部分典型形貌如图4-1-9所示，其中最典型的也是引起全

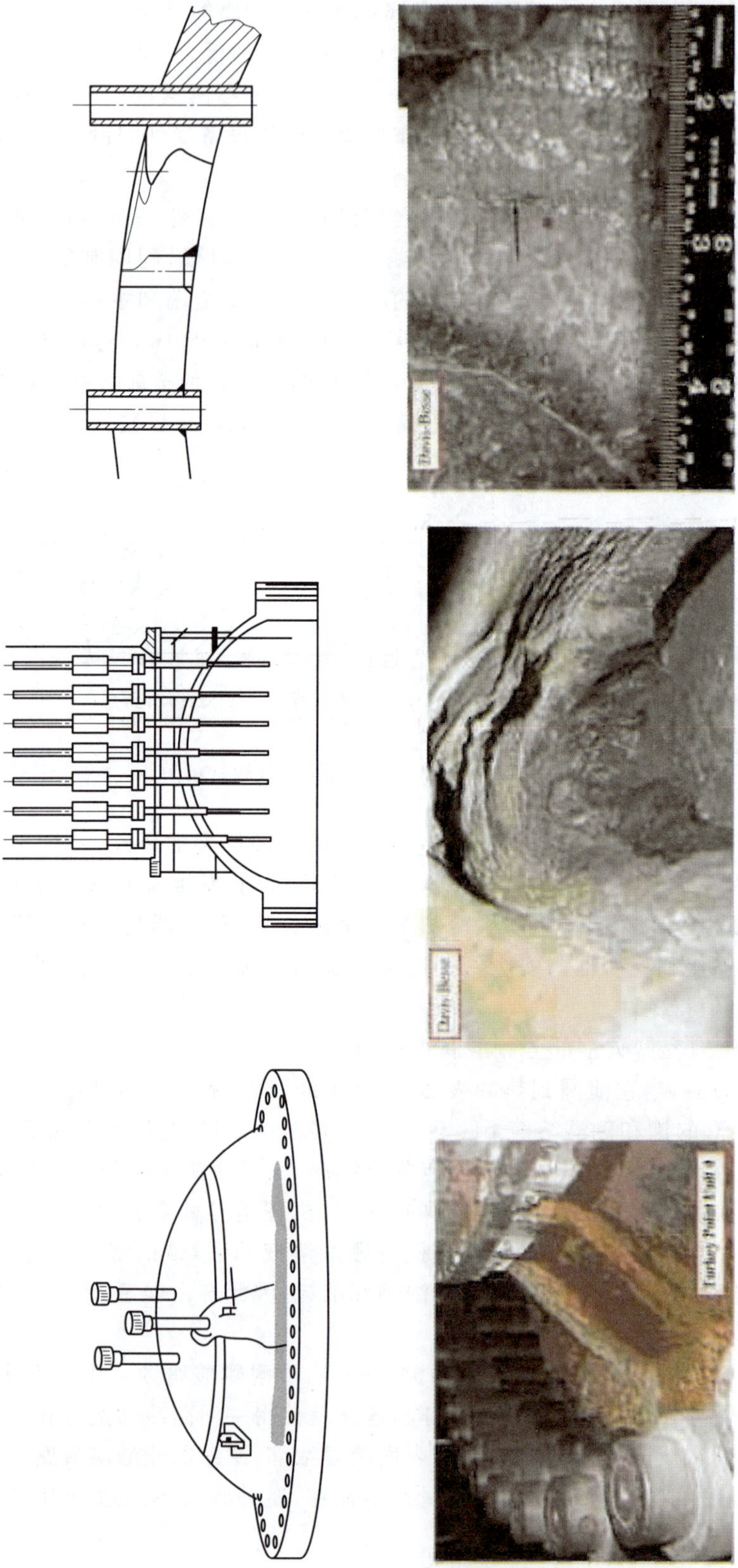

图 4-1-9 硼酸外部腐蚀的典型形貌

世界对硼酸腐蚀高度关注的事件是 Davis Besse 核电站反应堆压力容器顶部的硼酸腐蚀事件。

根据美国核管会发布的信息，Davis-Besse 核电站（B&W 设计的 PWR，925 MW，1977 年建成投产）2002 年 2 月在进行压力壳顶盖贯穿件管座检查时发现 3 个控制棒驱动机构（CRDM）管座有 3 条轴向裂纹信号导致反应堆承压边界泄漏，其中一个管座还有一条周向裂纹信号，不过还没有穿透。存在裂纹信号的是第 1，2 和 3 号 CRDM 管座，都位于顶盖的中央部位。此外还有两个管座也发现裂纹信号。电厂对这 5 个管座进行了修复。对 3 号管座的机加工结束后，从管座上卸下加工机具的时候，3 号管座发生摇动，接着向顺坡方向倾倒。为查明原因，卸下了管座，去除了沉积在顶盖上的硼酸，并用超声方法测量了顶盖临近 1、2、3 号管座部位的厚度。目视检查发现 3 号管座的顺坡侧有一个空洞。用超声方法确定，空洞呈上小下大的袋状，最宽部位约 100～125 mm，深度约 180 mm，减薄区顶盖最小剩余厚度只有 10 mm，而顶盖内表面不锈钢堆焊层的正常厚度就是 1 cm。减薄区域顶盖堆焊层在 100 mm 的范围内发生了向上的凹陷，表明材料已经屈服，并且已经出现裂纹，这部分不锈钢堆焊层已经成为反应堆冷却剂承压边界。另外，2 号管座附近还发现两个较小的减薄区。

4.1.2 堆内构件

反应堆堆内构件包括堆芯下部支撑结构（包括热中子屏蔽）、堆芯上部支撑结构、控制棒束导向管和压紧弹簧。堆内构件的主要功能如下：

- 为压力容器提供屏蔽，使其免受或少受堆芯中子辐射的影响；
- 为燃料组件提供支撑和压紧；
- 固定监督用的辐照样品；
- 为棒束控制组件和传动轴以及上下堆内测量装置提供机械导向；
- 平衡机械载荷和水力载荷；
- 确保容器顶盖内的冷却水循环，以便顶盖保持一定的温度。

堆芯下部支撑结构主要由堆芯吊篮组件（含堆芯支承板、热中子屏蔽、流量分配孔板、堆芯下栅格板、堆芯围板组件、堆芯二次支撑和测量通道等部件）组成。而堆芯上部支撑结构则包括堆芯上栅格板、堆芯上部支承筒、导向管支撑板和棒束控制导向管等。这些部件的材料见表 4-1-3。

表 4-1-3 反应堆压力容器堆内构件部件材料表

<table>
<tr><td rowspan="3">上部支撑组件</td><td>法兰</td><td>Z2CN19. 10 N. S</td><td rowspan="3">吊篮组件</td><td>堆芯吊篮筒体</td><td>Z2CN19. 10 N. S</td></tr>
<tr><td>裙筒</td><td>Z2CN19. 10 N. S</td><td>LCP 支撑环</td><td>Z2CN19. 10 N. S</td></tr>
<tr><td>上支撑板</td><td>Z2CN18. 10 N. S</td><td>堆芯支撑板</td><td>Z2CN18. 10 N. S</td></tr>
<tr><td rowspan="4">上部支撑柱组件</td><td>支撑柱基座</td><td>Z2CN19. 10 N. S</td><td rowspan="2">围板与成形板组件</td><td>围板</td><td>Z2CN19. 10 N. S</td></tr>
<tr><td>支撑柱</td><td>Z2CN18. 10 N. S</td><td>成形板</td><td>Z2CN19. 10 N. S</td></tr>
<tr><td>伸长杆</td><td>Z2CN18. 10 N. S</td><td rowspan="2">下堆芯板组件</td><td>下堆芯板</td><td>Z2CN19. 10 N. S</td></tr>
<tr><td>法兰</td><td>Z2CN19. 10 N. S</td><td>人孔盖板</td><td>Z2CN19. 10 N. S</td></tr>
<tr><td rowspan="2">上堆芯板组件</td><td>上堆芯板</td><td>Z2CN19. 10 N. S</td><td>下堆芯支撑柱组件</td><td>支撑柱</td><td>Z2CN19. 10 N. S</td></tr>
<tr><td>UCP 插入块</td><td>Z2CN19. 10 N. S</td><td></td><td></td><td></td></tr>
</table>

在表 4-1-3 这些材料中，Z2CN19. 10 的材料成分与 304L 不锈钢相似，而 Z2CND18. 12 则与 316L 成分相似，其材料成分见表 4-1-4。

表 4-1-4 RCCM 标准中部分 Fe-Cr-Ni 合金的化学成分

	Fe-Cr-Ni 合金 \ 元素	C	Si	Mn	S	P	Cr	Ni	Fe	Cu	Al	Ti	Co	Nb+Ta	Mo	N
质量分数/%	NC 30 Fe	0.010～0.040	≤0.50	≤0.50	≤0.010	≤0.025	28.00～31.00	≥58.00	8.00～11.00	≤0.50	≤0.50	≤0.50	≤0.20	—	—	—
	NC 15 Fe	≤0.10	≤0.50	≤1.00	≤0.015	≤0.025	14.00～17.00	≥72.00	6.00～10.00	≤0.50	0.50	≤0.50	—	—	—	—
	NC 15 Fe T Nb A	≤0.080	≤0.50	≤1.00	≤0.010	≤0.010	14.00～17.00	≥70.00	5.00～9.00	≤0.30	0.40～1.00	2.25～2.75	≤0.20	0.70～1.20	—	—
	Z2 CN 19.10（控氮）	≤0.035	≤1.00	≤2.00	≤0.040	≤0.030	18.50～20.00	9.00～10.00	余量	≤1.00	—	—	—	—	—	0.080
	Z2 CND 17.12	≤0.030	≤1.00	≤2.00	≤0.040	≤0.030	16.00～19.00	10.00～14.00	余量	1.00	—	—	—	—	2.25～2.75	—
	Z2 CND 18.12（控氮）	≤0.035	≤1.00	≤2.00	≤0.040	≤0.030	17.00～18.00	11.5～12.50	余量	1.00	—	—	—	—	2.25～2.75	0.080
	Z3 CN 20.09 M	≤0.040	≤1.50	≤1.50	≤0.025	≤0.035	19.00～21.00	8.00～11.00	余量	≤1.00	—	—	≤2.00	—	—	—
	Z6 CN Nb 18.11	≤0.080	≤1.00	≤2.00	≤0.040	≤0.030	17.00～20.00	9.00～13.00	余量	≤1.00	—	—	≤0.20	8×C%≤Nb%≤1.00	—	—

由于堆内构件所有部件都与反应堆冷却剂接触，因此其部件材料都选用高耐蚀等级的不锈钢材料或 Inconel 合金材料。堆内构件的腐蚀主要通过观察异物的沾黏对构件的腐蚀情况。

4.2　蒸汽发生器

蒸汽发生器(SG)是压水堆(PWR)核电站中重要的热交换器，它利用堆芯产生的热量将二回路的水变成蒸汽去驱动汽轮发电机，通常一个反应堆有 2～6 个蒸汽发生器。蒸汽发生器通常是由几千根甚至上万根传热管组成的管壳式热交换器，一回路水流经传热管之内，同时释放出热量；二回路水流经传热管之外，同时利用一回路释放的热量将部分水变成蒸汽。

蒸汽发生器有多达几千根甚至上万根传热管，是反应堆冷却剂压力边界的重要组成部分，实际上，所有传热管面积之和占到一回路压力边界总面积的 50%左右。而且，一回路的压力要比二回路高得多，传热管的任何破损都会导致一回路放射性水进入到二回路，并最终有可能带入环境，这就要求传热管及相关部件不能有任何的开裂、穿孔、性能劣化等失效。

无论出现频率还是影响程度腐蚀都是蒸汽发生器所有故障模式中最为显著的一种，主要表现形式有应力腐蚀开裂(SCC)、传热管减薄、点蚀、磨蚀、由腐蚀导致的挤压变形(Denting)等。而蒸汽发生器中最为敏感的三个位置是传热管支撑部位、淤泥堆积部位和管板胀接部位。

4.2.1　秦山二期的蒸汽发生器

秦山核电站 650 MW 的反应堆各有两个回路，每个回路上有一台立式循环型蒸汽发生器。蒸汽发生器的结构如图 4-2-1 所示。通常蒸汽发生器可分为底封头、二次侧壳体及其内部构件、上部蒸汽干燥部件三个部分。

- 蒸汽发生器底封头

蒸汽发生器底封头的作用是把从反应堆压力容器出口过来的经加热的水分配给传热管，然后把冷却后的水送给反应堆主冷却剂泵。包括封头壳体、一次侧进出口管嘴、分隔板、一次侧人孔，管板、疏水管等部件。底封头需要与反应堆冷却剂接触，其接触表面都采用不锈钢材料或 Inconel 合金。具体的部件材料见表 4-2-1，表中 SA508 CL. 3A 为碳钢材料，是蒸汽发生器底封

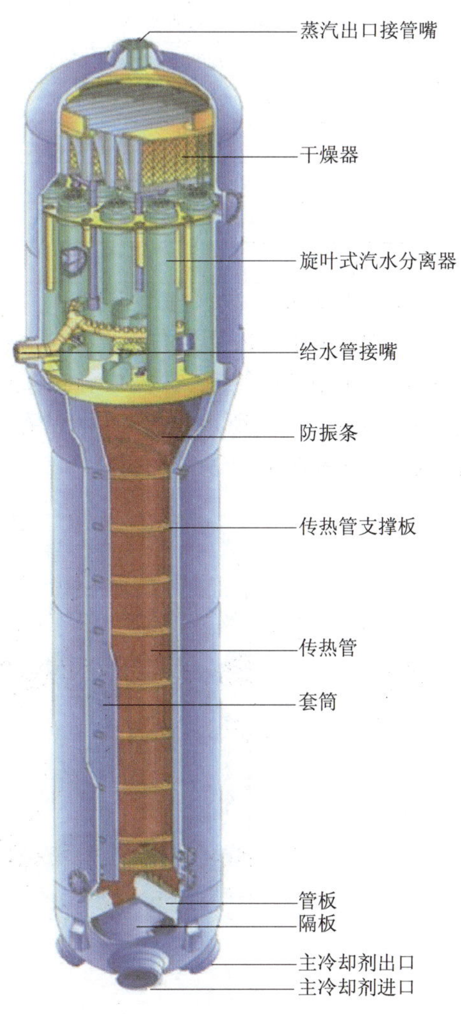

图 4-2-1　蒸汽发生器结构简图

头用材料。

表 4-2-1　蒸汽发生器材料表

部　件	材　料
一次侧封头	SA508 CL. 3A
封头堆焊层	EQ309L+EQ308L
管板/管板一次侧堆焊层	SA508 CL. 3A/UNS N06052/W86152
一次侧水室隔板	Inconel690
传热管	SB163 Ni2Cr2Fe Alloy690
一次侧进出口接管	SA508 CL. 3A
一次侧接管安全端	M-3301 Grade Z2CND 18-12
蒸汽出口接管	SA508 CL. 3A
主蒸汽接管上安全端	SA106 GrB
主给水接管	SA508 CL. 3A
主给水接管热保护套管	SB-564 UNS N06690
二次侧压力边界壳体	SA508 CL. 3A
支撑板	SA-240 Type 405S
平板式防振条	SA-240 Type 405S
排污管	SB167 Ni-Cr-Fe 690 合金
套筒	SA-516 Gr. 70
汽水分离器和干燥器	SA285C 级、SA36 和其他 ASME\ASTM 中规定的材料

- 二次侧壳体及其内部构件

二次侧壳体及内部构件的作用是利用一回路热水将二回路给水加热成蒸汽，主要包括二次侧壳体、围板、管束、支撑板、防震条、管板二次侧等部件。其中支撑板的结构属四叶草型结构，如图 4-2-2 所示，与早期的钻孔型、蛋箱型和三叶草型设计相比，四叶草型的设计不容易在支撑板部位积累淤泥。

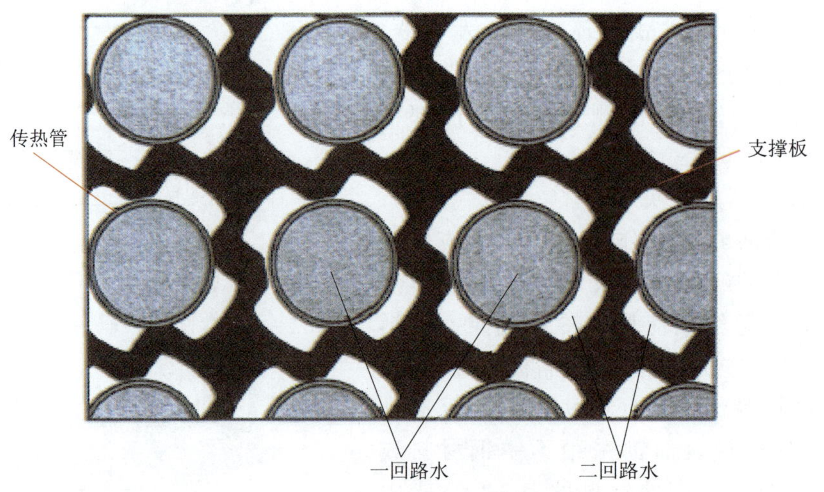

图 4-2-2　传热管支撑板的结构示意图

4.2.2 蒸汽发生器的结构及其设计演进

大部分蒸汽发生器的设计演进如表 4-2-2 所示。这里主要关注那些对传热间隙有影响的设计特点，主要包括热管段温度、热交换量、循环方式、管束方向、传热管材料、支撑类型与材料、管板胀接、流体分布、预热装置等。

表 4-2-2 蒸汽发生器的设计演进

设计模式（首次商业运行）	热管段温度 T_H/℃	平均热交换量/(Btu/h・ft^2)	循环型或直通型	管束方向	传热管材料(A)	支撑类型	支撑材料	管板胀接方式(B)	流量分配板(Y/N)	预热装置(Y/N)
西屋公司及其授权公司的设计										
早期 SS 设计(1961)	288～302	39 000	循环型	直立	304 SS	钻孔	碳钢	PDR	N	N
早期 600MA 设计(1968)	310～318	43 000	循环型	直立	600MA	钻孔	碳钢	PDR	N	N
中期 600MA 设计(1977)	317～322	44 000	循环型	直立	600MA	钻孔	碳钢	FDE, FDR, or FDR-KR	N	N
后期 600MA 设计(1981)	323～324	48 000	循环型	直立	600MA	钻孔	碳钢	FDR, or FDR-KR	Y	N
预热型 600MA 设计(1983)	326～330	49 000	循环型	直立	600MA	钻孔	碳钢	FDR, or FDR-KR	Y	Y
F 型设计(1983)	326	53 000	循环型	直立	600TT	扩孔	405 SS	FDH, or FDR-KR(C)	Y	N
预热型 600TT 设计(1986)	326	49 000	循环型	直立	600TT	扩孔	405 SS	FDH, or FDR-KR	Y	Y
最新的设计(1988)	See note(D)	44 00	循环型	直立	600TT	扩孔	405 SS	FDH, or FDR-KR(C)	Y	Y

续表

设计模式（首次商业运行）	热管段温度 T_H/℃	平均热交换量/(Btu/h·ft²)	循环型或直通型	管束方向	传热管材料(A)	支撑类型	支撑材料	管板胀接方式(B)	流量分配板（Y/N）	预热装置（Y/N）
燃料工程公司及其授权公司的设计										
首次设计（1971）	315	50 000	循环型	直立	600MA	钻孔				
中期设计（1973）	313	51 000	循环型	直立	600MA	钻孔或蛋箱型	碳钢	FDE	N	N
后期设计（1983）	321	56 000	循环型	直立	600MA	蛋箱型	碳钢	FDE	N	N
经济型设计（1986）	327	52 000	循环型	直立	600MA	蛋箱型	409 SS	FDE	Y	Y
最新的韩国设计	322	47 000	循环型	直立	690TT	蛋箱型	409 SS	FDE	Y	Y
Babcock & Wilcox 的设计										
原型堆设计（1963）	271	—	循环型	卧式	304 SS	—	—	—	—	N
直通型设计（1973 年及以后）	317～320	33 000	直通型	直立	600MA+敏化处理	扩孔	碳钢	PDR	N	N
替代型（1992 年及以后）	见注释(D)	50 000	循环型	直立	690TT	栅格型	410 SS	FDH	Y	N
西门子公司										
第一代设计（1961）	312	61 000	循环型	直立	600MA	栅格型	SS	在上、中、下部挤压	N	N
第二代设计（1972）	314～319	68 000	循环型	直立	800NG	栅格型	SS	在上、下部挤压	N	N
预热型设计（～1983）	329	57 000	循环型	直立	800NG	栅格型	SS	在上、下部挤压	Y	Y
替代型设计（1989）	见注释(D)	51 000	循环型	直立	800NG	栅格型	SS	FDH 并在上、下部挤压	—	N

(A) MA=mill annealed（工厂退火），TT=thermally treaded（热处理），NG=nuclear grade（核级别）；

(B) PDR=part-depth roll（部分深度碾压），FDR=full-depth roll（全深度碾压），KR=kiss roll（湿润碾压），FDE=full-depth explosive（全深度爆炸式胀接），FDH=full-depth hydraulic（全深度水压胀接）；

(C) 各种各样的传热管胀接设计同样在日本使用；

(D) 蒸汽发生器的替代型设计的 T_H 通常小于原始设计。

• 热管段温度（T_H）

早期的一些核电厂，热管段温度相当的低，都低于 300 ℃。这主要是为了避免腐蚀和一些其他问题，如铸造不锈钢的脆性问题等。后来，为了提高蒸汽发生器的热效率和输出功率，以及各蒸汽发生器制造商之间的竞争，热管段温度提高了。如图 4-2-3 所示，在 20 世纪 60 年代末和 70 年代，T_H 上升到 320 ℃左右。但是随之而来的腐蚀问题也变得突出，因为腐蚀过程是一种受热活化的过程，温度的升高会显著提高腐蚀的速度。

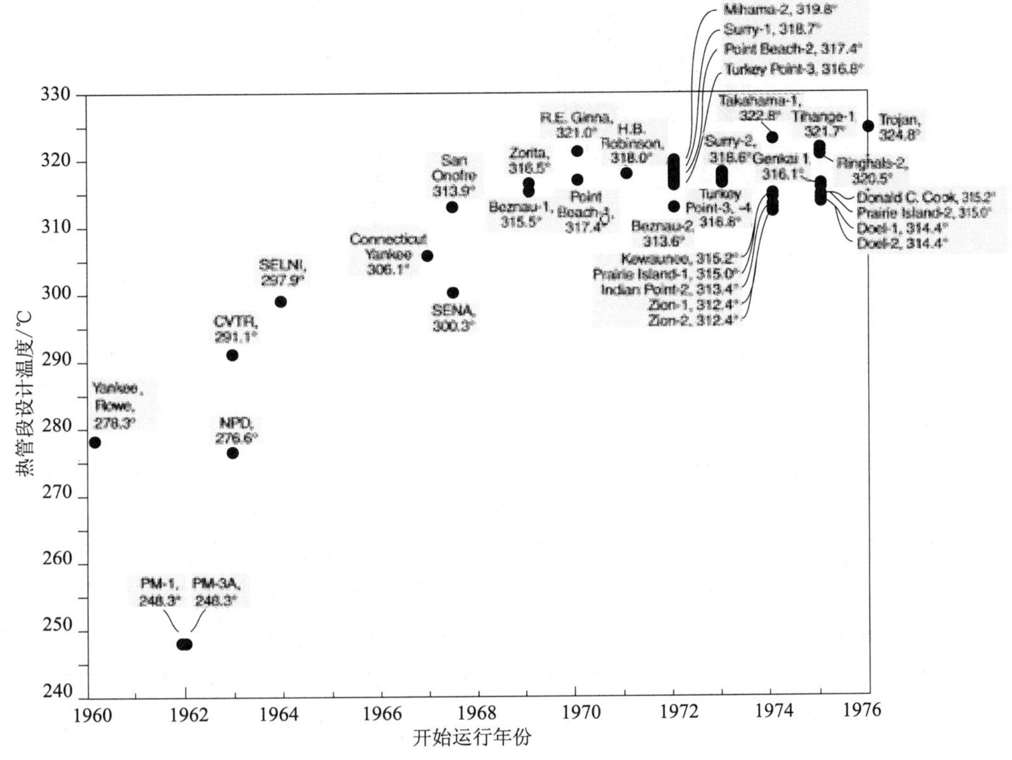

图 4-2-3　早期蒸汽发生器的热管段设计温度及其开始运行的时间

- 热交换量(Heat Flux，HF)

早期的核电站，SG 管束的平均热交换量约为 126 kW/m²。但是，和增加 T_H 的原因一样，到 20 世纪 70 年代中期，HF 增加到 173 kW/m²。HF 的增加带来的直接后果就是增加沸腾率(Boiling rate)，随之而来的就是增加传热间隙中杂质的浓度，如图 4-2-4 所示。这主要是传热间隙过热度越高，杂质的热平衡浓度就越高。结果，传热间隙腐蚀的可能性和严重性都将增加。

- 循环方式

自从最初的原型堆开始，PWR 就一直采用在循环蒸汽发生器(RSG)。据说，最初采用这种设计的目的是为了避免 SG 里的冷却水被蒸干。但是这种蒸汽发生器却很容易造成杂质的迅速积累、局部高的杂质浓度和腐蚀加速等问题。后来，从化工厂得来的经验认为只要严格控制水化学，直流式蒸汽发生器(OTSG)就能工作得很好。基于这一点，B&W 公司在 20 世纪 60 年代为 PWR 开发了 OTSG。他们把传热间隙减到最小并严格控制水化学，经验表明与同期的 RSG 相比，OTSG 在抗腐蚀性方面有不少的改进。但是 OTSG 并不能完全避免腐蚀问题，特别是超热区域的擦痕的 IGC(晶间应力腐蚀开裂)问题。

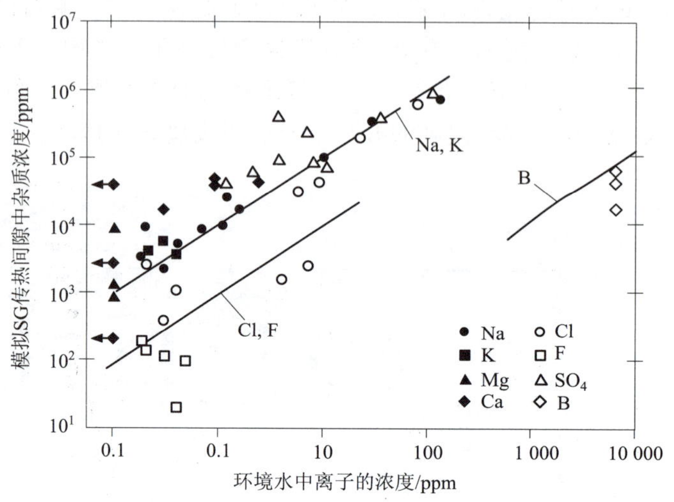

图 4-2-4 在模拟的SG传热间隙中杂质元素预计浓度与环境水中相应元素浓度的关系

• 管束方向

许多早期设计的核电站及俄罗斯设计的核电站SG,都采用水平布置管束的方式。这种布置最大的好处就是不会由于重力的作用导致污物堆积在管板(Tube sheet)上,而这个问题在竖直布置管束的SG上非常突出,如图4-2-5所示。但是,水平布置的SG则要占用更大的地面空间,从而需要更大的反应堆厂房,相应成本也更多。基于这些原因,几乎所有现代PWR都采用竖直布置管束的SG。因而在现代PWR的SG中一直存在污物堆积(Sludge piles)和传热管之间有加速腐蚀这一老大难问题。具体的腐蚀位置和腐蚀形式如图4-2-5和图4-2-6所示。现在通常的解决办法是在大修时采用污物冲洗和化学清洗的办法把污物冲洗掉。

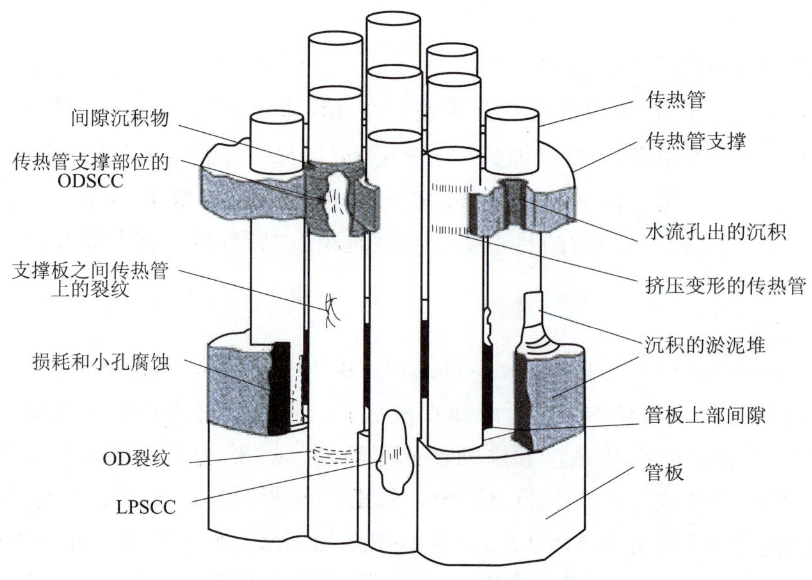

图 4-2-5 SG管板和传热管支撑的布置示意图

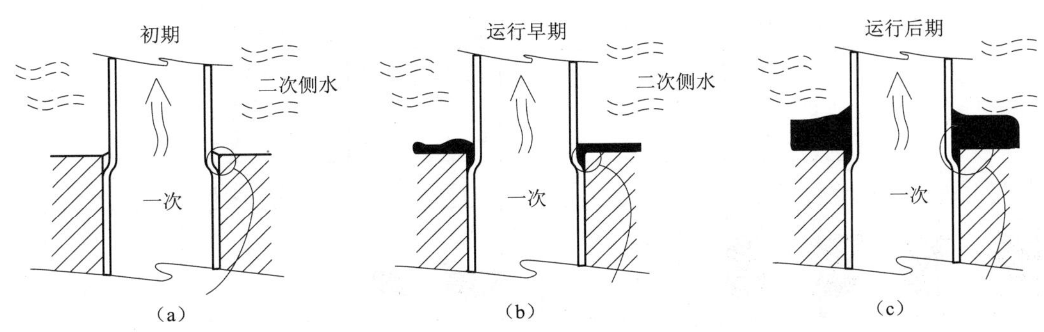

图 4-2-6 沉积物在管板顶部的积累

(a) 无污物;(b) 薄层淤泥并填充在传热间隙;(c) 厚层淤泥,并有化学杂质浓缩

图 4-2-6 中,沉积物在管板顶部(TTS)随着时间的延长不断积累。(a)开始时,TTS 上面干净;(b)运行初期,TTS 上覆盖上一层薄薄的淤泥;(c)运行后期,TTS 上覆盖了一层厚厚的淤泥,并且化学浓缩增加。

图 4-2-5 中有沉积物堆积部位和易发生的失效类型及对应部位。

• 传热管材料

最早的几个 PWR 采用的是奥氏体不锈钢作为 SG 的传热管材料,但是由于腐蚀问题特别是苛性 SCC 和 Cl-SCC 问题转而使用 600 合金。然而也有几个 PWR 在使用不锈钢作传热管材料时腐蚀问题并不明显,这主要得益于低的热管段温度 T_H 和严格控制冷凝器(condenser)的完整性防止冷却水进入二回路。但是 600 合金的使用情况并不乐观,图 4-2-6 和图 4-2-7 所示的问题接二连三地发生,表现有:

• 管板上部的 Sludge Piles 区域有 IGA/SCC 发生,特别是那些用磷酸盐作水处理的系统;

• AVT 型水化学处理的系统也发生过 SCC,主要发生在管板传热间隙的深处;

• 快速的挤压变形和 LPSCC 则多次发生。

后来,在 Blanchet 等人的研究基础上,Debray 和 Stieding 提出对 600 合金进行敏化热处理能提高 600 合金对 AKSCC(alakline stress corrosion cracking)和 LPSCC(low-potential stress corrosion cracking)的抵抗力。这种敏化处理的方法是在 704 ℃对 600 合金进行 15 h 的保温,目的是通过体扩散恢复晶界附近的 Cr 含量。于是在 20 世纪 80 年代开始广泛使用这种热处理过的 600 合金,称为 600TT。

但是在后来的使用过程中发现,600TT 虽然对二次侧的 LPSCC 有一定的抵抗力,但在一次侧却又发生了 LPSCC。于是,为蒸汽发生器的传热管材料开发一种全新的合金迫在眉睫,国际镍公司(International Nickel Company)在这方面功不可没,最终开发了 690 合金。使用 690 合金作传热管材料的 SG 在 1989 年出现。

在选择 SG 传热管材料的过程中,西门子公司走了另一条不同的道路。在他们建设第一个 PWR——Obrigheim 时,初衷是要使用 600MA,但是在 1967 年,当时 Obrigheim 还正在建设的过程中,西门子公司认为使用 600MA 晶间腐蚀开裂的风险太大,于是决定使用核安全级的 800 合金(800NG)。这主要是基于 Coriou 等人的腐蚀测试结果和 Debray 和 Stieding 的研究成果,以及西门子公司自己的研究成果。现在西门子公司继续使用 800NG,但有时也使用 690TT。

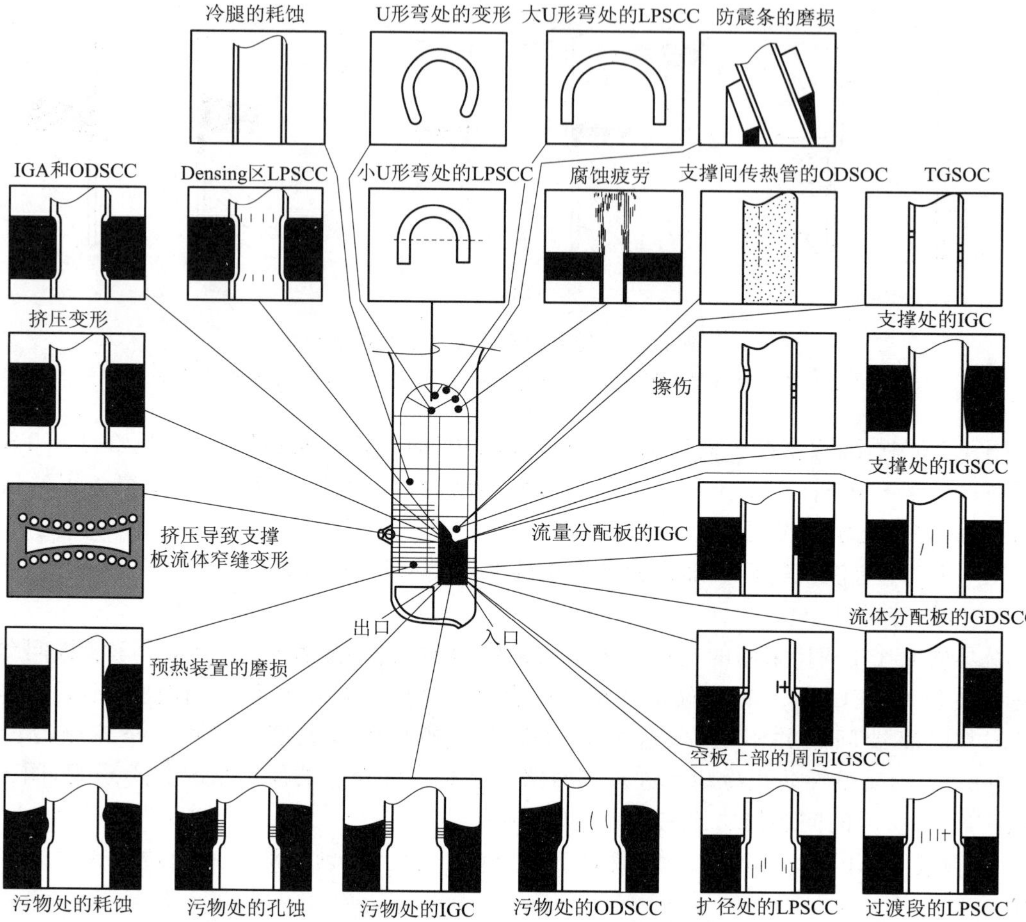

图 4-2-7 RSGs 中曾经发生的失效模式及其分布

• 传热管支撑类型和支撑材料

蒸汽发生器传热管束的支撑类型有三种：钻孔型(Drill Hole Type)、蛋箱型(Egg Crate Type)、扩孔型(三叶草型 Broached Trefoil Type)和四叶草型(Broached Quatrefoil Type)。而传热管的支撑类型及其材料的设计演进则如图 4-2-8 所示，这里主要讨论这些设计变化对传热管抗腐蚀性能的影响，一种影响是使 600 合金的电位降到可能发生 LPSCC 的范围。不过这种影响至今还没有发现。一种潜在的影响是 600 合金与碳钢之间发生伽伏尼(Galvanic)腐蚀，碳钢的快速腐蚀，这种影响最大，在早期的蒸汽发生器中也频频发生，主要原因是在传热间隙中存在与碳钢反应的浓缩化学物质，如 Cl^{-}、Cu^{2+} 等。这种影响的结果是在传热管和其支撑物之间的间隙中填满腐蚀产物，从而给传热管施加了很大的应力，造成其受挤压而变形(Denting)，如图 4-2-9 所示。

许多早期蒸汽发生器的传热管支撑板(TSP)采用碳钢＋钻孔的形式，这种设计的 SG 在使用过程中碳钢的快速腐蚀和挤压变形现象频频发生。而碳钢＋蛋箱型的 TSP 则对挤压变形现象有所减缓，但不能完全避免。在美国，挤压变形问题加速了 TSP 材料的选择测试，结果铁素体不锈钢(如 405 钢、409 钢)被选中，此外扩孔型(三叶型和四叶型)的支撑设计也取代了原来的钻孔型的设计。至此，TSP 的挤压变形问题基本得到了解决。

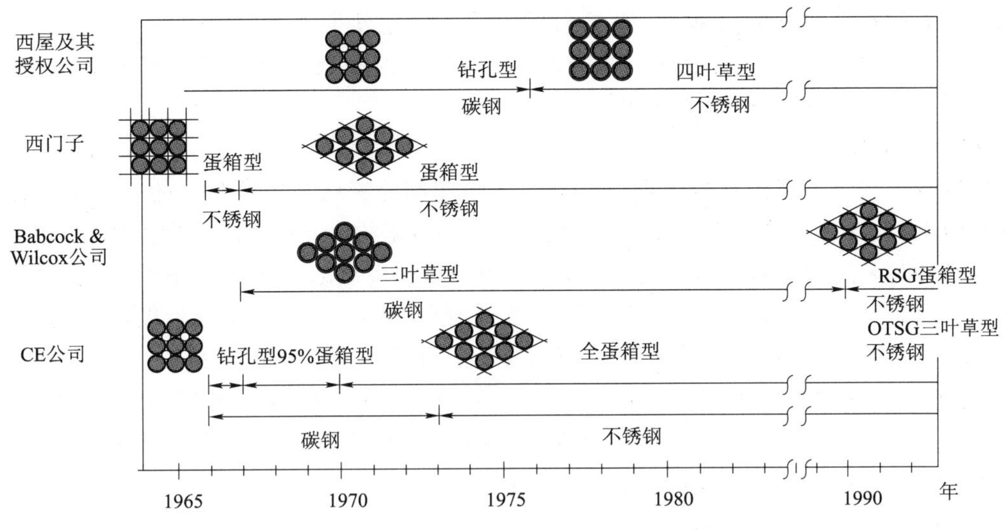

图 4-2-8 蒸发器传热管支撑几何形状及支撑材料的演进

图中，线的上方为传热管支撑几何形状，线的下方是支撑材料，箭头所示区段为每一种设计的大约起止时间。

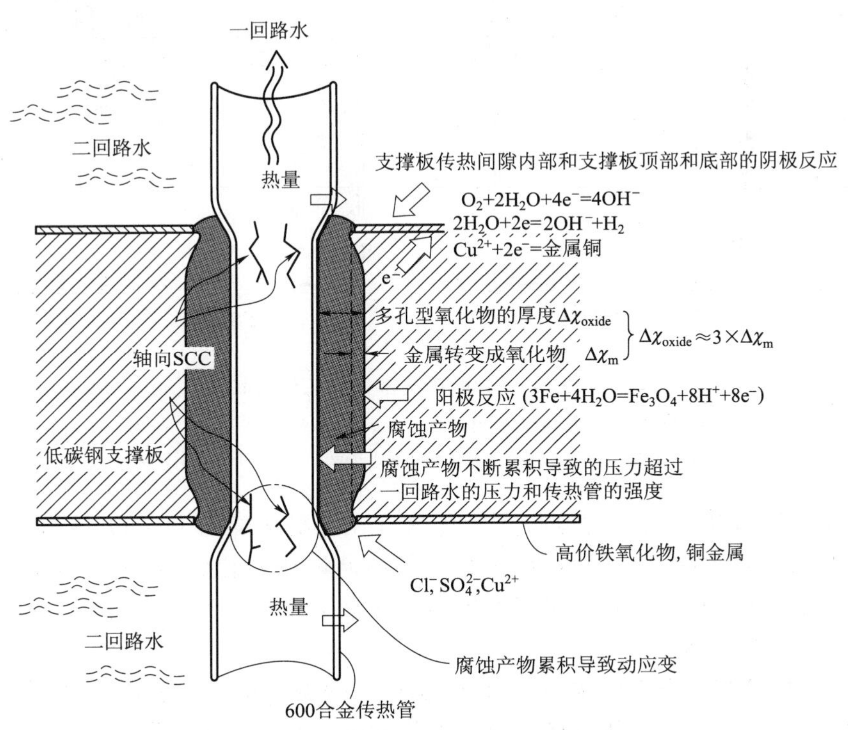

图 4-2-9 传热管支撑部位挤压变形(Denting)示意图

此外，碳钢 TSP 和传热管的腐蚀在 TSP 区域都有发生。其中，传热管的腐蚀在钻孔型设计中最严重，在蛋箱型设计中 600MA 传热管的腐蚀也有发生，在扩孔型设计中，600MA 传热管的腐蚀仅发生过一例。对于 600TT 传热管＋扩孔型或蛋箱型的设计，尽管少数涡流探伤结果表明存在腐蚀的可能性，但至今只确认了一起发生了IGA/SCC。而690TT传热管+不锈钢TSP+扩孔型的设计，则还没有发现腐蚀的迹象。西门子公司的800NG传热管+不锈钢TSP的设计也同样如此。

• 管板胀接

早期的一些循环式蒸汽发生器(RSG)曾经采用部分深度胀接(PDR)的方式将传热管固定在管板上，这样就在管板上部留下一段长约46 cm，宽约0.2 mm的径向间隙，如图4-2-10所示。但当时采用的是磷酸盐水化学，对间隙中杂质的发展起到缓解的作用，腐蚀问题并不严重。但后来(20世纪70年代)采用全挥发性水化学(AVT)后，在部分深度胀接的间隙中，600MA传热管迅速遭遇到严重的IGA/SCC，于是纷纷采用其他的胀接方法来关闭这一长间隙，这就是全深度胀接法。大约从1980年开始，所有的RSG都采用FDR，如图4-2-10(b)所示。CE公司和西门子公司从一开始就没有使用过PDR的方法，CE公司的产品全都采用FDR，西门子公司则采用多段胀接方法(顶部+中部+底部或顶部+底部)以封闭传热管与管板之间的间隙，防止二回路水进入。

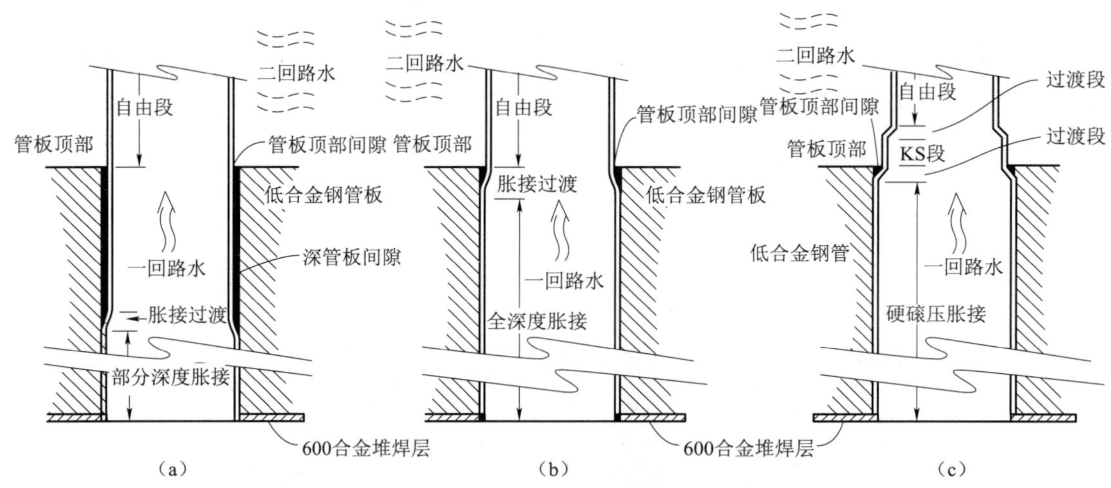

图4-2-10 管板胀接部位的几何形状

(a) 部分胀接(Partially Expanded)；(b) 全胀接(Full Expanded)；

(c) 全胀接+顶部辗压(Full Expanded with Top "Kiss" Roll)

采用FDR的方法虽然成功地防止了传热管在管板深部的OD(Outside Diameter)腐蚀，但并没有完全消除管板顶部的微小间隙，某些问题依然存在，这一间隙典型的深度为3~6 mm，如图4-2-10(b)所示。600MA传热管在这一残余间隙中遭遇到了严重的腐蚀问题，特别是带有预热装置的SG。

600TT传热管在没有OD腐蚀的时候，也没有探测到挤压变形现象，但有些核电站在探测到有ODSCC的时候，就伴有挤压变形现象发生，如图4-2-11所示，主要原因是腐蚀产物的体积比腐蚀掉的金属的体积要大。690TT和800NG(一例除外)几乎还没有OD腐蚀的报道。

所有OTSG在其管板底部和顶部都采用PDR的胀接方式，但它所遭遇到的OD腐蚀非常有限，主要原因是：a. 传热管的温度和过热度非常低，这可以降低传热管腐蚀的严重程度；b. 传热管在制造时进行敏化处理和应力释放以及在运行时传热管中产生轴向压应力，

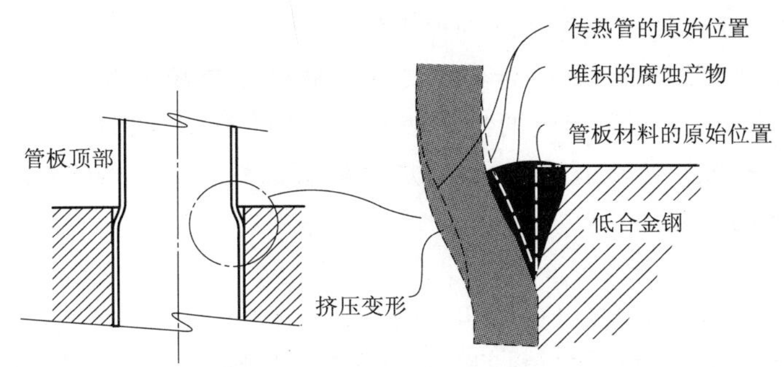

图 4-2-11 管板顶部间隙处发生挤压变形(Denting)的原因的示意图

这也有助于增加 600MA 合金对腐蚀的抵抗力。

• 水流分配板

运行经验表明,在 SG 的横截面上,中部管束区域由于水流量低,污物倾向于在那些区域堆积,从而造成腐蚀在那些区域严重发生,表现有:IGA/SCC 发生在 600MA 传热管+高摩尔比的磷酸盐水化学或 AVT 水化学的情况下;损耗发生在 600MA 或 800NG 传热管+低摩尔比的磷酸盐水化学的情况下。为了缓解这一问题,自 20 世纪 80 年代以来在大多数 SG 中使用水流分配板。它安装于非常接近管板顶部的区域。安装水流分配板后对污物堆积的高度和程度有所减少,但并不能完全消除它。

• 预热装置

具有预热装置的蒸汽发生器的结构如图 4-2-12 所示。主给水从靠近冷管段区域的接头进入 SG 内,辅助给水从 SG 的中上部进入。这样做的目的是在一回路水离开 SG 之前,充分利用其热量来加热主给水使其达到接近饱和的温度,以提高反应堆的热效率。但是就西屋公司设计的带有预热装置的 SG 的运行经验来看,在相同热管段温度 TH 的情况下,它比不带预热装置而带有给水环管的 SG 的腐蚀问题严重得多,主要发生在管板顶部和支撑板上。原因是:与具有给水环管的 SG 相比,具有预热装置的 SG 由于只有一小部分(约 10%)的给水和汽水分离器分离出来的循环水混合,产生的二次冷却量非常小,小于 3 ℃(而具有给水环管的 SG 的二次冷却量有 22 ℃),从而使 TTS 和 TSP 附近的水

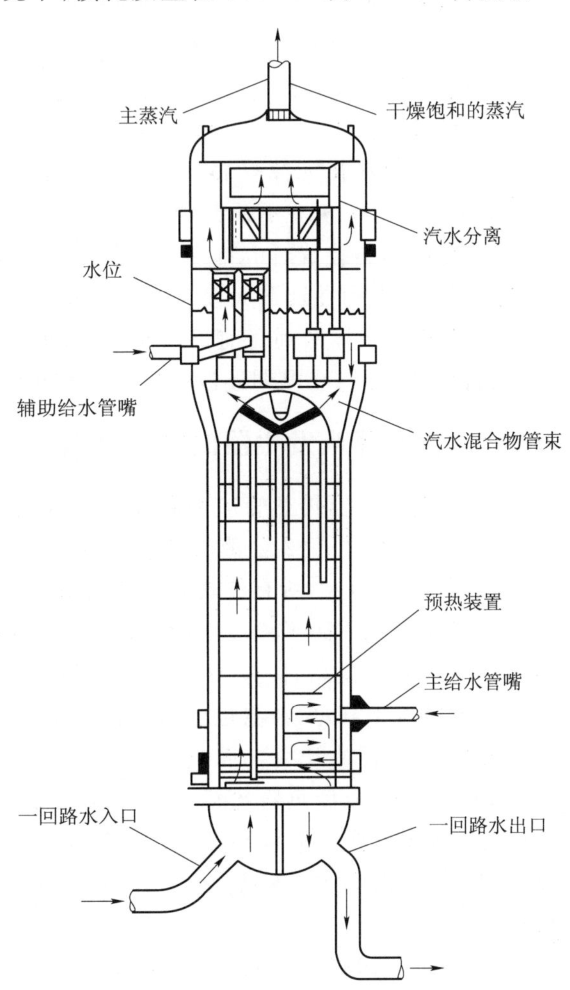

图 4-2-12 带有预热装置的蒸汽发生器之典型设计

的过热量更大，进而使传热间隙的情况变得更糟。

采用 600TT、690TT 和 800NG 合金作传热管材料的带有预热装置的 SG 还没有 OD 腐蚀得到确认，但是由于 600MA 合金的拙劣表现，后来的替代品都采用了给水环管的设计。同时采取的措施还有减小传热管的直径，增加传热管的数目，增大传热面积，以补偿给水环管设计所带来的低的热效率。

• 小结

综合以上的分析和讨论，可以得出如下要点：

• 用 600MA 合金作传热管材料的 SG 的腐蚀速度随着运行温度和热交换量的升高而增加。在选择更高的运行温度和热交换量时应特别注意；

• 传热间隙是 SG 中杂质最集中和腐蚀最严重的部位，而且在实际中并不能完全消除这一间隙。为了减小这一问题的影响，设计和制造是应尽可能地减小这一间隙[管板胀接处的顶部(TTS)而言]或者采用线接触的布置而不是面面接触(对传热管支撑部位而言)；

• 在进行设计、材料和水化学的选择时，应尽可能减少 SG 中沉积物的积累，经验表明这些沉积物将导致杂质集中和腐蚀加速的间隙；

• 选择传热管合金及其热处理时，一定要基于在全寿期内和在任何间隙环境中都有可靠的腐蚀抵抗力来考虑问题。到目前为止，最适合于 PWR 蒸汽发生器的合金是 690TT 和 800NG；

• 选择传热管支撑材料时应确保其在整个寿期内不发生腐蚀，可供选择的合金有：304、316、405、409、410 不锈钢和 800、600 镍基合金；

• 使用预热装置时应特别注意其固有的腐蚀倾向性。当然，带有预热装置的 SG 在西门子的 PWR 中和在加拿大设计的 CANDU 堆中也有成功的使用案例。

690TT 合金虽然到目前仍表现优秀，但因为它是一种具有腐蚀倾向性的传热管材料，一些腐蚀问题可能在早期还没有完全暴露出来，在以后的运行中应予以关注。

4.2.3 铅对蒸汽发生器的腐蚀风险

• 蒸汽发生器传热管应力腐蚀开裂风险

秦山第二核电厂 2 台蒸汽发生器各有 4 060 根传热管，是反应堆冷却剂压力边界的重要组成部分，实际上，所有传热管面积之和占到一回路压力边界总面积的 50%。两电站传热管的材料为 NC 30 Fe(690 合金)，这种材料虽然和传统传热管材料 600 合金相比，耐蚀性能得到了很大的提高，但是并不是完全对应力腐蚀免疫，例如在实验室中就发现在很低浓度铅含量的情况下，690 合金也会发生应力腐蚀开裂，另外在实验室还发现在低价硫环境下也能发生应力腐蚀开裂。而电站目前的化学规范还没有对一回路和二回路中铅进行监测，因此 690 合金传热管还存在发生应力腐蚀开裂的风险。腐蚀的部位主要集中在三个部位：传热管与管板胀接部位、传热管与支撑板接合部位和 U 形弯曲部位。传热管其他腐蚀模式还有耗蚀减薄、小孔腐蚀(点蚀)、腐蚀-磨蚀、由腐蚀导致的挤压变形(Denting)等。

• 加强一回路和二回路铅来源的控制

秦山第二核电厂 SG 传热管的材料都是 690 合金，对大多数的腐蚀模式都有比较好的抵抗能力，但是根据目前的研究结果来看，690 合金还是有可能遭受铅致应力腐蚀开裂(PbSCC)和低价硫应力腐蚀开裂(Sy-SCC)。下面主要讨论 PbSCC 这种腐蚀模式。

实验室研究和电站的运行经验表明，蒸汽发生器二次测的 Pb 能导致传热管发生应力腐蚀开裂，表 4-2-3 是一些国际上商业运行核电站的实际经验。

表 4-2-3　商业运行 PWR 蒸汽发生器有关 Pb 的实际经验

电站和日期	经　验
St. Lucie－1，1987	St. Lucie 1，泥渣堆积区、蛋箱型支承区管子发生降质。经取管检验发现：失效类型为 IGSCC 和 TGSCC 混合型裂纹，沉积物里和裂纹表面检测发现有 Pb 存在。认为 Pb 是造成管子降质的主要原因
EDF plants with 600 MA tubes, 1990－1993	根据对许多电站 SG 的沉积物检验得出以下结论：(1)泥渣堆积区里管子的 TGSCC 与沉积物里 Pb 有关；(2)沉积物里 Pb 浓度大于 6 400 ppm，但 Pb 浓度与降质管数量似乎无重大关联
Bruce－A, Unit－2, 1990－1991	列入此表作借鉴之用。SG 采用 600MA 管，该电站 SG 上部管束发生严重 SCC，确认与 Pb 污染有关。Pb 是由停堆时维修遗留在 SG 中的屏蔽材料而来的。其失效类型为混合型的 IGSCC/TGSCC，但以 TGSCC 为主
Doel－4，1992	SG 采用合金 600MA 管，Doel－4 SG B 中的支承板区，无支承跨距区传热管的 SCC，查明原因是 1986 年遗留在 SG B 中的 Pb 屏蔽导致的，失效类型主要以 IGSCC 为主，其他 SG 未受到影响
Kori－2，1990	Kori－2 SG－B 在 TTS(管板上)部位发现了 TGSCC。通过 EDX 能谱分析表明管表面和沉积物中 Pb 含量分别为 5.4%和 22.5%
Oconee, 1999	应用灵敏度很高的 ESCA 和 ATEM 方法进行失效分析发现：SG 上部管束的氧化物下面和断裂面上存在高浓度 Pb，失效类型有 IGSCC/IGA，分析认为 Pb 是导致失效的主要原因

Pb 导致 600 合金和 690 合金发生应力腐蚀开裂的原因的意见仍然不统一，最主要的观点认为 Pb 能破坏合金表面的保护性钝化膜。环境中存在 Pb 的话，不但钝化膜的厚度显著降低，钝化膜的成分也发生了显著变化：Ni 含量显著降低，Cr 含量则显著富集。而且，Pb 会显著地迁移到裂纹尖端，破坏那里的钝化膜。

600 合金和 690 合金发生 PbSCC 所需要的 Pb 的含量非常低，甚至在 1 ppm 左右的浓度范围，SCC 裂纹也能迅速萌生和扩展。对于运行的核电站来说，现在能够做的是控制好电站水环境中 Pb 的含量。Pb 的来源主要有以下几个方面：

- 电站的补给水；
- 凝汽器冷却水泄漏；
- 冷凝器和给水换热器中使用了含铅的铜合金；
- 泵的密封或垫圈中可能含有 Pb；
- 巴氏合金——一种在泵和汽轮机中使用的轴承合金；
- 油漆或防腐剂中可能含有 Pb；

- 标记用的铅笔；
- 聚乙烯包装中的铬酸铅着色剂。

法国在20世纪80年代到90年代调查了其核电站中的Pb，发现Pb主要来源于汽轮机，来源方式有：

- 用铅丝测量汽轮机的间隙；
- 某些断裂部件；
- 在装配时使用了含Pb的物质；
- 某些涂层中含有铬酸铅；
- 使用了含有Pb的油脂，一般极压型油脂都含有铅；
- 传热管的点蚀。

在含Cu、氯化物、硫化物、硅酸盐溶液里的试验指出，合金690TT像合金600、800一样对点蚀敏感。泥渣会促进点蚀的发生。不存在氧化剂的环境条件下，合金690TT像600、800一样不会发生点蚀。

4.2.4 蒸汽发生器底封头水室分隔板应力腐蚀开裂风险

蒸汽发生器底封头水室分隔板的结构和材料如图4-2-13所示，它的作用是把SG底部水室分隔成进口水室和出口水室两部分。水室分隔板在一回路系统中既不是承压部件，也不是辐射防护边界。

正常运行时，分隔板两侧的温度不同，进口侧是被反应堆堆芯加热的水，温度为327 ℃，出口侧是已经与二回路给水进行过热交换的水，温度为293 ℃。正常运行主泵已经启动时，分隔板两侧的压差为0.5 MPa，但是值得注意的是，在事故工况下，例如一回路破口的时候，分隔板两侧的压力差会迅速增加到一个最大值，例如当反应堆冷却剂管道出现大破口时，蒸汽发生器底部水室对应破口的一侧的压力迅速下降，由于蒸汽发生器传热管多而且细小，形成一定的水力阻力，对压力下降的跟进速度相对滞后，因此在传热管的两头产生显著的压差，从而在水室分隔板的两侧产生了很大的压差。压差的变化是时间的函数，如图4-2-14所示。这种载荷产生的影响主要有如下几个方面：a. 压差的动态效应带来的惯性载荷非常显著；b. 最大压差（破口1约为7.92 MPa）明显超出分隔板所能承受的弹性极限，结果会带来塑性变形并有显著的形变和应变；c. 应变速率（ε）对材料行为的影响。另外焊接也会带来一定量的残余应力。因此从结构和运行工况来看，水室分隔板存在发生应力腐蚀开裂所需的应力条件。

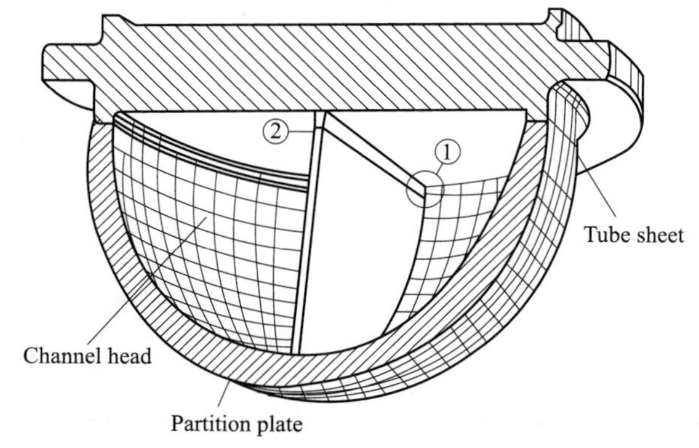

图4-2-13 蒸汽发生器底部水室分隔板的结构图

从国际经验来看，SG分隔板存在因为选材不当而发生应力腐蚀开裂的情况，特别是水室进口侧，温度更高，风险更大。图4-2-15是法国CHB 4核电站SG隔板应力腐蚀开裂情况。图中裂纹晶间应力腐蚀开裂（IGSCC）裂纹，裂纹呈不断扩展之势。

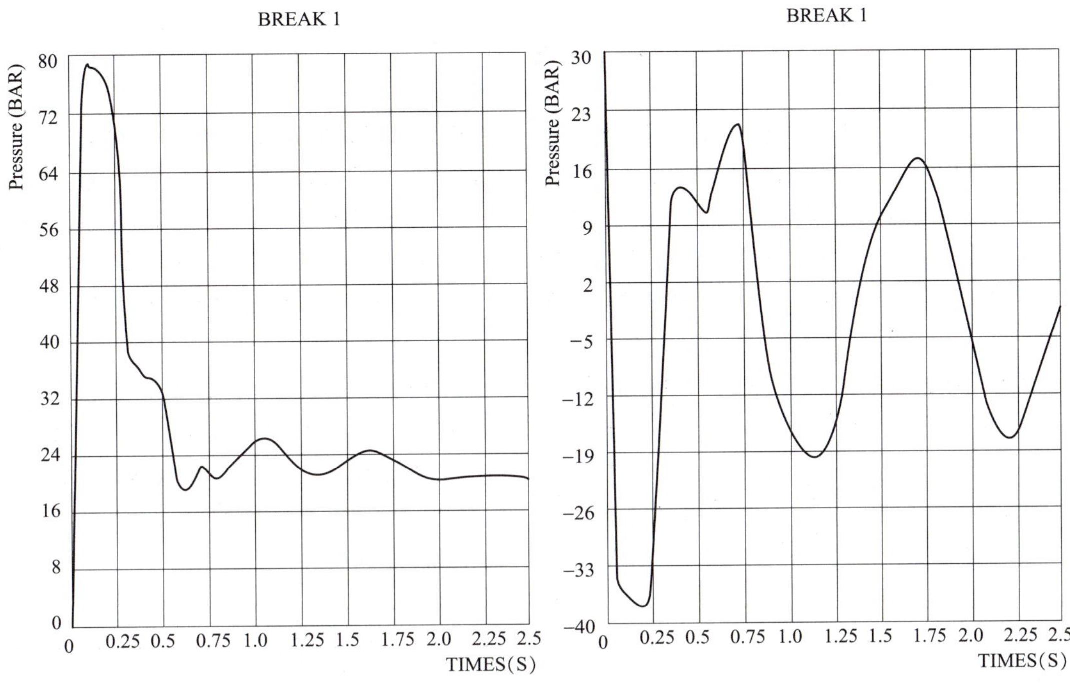

图 4-2-14　一回路主冷却剂管道破口状态下蒸汽发生器底部水室分隔板两侧的压差随时间的变化曲线

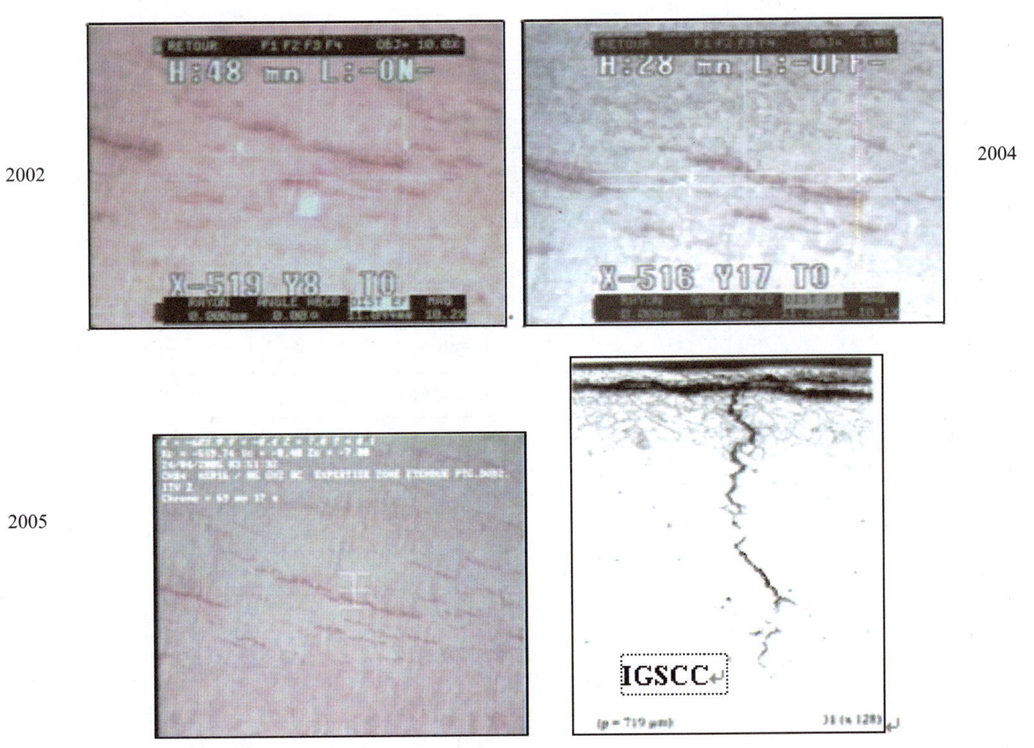

图 4-2-15　法国 CHB 4 核电站机组蒸汽发生器底部水室分隔板 2002 年到 2005 年在役检查结果图

4.3 稳压器

稳压器是对一回路冷却剂系统压力进行控制和超压保护的重要设备。它通过波动管线与主冷却剂系统一个环路的热管段相连，并有喷淋管线与其他环路的冷管段相连，带有安全阀。正常运行时，稳压器上部是蒸汽，下部是液态水，当一回路压力出现正波动时，喷淋系统喷淋冷水冷凝上部的蒸汽防止压力达到安全阀的整定值；当一回路压力出现负波动时，底部的加热器自动启动加热下部的水，产生蒸汽防止压力低于低压引起的反应堆紧急停堆的整定值。

稳压器的结构见图4-3-1。它由容器本体、波动管管嘴、喷淋管管嘴、电加热器及其贯穿件、仪表管及贯穿件、人孔、内部组件等部件组成。这些部件的材料见表4-3-1。这些材料中Z2 CND 18.12(控氮)为奥氏体不锈钢。Z2 CND 17.12也为奥氏体不锈钢。Z2 CND 18.12(控氮)和Z2 CND 17.12相比，前者含N，耐蚀能力更强。

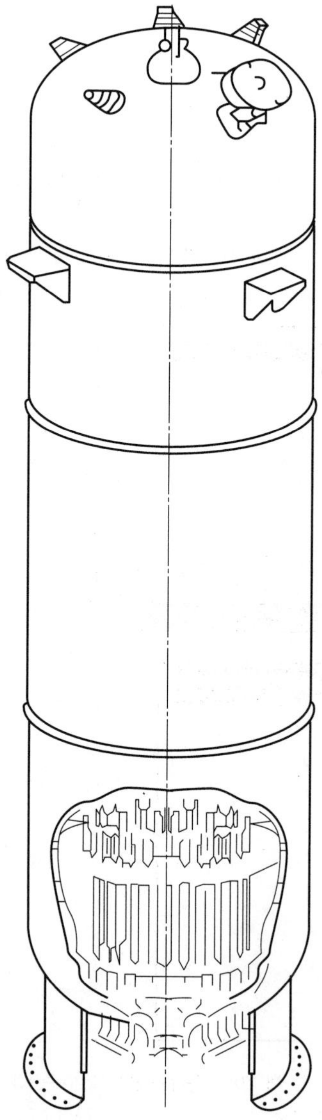

图4-3-1 稳压器结构示意图

表4-3-1 稳压器材料表

部件名称	部件材料
接地电极	16MND5+Cu
支撑裙组件	16MND5
上、下封头	16MND5
电加热元件上、下撑板	Z2CND17.12
下部筒体	16MND5
中部筒体	16MND5
上部筒体	16MND5
人孔座	16MND5
人孔盖	16MND5
高水位测量接管	Z2CND18.12控氮
低水位测量接管	Z2CND18.12控氮
取样接管	Z2CND18.12控氮
温度测量接管	Z2CND18.12控氮
阀门接管嘴管座	16MND5
喷雾头连接管	Z2CND18.12控氮
喷雾头接管嘴管座	16MND5
波动接管嘴管座	16MND5
底板	16MND5
支撑筒	16MND5
筋板	16MND5
平板	16MND5

防腐措施：稳压器内表面由于与反应堆冷却剂接触，为了防止冷却剂腐蚀低合金部件，所有低合金钢部件内表面都堆焊奥氏体不锈钢，总厚度不小于 6 mm。其他部件都选用耐蚀等级高的不锈钢材料。需要关注的是一些部件的应力腐蚀。

4.3.1 稳压器电加热器贯穿件应力腐蚀开裂风险

稳压器底封头，材料为 16MND5，内表面堆焊不锈钢 309 L/308 L；电加热器套管（贯穿件），材料为控氮不锈钢。套管与底封头之间间隙配合，存在细小的间隙，因此在内表面采用 J 型焊接把套管与底封头之间进行连接并密封焊死，因此焊缝是压力边界的一部分。并且套管和护套之间也存在一个细小的间隙，因此套管也是压力边界的一部分。护套内放置加热器，护套也是压力边界的一部分。根据国际上的运行经验，电加热器贯穿件存在较大的应力腐蚀开裂风险。

4.3.2 稳压器应力腐蚀开裂事件

自 20 世纪 80 年代以来，稳压器仪表管嘴和加热器套管发生了大量的腐蚀破裂事件，见图 4-3-2。最近发生的稳压器 PWSCC 事件是 2003 年 9 月，日本 Tsuruga 核电站 2 号机组

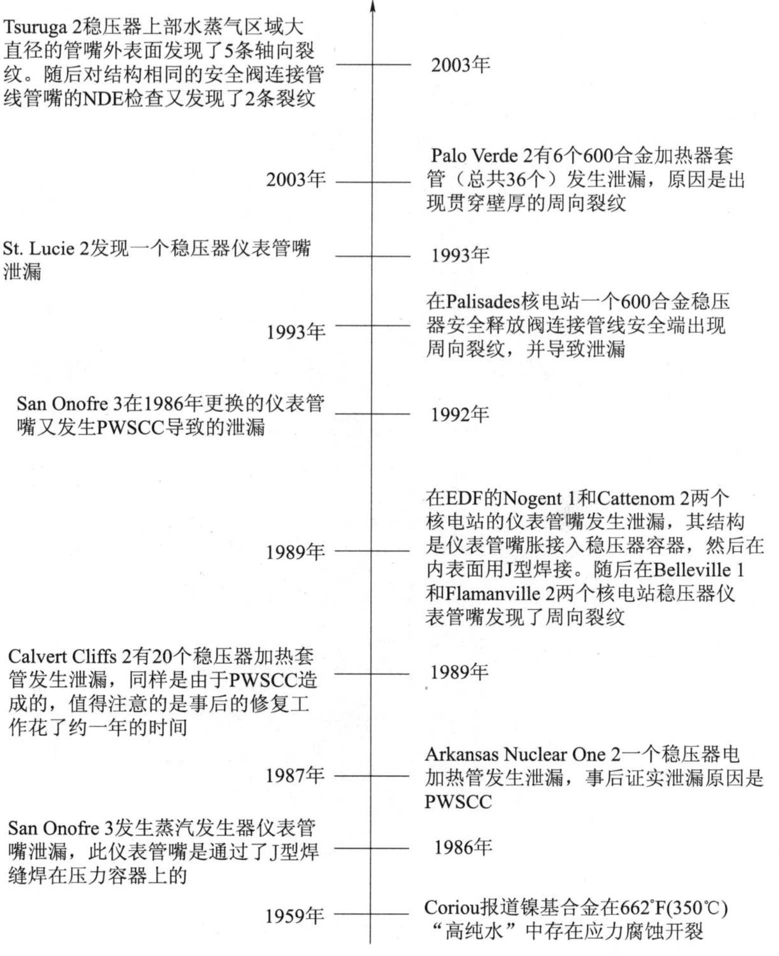

图 4-3-2 稳压器 PWSCC 的运行经验

在检查时在稳压器上部水蒸气区域大直径的管嘴外表面发现了硼结晶，进一步的检查发现在异种金属焊接区域（采用 Inconel 焊缝金属）有 5 条轴向裂纹。随后对结构相同的安全阀连接管线管嘴的 NDE 检查又发现了 2 条裂纹。金属断面分析确认这些裂纹的起始和扩展机制都是 PWSCC。

4.4 反应堆主冷却剂泵

反应堆主冷却剂泵的功能是将反应堆冷却剂升压，补偿系统的压力降，保证反应堆主冷却剂系统中冷却剂的循环。在 RCP 系统的每一个环路中，在蒸汽发生器和反应堆容器之间的冷管段上，安装一台反应堆冷却剂泵机组。主冷却剂泵的结构如图 4-4-1 所示。

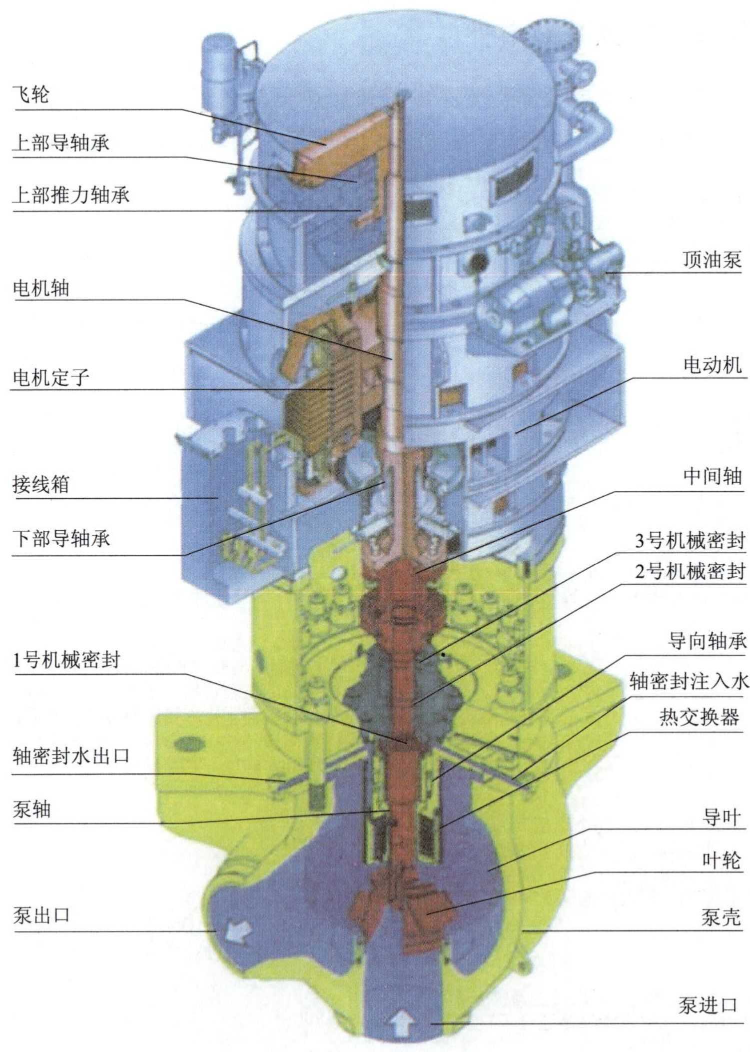

图 4-4-1 反应堆主冷却剂泵结构图

反应堆主冷却剂泵的部件材料见表 4-4-1。其中泵壳、叶轮、扩散器、热屏和吸入口适配器的材料为 Z3 CN 20.09 M，这种材料为铸造奥氏体-铁素体双相不锈钢，具有较高的抗应力腐蚀性能。轴封水注入和泄漏管线的材料为 Z2 CN 18.10，相当于 304L 不锈钢。泵轴为 Nb 稳定化处理的奥氏体不锈钢，牌号为 Z6 CN Nb 18.11，这种材料具有更高的抗晶间腐蚀性能。主法兰不与反应堆冷却剂接触，材料为 16 MND 5，为低合金材料。这些部件中，作压力边界部件的有泵壳、轴封室、轴封注入管线及其连接部件和进出口管嘴。

表 4-4-1　反应堆主冷却剂泵的部件材料表

部件名称	部件材料	部件名称	部件材料
泵壳	Z3CN20.09M	泵轴	Z6CNNb1811
主法兰	16MND5	电机支座	23M5M/20CD4M
热电偶温度套管	Z2CND1810	泵联轴器和中间联轴器	30M5
叶轮	Z3CN20.09M		

由于主泵与主冷却剂接触的部件都采用了不锈钢部件，其中泵壳、叶轮、扩散器、热屏和吸入口适配器采用了抗应力腐蚀性能更好的铸造奥氏体-铁素体双相不锈钢材料。所以并无特别明显的腐蚀，但要注意不锈钢的污染腐蚀情况。

4.5　反应堆主冷却剂管道的应力腐蚀

秦山第二核电厂由两个环路组成，其中每个环路的主冷却剂管道包括三个管段：从反应堆压力容器到蒸汽发生器的热管段、从蒸汽发生器到主冷却剂泵的过渡段（由于形状呈“U”形，也叫 U 形管道），以及从主冷却剂泵回到反应堆压力容器的冷管段。

主冷却剂管道上还分布了许多管道的管嘴，它们分别是：低压安注管嘴，中压安注管嘴，余热排出管嘴，下泻管嘴，上充管嘴，波动管管嘴，稳压器喷淋管嘴，疏水管嘴，取样管嘴，温度、压力和流速测量管嘴。其中直管道是离心铸造的奥氏体-铁素体双相不锈钢材料，弯头和中压安注管嘴的材料为奥氏体-铁素体双相不锈钢材料，但不是离心铸造。

压水堆核电站一回路管道发生两件最严重的一回路管道 PWSCC 事件是瑞典 Ringhals 核电站事件和美国的 V. C. Summer 核电站的泄漏事件。

- 瑞典 Ringhals 核电站事件

瑞典 Ringhals 4 是一座由西屋公司设计的功率为 915 MW 的压水堆核电站。1983 年开始运行。1993 年在役检查中用超声波和涡流检测未在接管-安全端部位发现可报告的指征。2000 年在役检查中采用同样的方法在该部位修补区发现有四条轴向裂纹（其中两条未被涡流检查出），裂纹均在 182 合金的焊缝金属中，该部位曾经做过补焊修理。对船样的分析表明，裂纹萌生于补焊处，呈枝晶间分叉形状扩展，离内壁越远，分叉越多，裂纹的形貌见图 4-5-1。

分析表明，该焊接件存在热裂纹，运行过程中在高温水冷却剂里发生枝晶间应力腐蚀裂纹扩展。裂纹萌生的原因尚未明确，最初认为与该焊接件存在热裂纹以及表面经过补焊和冷加工有关。但是后来美国太平洋西北国家试验室对这些裂纹及周围微观组织和成分的高分辨电镜分析表明，破裂发生在高角晶界，没有证据表明这些裂纹晶界上存在导致热裂纹的

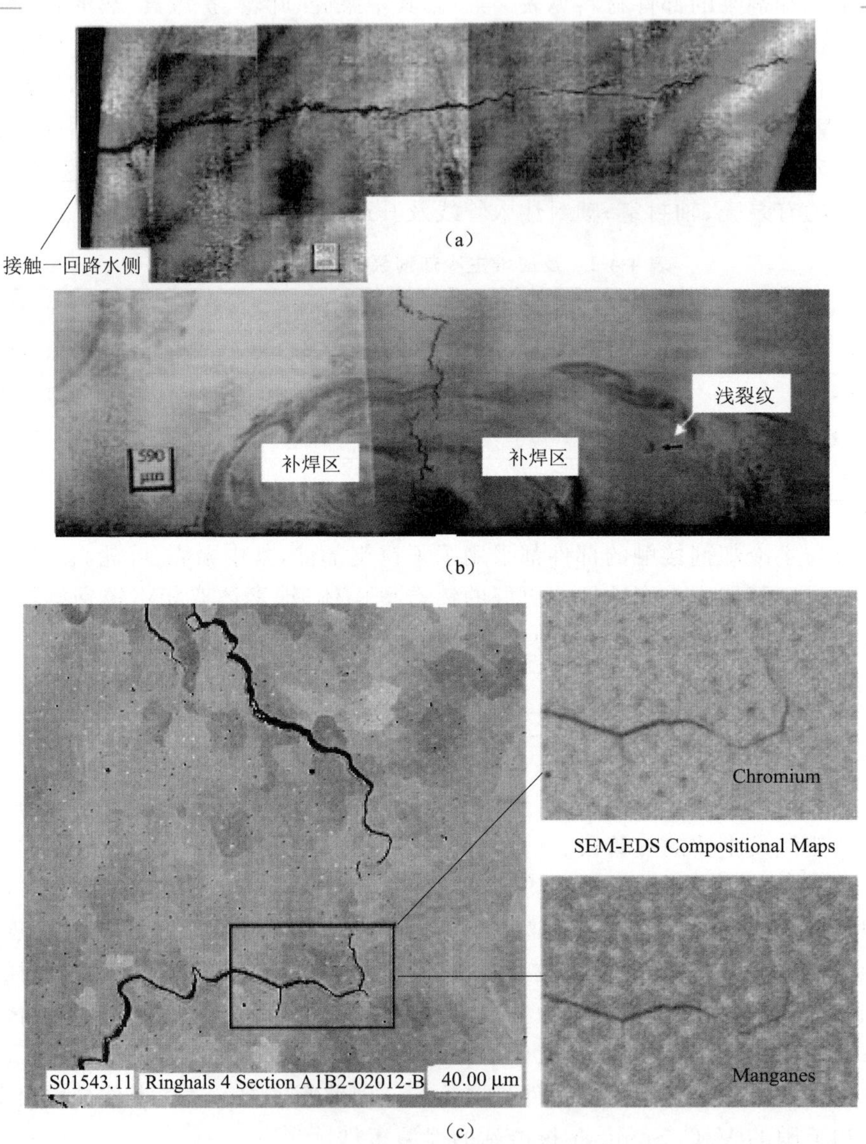

(a)

(b)

(c)

图 4-5-1 Ringhals 4 压力容器接管-安全端焊缝处(182 合金)剖面的裂纹形貌

(a) 裂纹的整体形貌,裂纹起源于一回路水侧;(b) 剖面的金相侵蚀表明裂纹萌生于补焊区;(c) 裂纹尖端形貌

低熔点相或杂质,也没有明显的晶界沉淀和晶界偏析,腐蚀产物分析表明这些裂纹都渗入过高温水,裂纹周围的焊缝金属有高密度位错,表明材料中的高残余应力对破裂有重要贡献。

另外在 Ringhals 3 压水堆同样位置上也发现类似的裂纹,但没有资料表明该区域曾经经过补焊修理。可以认为裂纹萌生的原因至今未明,但裂纹扩展原因已确认是一回路水应力腐蚀开裂。

• 美国 V. C. Summer 核电站事件

2000 年 10 月,V. C. Summer 核电站在第 12 次大修开始的时候,安全壳厂房的地面上发现大约 90 kg 的硼结晶,随即在 A 热管段管嘴处发现有一条轴向穿透管壁的裂纹连同一条小的周向裂纹。轴向裂纹位于反应堆冷却剂系统(RCS)管道和RPV管嘴之间的焊缝里，在焊缝靠管嘴一边，如图4-5-2所示。周向的裂纹很浅，位于焊缝内表面。UT检查发现了轴向穿透管壁的裂纹，但是在A热管段管嘴没有发现其他浅的轴向或周向裂纹痕迹。但是涡流检查时却有指征，在后来的破坏性检验时得到了证实。

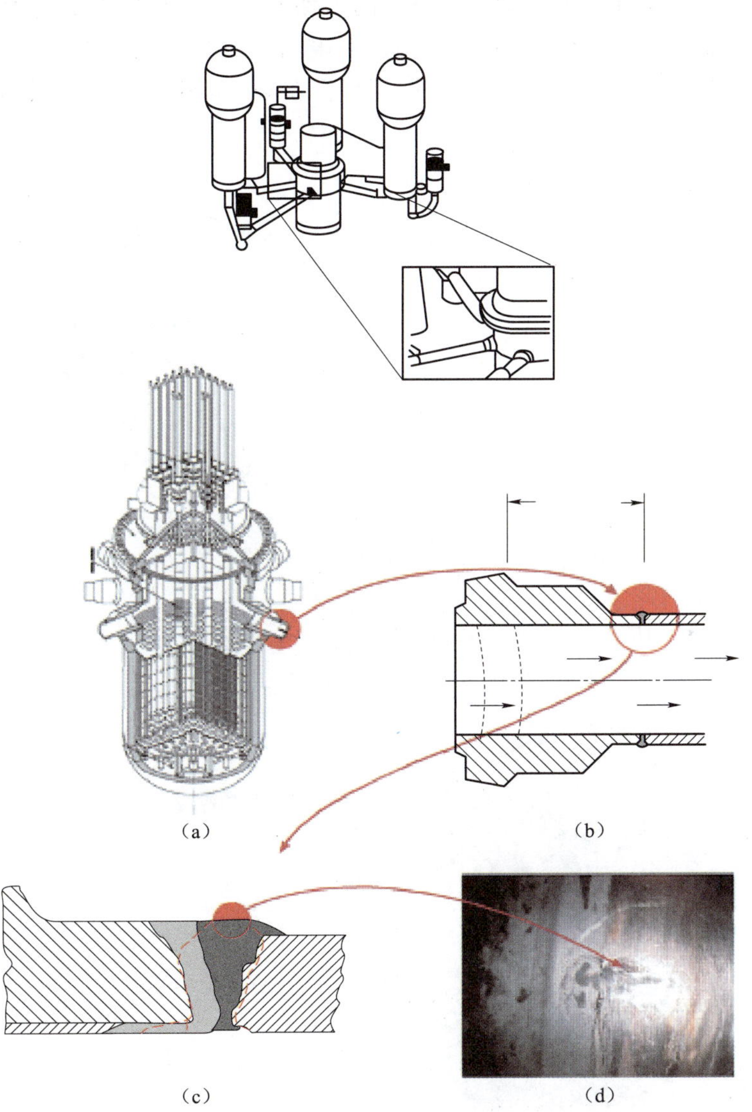

图 4-5-2 V. C. Summer 热管段管嘴焊缝处的穿透管壁的裂纹位置(FW23 表示焊缝的大概位置)

4.6 燃料组件的腐蚀

核电厂燃料组件是由陶瓷型UO_2芯块包覆在锆合金包壳管内的燃料棒组成的，因包壳管把芯块与外部水介质隔离开来，故芯块极难发生腐蚀，核电厂燃料组件的腐蚀更多关注的是锆合金的腐蚀。

燃料组件结构如图4-6-1所示，锆合金是核反应堆堆芯燃料区重要的结构材料，用作核燃料包壳、上下端塞、定位格架、导向管、仪表管。锆具有低的中子俘获截面，采用锆合金能提高反应堆的中子利用率。虽然锆在高温水(300～350 ℃)中有足够好的耐蚀性和满意的力学性能，但在核反应堆服役条件下这两个性质还不理想。所以寻找有更高耐蚀性和力学性能的新合金是全世界面临的课题。新合金的添加元素也必须具有低的中子俘获截面积，有效加入量要最低。因此，锆合金开发受到许多限制。未合金化的锆因其低的强度和较差的耐蚀性不能在原子能工业中应用。另外，锆合金在酸与碱中都有很高的耐蚀性，被广泛用于化学工业。

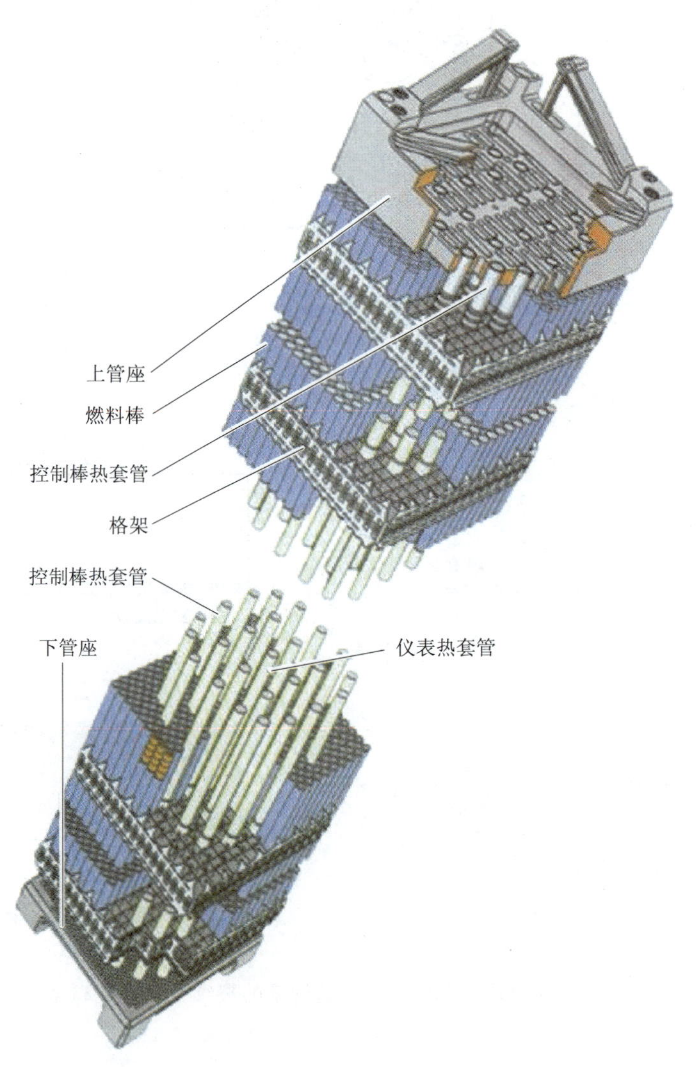

图4-6-1 燃料组件示意图

早期核电站的元件都是用不锈钢(348,304型)等作包壳材料，自1966年以后，则都被锆合金所取代。虽然两者在耐蚀性方面都是优良的，但由于锆合金在中子吸收截面方面，仅为钢的十三分之一(微观吸收截面)和二十七分之一(宏观吸收截面)，所以同样条件下，锆代替钢可节省中子，这在核反应堆设计中是极为重要的。

最早的锆合金为锆中加入2.5%Sn，称为Zr-1合金，加入Sn的目的是为了抵消锆中氮的有害作用及减少C、Al的影响，但这种合金在高温水中耐蚀性不佳。为了改善其耐高温水腐蚀性能，在Zr中添加了Fe、Cr、Ni等元素，由于它们能使锆的腐蚀膜牢固致密，有利于抗蚀。这种合金命名为Zr-2合金。

在Zr-2合金使用过程中，发现其极易吸氢而形成脆相。经研究证明，这是与锆合金中Ni含量有关，于是减少和取消Ni，适当增加Fe量，从而生产出了Zr-4和无镍Zr-2合金。

Zr-2合金主要用于沸水堆作为包壳材料，而Zr-4合金则用作压水堆及重力动力堆的包壳材料。到70年代末，全世界已制出并使用的锆合金包壳超过900万根，其中压水堆元件包壳约占50%。

影响锆包壳寿命的腐蚀问题有：

(1) 常规燃耗和高燃耗下的均匀腐蚀；

(2) 元件内吸氢引起的氢脆；

(3) 元件芯体与包壳相互作用(PCI)引起的破坏。

4.6.1 常规燃耗与高燃耗下的均匀腐蚀

锆包壳在高温冷却水内的腐蚀过程中，生成一层黑而致密、附着力强而有保护作用的氧化膜，其组成为ZrO_{2-n}($n<0.005$)的单斜晶系，腐蚀过程为$Zr+2H_2O\rightarrow ZrO_2+2H_2$，其腐蚀增重的关系如下：

$$\Delta W_1=K_1t^{1/3}$$

式中，ΔW_1——单位面积的增重，mg/dm^2；

t——腐蚀时间，d；

K_1——立方速率常数。

当腐蚀膜增厚到一定程度后，将出现腐蚀增重斜率更大的线性关系，如下：

$$\Delta W_2=K_2t$$

式中，ΔW_2——单位面积的增重，mg/dm^2；

t——腐蚀时间，d；

K_2——线性速率常数。

两种速率的突变点称为“转折点”。转折后腐蚀速率更快，氧化膜由黑而致密转化为灰色，进而灰白疏松，保护作用大大削弱。接着腐蚀膜进一步加厚(1 000 mg/dm^2左右)，在应力作用下，开始剥落。内应力来源于锆原子形成氧化锆时体积增加(约1.56倍)，外应力来源于机械摩擦、碰撞、划伤等。

(1) 温度影响　锆合金的均匀腐蚀速率无论转折前或转折后，都是随温度升高而增加，而且腐蚀转折点出现也越早。

(2) 合金元素影响　对锆合金均匀腐蚀有不利影响的元素有氮、碳、钛等，其有害作用都在其含量超过某临界值以上才明显。临界含量对Ti约为1%，对N,C均为0.004%左右。

(3) 水质影响　水中含有1 500 ppm硼(H_3BO_3)时，对Zr-2合金在315 ℃动水中的腐蚀速率无影响，同样NH_4OH亦无影响。而LiOH和KOH等的影响则很明显。例如LiOH≥0.1 mol/L时，腐蚀开始加速。在表面沸腾条件下，LiOH可在缝隙处浓集而加速锆合金的腐蚀。在实际工程中就发生过不锈钢定位格架与Zr-2合金包壳间缝隙LiOH浓集而引起的柳叶状腐蚀，若用 NH_4OH 调节冷却剂 pH，就不会产生此种类型的腐蚀。

水中含有氯离子，即使高达 1×10^{-2} mol/L，亦无害；而氟离子则是危险的，即使 10 ppm，也会明显增加锆合金的初始腐蚀量。

(4) pH 影响　pH 偏高，易产生碱蚀，因此应以 pH 7～8 为宜。

(5) 辐照效应及水中含氧量的影响　在高温水与水蒸气中，锆合金的抗蚀性与中子注量率及含氧量密切相关，在有辐照场的水中，氧的存在会显著提高腐蚀速率，在含氧水中，中子注量率的提高，也会使锆合金腐蚀加剧，如果在压水堆的冷却剂中，保持很低的氧含量，则中子辐照的加速作用减弱。

试验结果表面，在一般情况下，辐照可使腐蚀速率增加数倍，这种辐照效应，可使氧化膜厚度增加。

(6) 热流影响　热流会使包壳表面氧化膜增厚。由于热阻增加，热传导困难而使金属与氧化物界面温度升高，导致腐蚀加剧。

热流对锆包壳腐蚀的影响，还表现在燃料组件构成局部死水缝隙时，使该区水中有害离子更加浓集而引起局部腐蚀。

为了提高核燃料元件的利用，核电站用的核燃料元件都向锆燃耗方向发展，即由 3.3×10^4 MW·d/(tU) 提高到 4.5×10^4 MW·d/(tU)，甚至达到 5×10^4 MW·d/(tU)。提高燃耗后，锆包壳外表面会遭受更为严重的腐蚀，氧化膜的厚度可达 50 μm。

高燃耗下腐蚀加剧的原因是：元件燃耗高，在堆内停留时间长，氧化膜与水垢明显增厚，因而提高了元件壁面温度，加快了氧的扩散速率，导致腐蚀速率增加。其结果引起膜的进一步增厚，如此恶性循环，最终发生膜的破裂剥落，使包壳减薄，而剥落物还会增加一回路冷却剂放射性强度。

防止方法有：a. 研究与选用更耐腐蚀的锆合金；b. 选用合适的热处理工艺；c. 进行人工氧化膜处理；d. 控制水质等。

4.6.2　疖状腐蚀

疖状腐蚀(Nodular Corrosion)是一种局部的白色、圆形氧化斑。直径 0.2～0.5 mm。侵蚀深度从 10 μm 到 100 μm 不等。有的可达 200 μm。疖状腐蚀的分布和深度与中子通量有关。可能存在一个通量阈，疖状形成之前要超过它。

这种腐蚀只有腐蚀转折后才发生。一个明显的特征是，它集中在某些流动被搅乱的地方，如定位架处。有人认为，这是流体通过定位架时，蒸汽和水的比例以及液相中的化学成分的变化所致。这种腐蚀对吸氢的影响可以忽略不计。

4.6.3　包壳内表面吸氢引起的氢脆

1960 年美国 Savannah river 试验室进行 Zr-2 合金包壳辐照试验时，发现了氢脆破损，引起了全世界的广泛注意，此后开展了多方面的研究。

在燃料芯块中存在有氢和水分时，水在芯块辐照过程中，分解为氢和氧，后者与锆内表面形成 ZrO_2 腐蚀膜，而氢受氧化膜的阻碍(如果氧化膜是完整的话)，无法向包壳内部渗透，但随着氧化膜不断形成，氧不断消耗，而氢却不断积累，由于缺氧，氧化膜无法保持其完整而出现缺陷，此缺陷只要有 10^{-4} cm² 左右，当氢分压超过 10 Pa(10^{-4} bar)时，氢就会快速

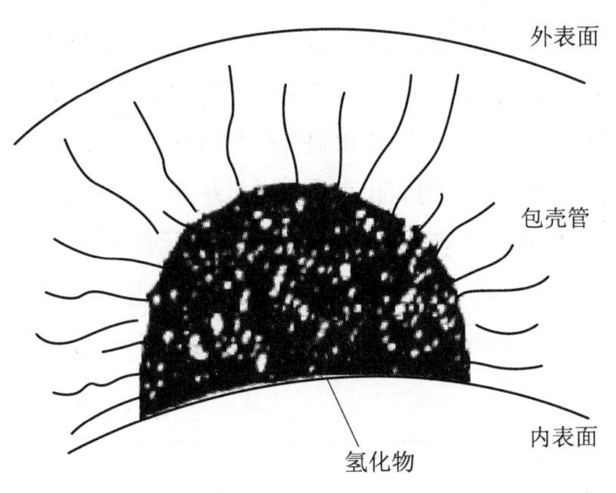

图 4-6-2　放射状氢化物在包壳壁内的形状

穿过缺陷，吸附在包壳内表面，并与锆形成δ相($ZrH_{1.6}$)，其体积比锆增大13%，形成疏松结构，堆积在内表面，形成鼓泡。这些氢化物，在内热外冷的包壳壁的温度梯度下，由内壁向外壁迁移扩散，同时形成许多微小贯穿的放射状裂纹，此时若堆功率有急剧变化时，包壳管会由于受高应力作用而破裂。放射状氢化物在包壳壁内的形状见图 4-6-2。

包壳内水分是制备过程中残存的，也可能是在存放过程中吸附的，这些水分成了氢的来源之一。另外，芯块在氢气中烧结时，也可能带入一些氢，它们一部分存在于晶间孔洞内(约 0.5 ppm)，另一部分溶解于晶格中(0.4 ppm)，还有一些聚集在晶粒边界(约 1～2 ppm)。

防止包壳内氢脆的措施是尽量减少芯块的氢源，例如增高芯块密实度(密度 94%～95%以上)，尽量减少孔洞，特别是减少开口孔。元件在堵焊前应进行彻底的真空干燥。此外，在元件棒中轴向空腔内装能吸收氢的“吸气剂”，例如密度为 50%～85%的可渗透性的，能加工成型的锆合金。实践证明，吸气剂对消除水分及碳氢化合物是有效的。当然，整个工艺过程都十分清洁，酸洗不应残存氟离子，不应有碳氢化合物及油污等。

4.6.4　包壳与芯块作用引起的元件破损

包壳破损实质上是元件锆包壳同时遭受到芯块膨胀时施加给包壳的双轴拉应力的机械作用与芯块燃料裂变气体的化学作用发生的应力腐蚀破裂(以下简称 PCISCC)。

由于 UO_2 芯块的热膨胀系数大于锆合金包壳(分别为 7×10^{-6}/℃及 1×10^{-6}/℃)，在高温运行时，膨胀使芯块与包壳紧密接触，并迫使包壳管沿轴向和径向伸长，形成环脊，造成局部塑性变形和应力集中，见图 4-6-3 和图 4-6-4。

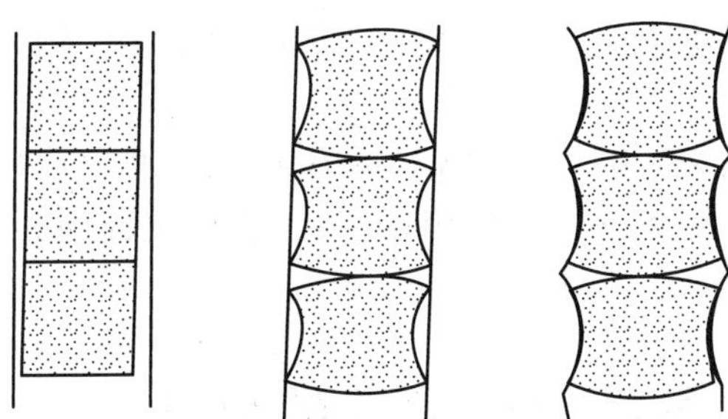
图 4-6-3　局部塑性变形

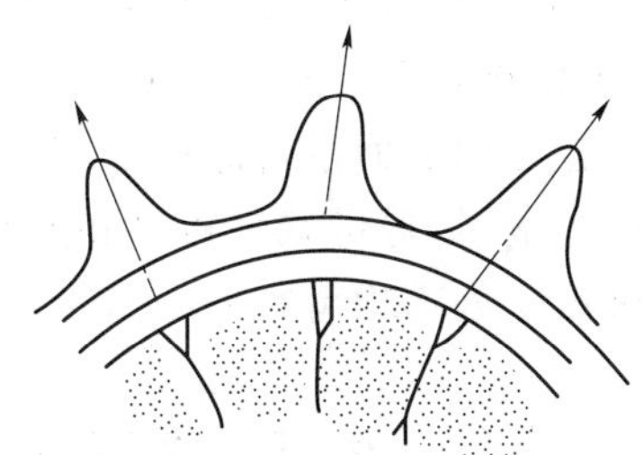
图 4-6-4　应力集中

当同时存在辐照场时，UO_2 会发生辐照肿胀，更加剧了包壳的应力和应变，这些就是产生 PCISCC 的应力因素。

关于产生 PCISCC 的化学因素，有些研究人员认为，在辐照下产生的游离碘由内层向外扩散，并沉积于芯块裂纹和对应的锆包壳内壁上，形成一层均匀的 ZrI_4，而在局部地区，此反应可能特别剧烈，而形成点坑。在应力足够大的集中点，将出现裂纹，然后碘蒸气与裂纹尖端的锆又形成 ZrI_4，由于应力集中，使尖端的膜破裂，促使碘往深层渗入，产生新的 ZrI_4 膜。这样，膜的不断形成和破裂，使裂纹在低的应力下扩展，直至断裂。裂纹容易扩展是因为碘与锆原子起作用，而使裂纹的表面能降低。

PCISCC 容易发生于核燃料元件燃耗达到或超过 5×10 MW·d/(tU)及功率提升过快时，这是在该条件下，裂变气体释放量剧增的缘故。产生 PCISCC 的条件如下：

(1) 必须有静拉应力，而且其值要超过某个最小值，称为 PCISCC 阈值(见表 4-6-1)。

表 4-6-1 PCISCC 应力阈值

合　金	辐照条件	合金状态	试验温度/℃	临界应力值/(kgf/cm²)
Zr-2	—	消除应力状态	320	33.6
Zr-2	—	退火状态	320	28.5
Zr-4	—	消除应力状态	360	30.5
Zr-4	受辐照	消除应力状态	360	20.4

注：1 kgf/cm² = 8.07×10⁴ Pa。此值与锆合金的冶金状态、织构、辐照条件及内表面而裂变产物的浓度有关。

在加工过程中残存在锆表面的压缩应力，能抵消拉应力，因而减少 PCISCC 的敏感性，例如冷轧管在加工过程中，施加以压应力，就比冷拔管具有明显低的 PCISCC 倾向。

(2) PCISCC 腐蚀剂存在，而且其浓度需超过某个阈值。引起 PCISCC 的腐蚀剂有碘、铯、镉及其他裂变产物如溴、铷等。碘的临界阈值在 300 ℃及破裂时间为 200～1 000 h 条件下为 0.03 mg/cm³，若将碘浓度提高到 0.5 mg/cm³ 时，则破裂时间仅为 0.1～3 h。

(3) 其他因素，如材料的热处理工艺、织构、表面加工状态，以及反应堆提升功率速度等对 PCISCC 都有影响。

4.6.5 防止 PCISCC 的措施

(1) 元件设计时应加大芯块与包壳间间隙，约为元件棒直径的 1%以上。

(2) 选取合适的包壳材料，以具有高的应变能力及高延伸率，并选用合理的热处理工艺。

(3) 元件棒内预先充氦加压，减少元件棒内外压差，可以推迟芯块与包壳开始接触的时间，因而推迟 PCISCC 开始时间。

包壳内表面进行涂层处理。石墨及硅氧烷涂层对 PCISCC 的发生，具有抑制作用；金属镀层如铜、锆等可减轻机械相互作用，并起到隔离气体的作用；元件包壳内表面喷砂处理或阳极氧化处理均可减轻 PCISCC。

4.7 “死管段”现象导致阀门腐蚀的风险

4.7.1 “死管段”现象的定义

“死管段”是指与一回路直接相连的管道，在正常运行期间被隔离，管段内的流体处于静止状态。在一回路升温升压及正常运行的过程中，水被加热蒸发，产生水-汽两相，导致化学腐蚀。

4.7.2　“死管段”现象可能产生的主要原因

正常运行期间“死管段”被隔离，通过一回路侧隔离阀的加热作用，其间的静止流体温度升高，同时体积膨胀引起压力升高（自加压现象），如果管道内有残留的气空间，而且初始压力较低，则当内部压力达到流体的饱和压力时，管道内的流体将达到饱和，产生水-汽两相，导致化学腐蚀。

因此，“死管段”内流体被加热致饱和状态的主要原因如下：

(1)“死管段”内排气不充分，留有气空间。如果管道内没有残留空气，单相的流体通过充分的自加压能够达到很高的压力（甚至 155 bar），从而保证不会出现饱和；

(2)“死管段”被隔离后，没有对其进行预加压。如果管道内有充分的预加压，使其内部压力始终高于流体的饱和压力，则可以有效控制流体出现饱和；

(3)“死管段”内压力由于阀门密封实验卸压或相关的阀门泄漏未被保持住；

核电站“死管段”现象可能出现的主要区域：RIS、RCP、RRA 和辅助喷淋管线。

4.7.3　“死管段”现象可能产生的后果

阀门腐蚀后，往往会损坏密封面，并导致在随后的密封性试验中通不过。

如果“死管段”存在气/汽空间（没有完全充满水），在与气体（或汽体）接触的地方将会出现腐蚀现象。

“死管段”现象造成阀门腐蚀的本质是水线腐蚀。由于气体中氧浓度比液体中氧浓度要高，形成了氧浓差电池，在靠近液面以下高度线上金属会发生腐蚀，由于形状呈线状，则称之为水线腐蚀，如图 4-7-1 所示。

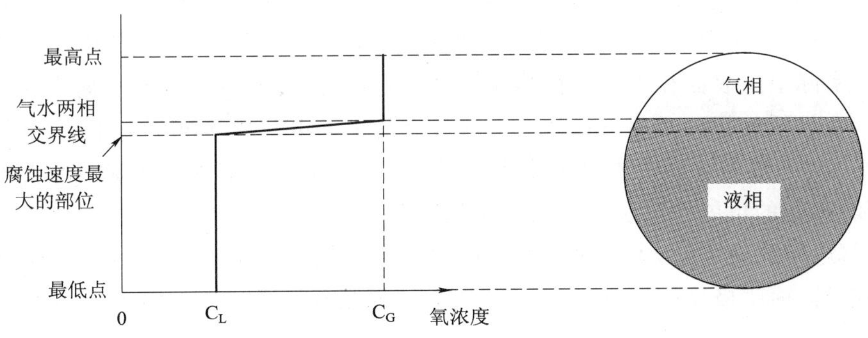

图 4-7-1　“死管段”现象的腐蚀本质——水线腐蚀

复习思考题

1. 核岛可能出现的腐蚀环境有哪些？
2. 反应堆压力容器可能出现的腐蚀风险有哪些？
3. 蒸汽发生器中腐蚀最为敏感的部位有哪些？
4. 稳压器电加热器贯穿件存在什么腐蚀风险？
5. 燃料组件容易产生哪些腐蚀？
6. 什么是“死管段现象”？

第五章　核电厂大气腐蚀的危害与防护

目前多数核电站处于滨海区域，属海洋大气环境。海风席卷着氯化物颗粒并使氯化物沉积到各种设备的表面成为这类大气的特性。在这种环境下，多数设备会受到影响，由于设备所处位置或运行工况不同，受海洋大气环境的影响程度也不同。室外设备如变压器、金属容器、安全壳、建筑物屋顶的通风装置等，由于直接暴露在海洋大气环境下，受其影响较重；室内设备的外表面也暴露在这种环境下，但其影响程度弱些，例如循环水系统中鼓网及反冲洗装置；有些设备由于内部化学介质溢出，导致局部受到来自内部化学水和外部海洋大气的协同腐蚀作用，例如制氯站内设备，这类设备的腐蚀问题通常也很严重。

5.1　大气腐蚀理论

5.1.1　薄电解质液膜和电化学反应

电化学腐蚀过程的一个基本条件是存在一层电解质溶液。当达到一定的临界湿度后，暴露于大气中的金属表面便会形成“看不见的”薄电解质液膜。就完全未受污染的大气来说，在恒温条件下，一个完全干净的金属表面在相对湿度低于100%时应该不会受到腐蚀破坏。然而，实际上因表面存在吸水性物质、大气中有杂质以及在大气和金属表面间存在小的温度梯度，在较低的相对湿度下往往会形成细微的表面电解质溶液。对于铁，已报道的临界湿度是60%。临界湿度水平不是恒定不变的，它取决于发生腐蚀的材料、腐蚀产物和表面沉积物吸收水分的可能性以及大气污染物的出现。

存在薄电解质液膜时，大气腐蚀经平衡阳极和阴极反应而得以进行。阳极氧化反应涉及金属的溶解，而阴极反应通常被认为是氧的还原反应。图5-1-1用示意图说明了这些反

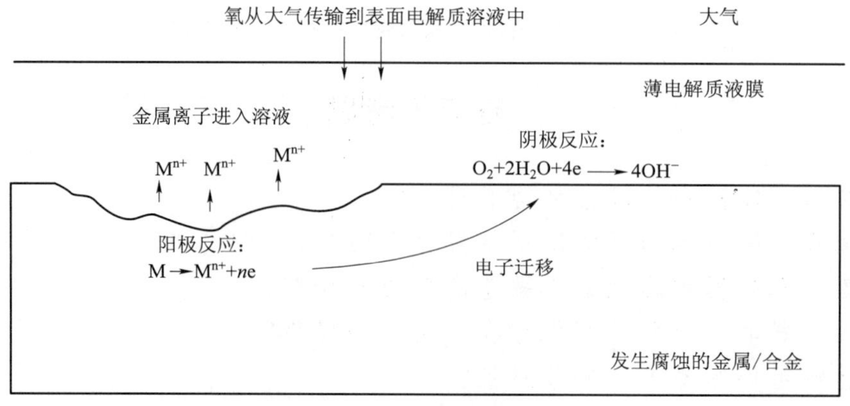

图5-1-1　大气腐蚀机理

应。应注意到，特别是在干湿交替条件下，腐蚀性污染物在薄电解质液膜中的浓度可以达到一个相对高的值。在薄液膜条件下，来自大气的氧也很容易进入电解质溶液中。

5.1.2 阴极过程

假设表面的极薄电解质液层是中性的或仅呈微酸性，则反应：

$$2H^+ + 2e = H_2$$

对大多数金属和合金的大气腐蚀来说是可以忽略的。这种假设的例外情况包括涂层下的腐蚀破坏（如丝状腐蚀）和其他缝隙腐蚀。大气中氧的还原反应是最重要的反应，此反应中电子被吸收。对于近中性电解质溶液中的大气腐蚀，如下面的氧化还原反应是最有可能发生的：

$$O_2 + 2H_2O + 4e = 4OH^-$$

实际上可能涉及以过氧化氢作为中间产物的两个反应步骤，按照反应式：

$$O_2 + 2H_2O + 2e = H_2O_2 + 2OH^-$$

$$H_2O_2 + 2e = 2OH^-$$

5.1.3 阳极过程

下面简化的氧化反应代表了大气腐蚀的阳极半电池反应：

$$M = M^{n+} + ne$$

腐蚀产物（金属氧化物和氢氧化物）的形成、腐蚀产物在表面电解质溶液中的溶解性以及钝化膜的形成都会影响金属阳极溶解过程的总速率。钝化膜有别于腐蚀产物，这在于前者往往更紧密地附着于基体上、厚度较小以及对防止腐蚀破坏作用更强。受钝化膜保护的表面的大气腐蚀通常呈现局部腐蚀特征。铝和不锈钢表面的点蚀就是这种腐蚀的例子。

5.2 大气腐蚀的重要参数

5.2.1 润湿时间

腐蚀表面的润湿时间是一个关键参数，它直接决定了电化学腐蚀过程的持续时间。润湿时间被定义为金属表面覆盖有能导致大气腐蚀的吸附性的和/或电解质液膜的时间。这是一个复杂的变量，因为必须考虑金属表面电解质溶液形成和挥发的所有方式。

显然，润湿时间主要决定于临界相对湿度。所谓临界湿度是指低于这一湿度金属将不会发生腐蚀。除了与清洁表面有关的第一临界湿度，在腐蚀速度突然增大的地方可以定义第二甚至第三临界湿度。吸湿的腐蚀产物和腐蚀产物里水分的毛细凝结分别被认为是出现这些临界湿度的原因。毛细凝结机理也可解释电解液在表面微裂纹和金属/灰尘颗粒界面处的形成。表面电解液的其他来源包括化学凝结物（通过氯化物等）、吸附水分子层和直接的水分沉积（飞溅的海水、露水和雨水）。雨水对大气腐蚀破坏的影响作用具有两面性。虽然雨水会为腐蚀反应提供电解质溶液，但雨水也能通过“洗掉”或稀释表面上有害的腐蚀性物质而起到有益作用。

5.2.2 氯化物

大气中的盐分会显著提高大气腐蚀速率。除了通过吸水性盐如 NaCl 和 $MgCl_2$ 增强表面电解质溶液的形成外，氯离子直接参与电化学腐蚀也是可能的。关于铁金属，为了与阳极反应生成的 Fe^{2+} 结合，已知 Cl^- 和 OH^- 会相互竞争。就 OH^- 而言，易于形成稳定的化合物。相反，铁的氯化络合物往往是不稳定的(可溶的)，会进一步导致加速腐蚀破坏。在此基础上，像 Zn 和 Cu 这样的金属，它们的氯化物通常不如 Fe 的氯化物那样易溶解，应该不易发生氯化物诱导的腐蚀破坏，这与实际情况是一致的。

5.2.3 温度

环境温度及其变化是影响大气腐蚀的又一重要因素。因为它能影响着金属表面水蒸气的凝聚、水膜中各种腐蚀气体和盐类的溶解度、水膜的电阻以及腐蚀电池中阴、阳极过程的反应速度。

不过值得注意的是，对于封闭空间，如室内空气环境，因温度降低引起的相对湿度升高对腐蚀速率产生重要影响。这意味着在开空调的情况下，温度的降低需要额外除湿以避免加速大气腐蚀破坏。

在凝固温度以下，电解质液膜会发生凝固，在没有氯化物污染的条件下电化学腐蚀活性将降低到可忽略的程度。据报道，在极寒冷的气候下大气腐蚀速率很低，这与本效应一致。有点意想不到的是，在盐沉积影响下，一些寒冷的沿海气候中已测到了相对较高的腐蚀速率。盐使凝固点降低现象是产生这些结果的原因。

5.3 金属材料的大气腐蚀

5.3.1 碳钢和低合金钢的大气腐蚀

钢的大气腐蚀是在水膜存在下空气中的氧通过锈层进行电化学反应的过程。而锈层是由疏松的外锈层及致密的内锈层所组成，钢中合金元素主要是通过内锈层的影响而起作用的。在耐候钢的腐蚀产物中可以观察到 Cu、P、Cr 在致密内锈层的富集。内锈层的阻抗大小能反映出它对基材的保护性，文献中通过交流阻抗，X 射线衍射和扫描电镜对耐候钢内锈层的观察分析结果为：内锈层疏松度低，晶粒度小，耐候钢的阻抗在 3 000～5 000 Ω·cm，较碳钢的阻抗 635 Ω·cm 高得多，由此可以看出耐候钢有较高的耐蚀性与内锈层的高阻抗有关，又与内锈层致密、晶粒较细和 Cu、P 的富集有关。

碳钢及低合金钢的腐蚀动力学方程为：

$$D=At^n$$

式中，D——腐蚀深度，μm；

t——暴露时间，a；

A、n——常数。

A 值相当于第一年的腐蚀深度，n 值表征腐蚀的发展趋势，在我国的大气环境条件下低碳钢及耐候钢的 A 值在干燥少污染环境中约为 30，一般潮湿环境约为 40，腐蚀性严重的环境约为 60。n 值受材料的成分和环境因素影响较大，各钢种的 n 值差别很大，最低者不到 0.3，多数为 0.4～0.5，但最高的可达 1.97。n 值大于 1，说明腐蚀产物已不具保护性，腐蚀速度有继续上升的趋势。

低合金钢的化学成分对其耐蚀性有很大影响，其中 Cu、P 能明显提高耐蚀性，其次为 Cr、Ni、Mo、Al 等合金元素，S 为有害成分。

5.3.2　不锈钢的大气腐蚀

不锈钢在大气中具有优良的耐蚀性，主要以合金中的 Cr 含量来提高表面的钝化能力，使表面上形成保护膜来抑制腐蚀的发生，但在一些特定大气环境下它也并非完全耐蚀。发生的腐蚀破坏形式主要为点蚀。例如滨海电站户外的储罐、管道外壁在运行一定年限后均会发现点蚀现象。点蚀发生的原因与户外暴露沉积在表面的尘粒有关。当金属表面沉积尘粒后，它易于吸收空气中的杂质，一旦表面水膜形成时尘粒中的杂质溶于膜中而形成电解质，同时在尘粒下面发生的水膜中还存在氧浓差，这些使得相应电化学反应发生，导致尘粒下的钝化膜破坏及自钝化能力下降，于是在膜破坏处就发生点蚀。点蚀还会发生在焊缝附近，由于焊接受热，焊缝及相邻母材组织会发生变化，如导致晶粒变大，晶界面积减少，晶界耐腐蚀性下降，在灰尘的共同作用下，易于发生点蚀。大气环境对不锈钢腐蚀的主要有害杂质是 Cl^- 和 SO_2，其中以 Cl^- 影响最大，在海洋大气中由于 Cl^- 的大量存在，不锈钢的腐蚀率比其他环境大 5～8 倍。

5.4　大气腐蚀的防护措施

5.4.1　涂料涂装

涂料的防腐蚀作用机理是屏蔽腐蚀介质和涂料中的颜料起着缓蚀剂或阴极保护的复合作用。它用于防止钢的大气腐蚀，金属表面预处理和防腐涂装体系选择是最重要的两个方面。表面预处理需要有合格的清洁度，清除影响表面附着力的因素，对表面粗糙度也有一定的要求。防腐涂装体系一般由底漆、中间层漆和面漆组成。底漆直接涂装于基体上，它直接抑制或减轻基体腐蚀，因此一般要求底漆有很好的附着力，耐水性能好；中间层起着底层与面层的结合作用，提高附着力，保证涂层体系不因内聚力导致开裂；面层则具有辅助涂料的防护作用功能，应该有较低的氧气和水的渗透率。

5.4.2　防锈油

防锈油是以矿物油为基体添加油溶性缓蚀剂和辅助添加剂(抗氧化剂等)所配成的，可用浸涂，刷涂等方法涂覆在金属表面上达到防锈的目的。

基础油一般选用不同黏度的机械油或不同滴落点的凡士林。不加缓蚀剂的基础油是不能达到防锈目的的。

基础油中加入油溶性缓蚀剂后，由于油溶性缓蚀剂是极性分子，分子的一端为亲金属的极性头，另一端为亲油憎水的非极性尾，而金属是极性的，基础油是非极性的。因此，油溶性缓蚀剂在油中，极性头吸附在金属表面上而非极性尾溶入油中，这样缓蚀剂在油-金属界面有序地定向吸附，得到严密的排列结构，能有效的阻挡水分和氧气及其他腐蚀性介质的侵入。

5.4.3 防腐选材改进

金属预埋管嘴和仪表管尽量选用耐大气腐蚀的材料——耐候钢，这种材料含有 Cu、P 等元素，对提高耐大气腐蚀性能显著，如图 5-4-1 所示。

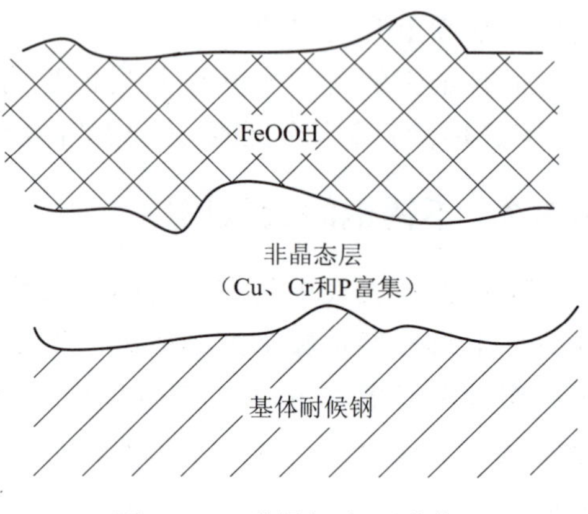

图 5-4-1 耐候钢表面形貌

5.4.4 环境控制

设置恰当的通风过滤装置，降低环境相对湿度，灰尘量，有害离子（Cl^-）含量等。需提供足够的换气量和合理的换气周期，必要时提供加热装置，避免环境温差过大产生凝露。安装空气粒子过滤器等过滤装置，全部或部分除去气流中的微粒或气溶胶，防止把灰尘引入到房间里。

5.4.5 典型大气腐蚀案例

（1）南非 Koeberg 核电站不锈钢设备管道发生 ASCC

根据 WANO 经验反馈，南非 Koeberg 核电站燃料厂房内的安注、安喷管线和 PTR001BA 本体及相连管线发生由氯离子引起的晶间腐蚀（即 ASCC），如图 5-4-2 所示，所指管线管径大于 3 英寸即 80 mm，管线材料是 304L 不锈钢。

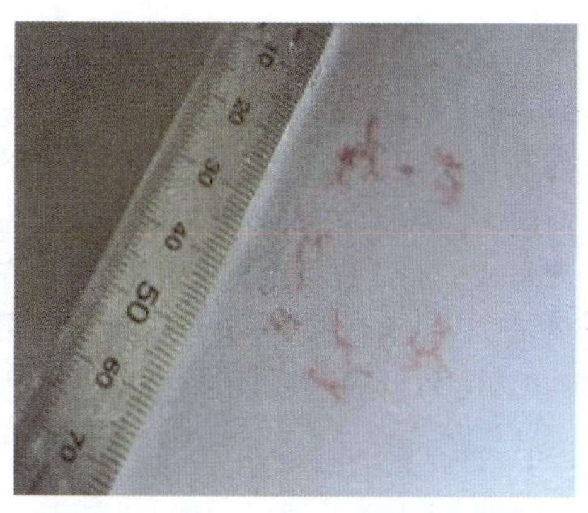

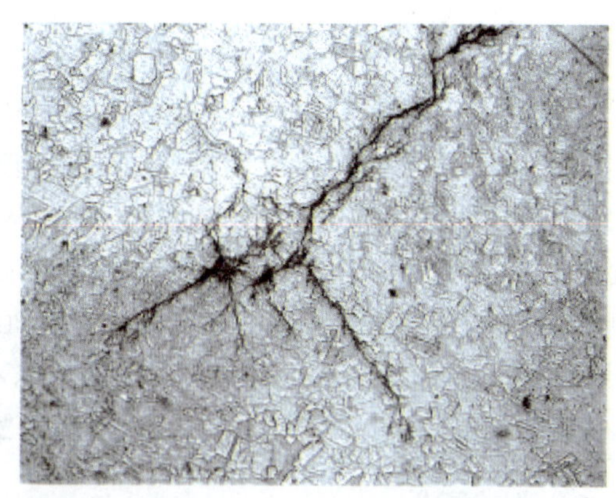

图 5-4-2 南非 Koeberg 核电站 304L 不锈钢设备在氯离子作用下的应力腐蚀开裂

最初的腐蚀形貌是不锈钢管道的点蚀，后来，腐蚀形貌进一步发展，点蚀孔之间被相互连接形成小裂纹，而小裂纹在应力的作用下进一步扩展，最后形成应力腐蚀裂纹。

对此现象，WANO 的经验反馈中分析的原因是：由于燃料厂房通风系统没有有效地去除氯离子的方法，导致设备表面每月都有 0.5～70 $\mu g/cm^2$ 的氯离子污染。为此南非 Koeberg 核电站对通风系统进行了改造，对氯离子进行过滤。南非 Koeberg 的改造方法如图 5-4-3 所示，可提供参考。

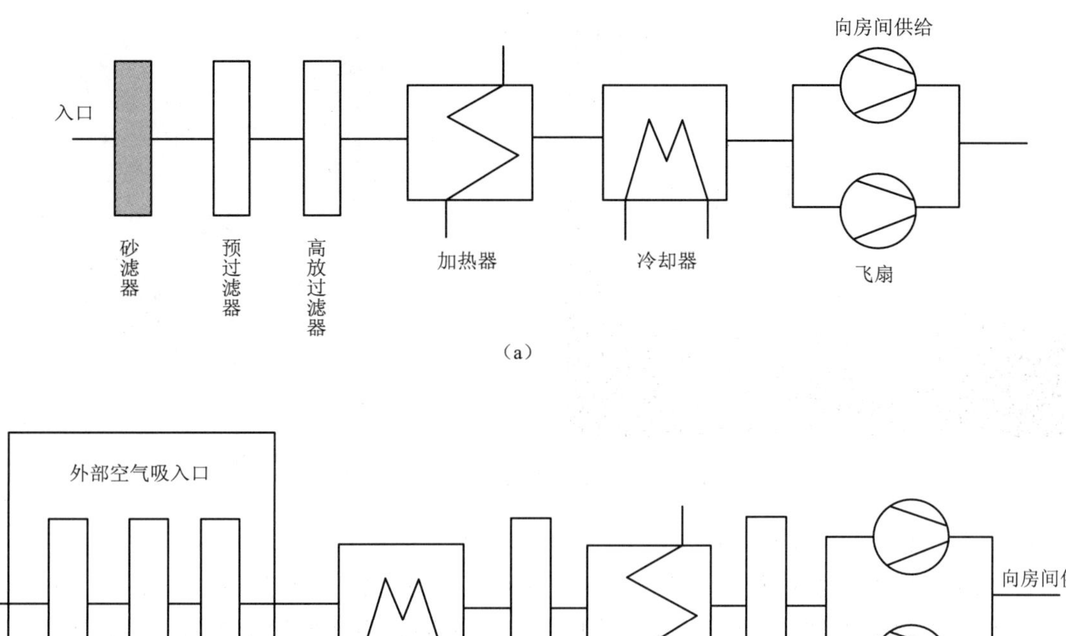

图 5-4-3　南非 Koeberg 核电站燃料厂房通风系统改造示意图

(a) 改造前的送风系统；(b) 改造后的送风系统

(2) 某核电厂海水泵房内不锈钢压空储罐外壁大面积锈蚀

腐蚀检查发现海水泵房内一不锈钢压空储罐外部整体出现锈斑，呈黄褐色。在封头焊缝和筒体焊缝上出现点状腐蚀(约 80 个)，深度在 1～2 mm。其点蚀处有液体介质积聚并顺筒体流下，形成锈蚀痕迹。

在上封头选择一个相对较为严重的点蚀坑洞，进行金相试验，发现存在明显的晶间腐蚀(如图 5-4-4 所示)。

该容器位于 PX 厂房，所处环境中会受到大气湿度和盐分的影响，容器外壁的灰尘沉积、焊缝、缺陷等敏感部位在潮湿含氧含盐(Cl^-)的作用下，产生了不锈钢的点蚀和伴随点蚀的晶间腐蚀，外部呈现出点状腐蚀的形貌。

对此我们可采取如下几种方案处理：

• 容器整体更换。材质沿用不锈钢，但外壁需涂漆。

• 去除所有点蚀，然后进行定期酸洗钝化。即整体打磨 2～3 mm，去除全部宏观点蚀现象，然后定期(1～2 年)酸洗。

• 去除所有点蚀，后进行整体喷砂，使用涂层对其进行整体涂装，在以后进行定期检查涂层质量，适时修复。

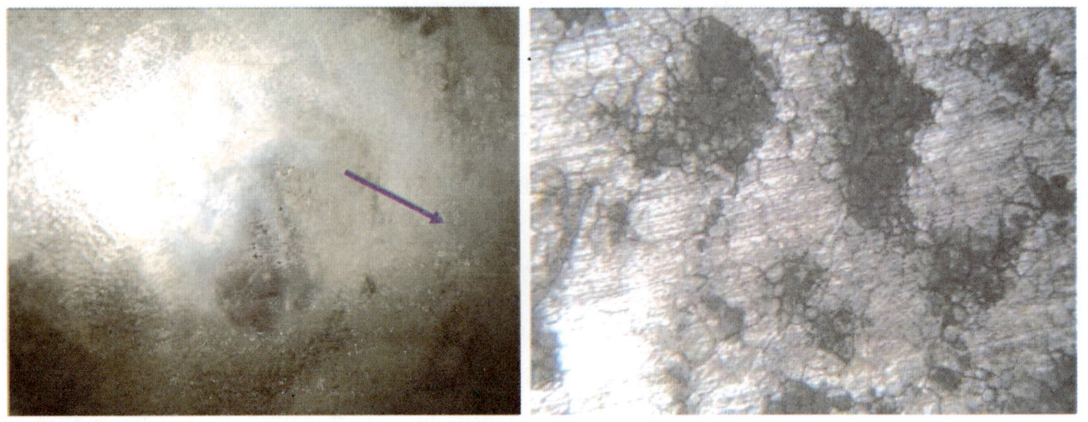

图 5-4-4 宏观的点蚀和微观伴存的晶间腐蚀

(3) 海水泵房地脚螺栓腐蚀

设备地脚螺栓、连接螺栓及管道支撑等预埋件是设备、构筑物较易腐蚀的部位。海水泵房湿度很大，设备比较集中，在检查中发现除 0 m 配电间因为环境较好而无明显腐蚀外，其他房间均存在设备地脚螺栓、连接螺栓及管道支撑的腐蚀。典型腐蚀形貌见图 5-4-5。

图 5-4-5 海水泵房地脚螺栓典型腐蚀相貌(一)

图 5-4-5　海水泵房地脚螺栓典型腐蚀相貌(二)

对于这些部位的腐蚀,可采取如下的一些措施进行防护:

- 对重要设备的地脚螺栓,可选用耐蚀材料和使用螺栓保护套防护;
- 对有预防性维修的设备,这类设备的地脚螺栓,建议在维修处定期检修时,根据规程对不合格的螺栓进行更换,并恰当防腐;
- 对没有预防性项目设备的地脚螺栓,制定定期巡检方案,对已经丧失紧固功能的螺栓进行更换,对表面锈蚀,但仍能紧固的螺栓,进行表面涂漆防腐处理。

复习思考题

1. 临界湿度的定义是什么?
2. 雨水对大气腐蚀的两面性是什么?
3. 氯离子对大气腐蚀促进的机理是什么?
4. 耐候钢抗大气腐蚀性能较好与哪些因素有关?
5. 合金元素中 Cu 和 Cr 哪个对提高耐蚀性更好些?
6. 尘粒对不锈钢大气腐蚀的影响是什么?
7. 大气环境对不锈钢腐蚀的主要有害杂质是什么?
8. 环境控制方面有哪些措施可以降低大气腐蚀风险?
9. 大气环境涂装体系中面漆需要有哪些特性?
10. 防锈油的防锈机理是什么?

第六章　核电厂海水系统的腐蚀与防护

海水是自然界中最大量、具有很强腐蚀性的天然电解质。沿海地区的工矿企业常直接使用海水作为工业水源，在核电站中：凝汽器循环冷却水系统（CRF）、常规岛辅助冷却水系统（SEN）和核岛安全厂用水系统（或核岛重要生水系统）（SEC）均采用海水作为流动介质，这些系统的腐蚀问题非常严重，往往是核电厂中因腐蚀而失效的最先体现。

6.1　海水的性质

海水中溶有大量的氯化钠为主的盐类。人们近似地把海水看作3%或3.5%的NaCl溶液，是典型的电解质溶液，这就使海水对于大多数金属结构材料具有较高的腐蚀活性，不可能建立钝态。即使对于含铬量高的合金钢来说，在海水中形成钝态也是很不稳定的，能引起孔蚀。由于海面与空气接触的面积很大，又有海浪搅拌，强烈的自然对流使海水的充气良好，可以认为海水的外层是氧饱和的。

6.2　海水腐蚀电化学特征

海水是一种含有多种盐类的近中性电解质溶液，并溶有一定量的氧，这就决定了大多数的金属在海水中腐蚀的电化学特征。除电极电位很负的镁及其合金外，所有金属工程材料在海水中都属于氧去极化腐蚀，即氧是海水腐蚀的去极化剂。这种腐蚀称吸氧腐蚀或耗氧腐蚀。

一种金属在海水中，由于金属及其合金表面层物理化学性质的微观不均匀性，如成分不均匀性、相不均匀性、表面应力应变的不均匀性，以及界面处海水物理化学性质的微观不均匀性，导致金属海水界面上电极电位分布的微观不均匀性。这就形成了无数腐蚀微电池。电极电位低的区域（如碳钢中的铁素体基体）是阳极区，发生铁的氧化反应：

$$Fe = Fe^{2+} + 2e$$

而在电极电位高的区域（如碳钢中的渗碳体相、铸铁中的石墨）是阴极区，发生氧的还原反应：

$$1/2O_2 + H_2O = 2OH^-$$

结果阳极区产生电子，阴极区消耗电子导致金属的腐蚀。金属在海水中腐蚀大多以这种微电池方式进行。

海水是典型的电解质溶液，金属的海水腐蚀是典型的电化学腐蚀，其主要特点有：

(1) 海水中氯离子含量很高，因此大多数金属如钢、铸铁、锌、镉等在海水中是不能建立钝态的。海水腐蚀过程中，阳极的阻滞作用很小，因而腐蚀速度相当高。普通不锈钢，在海水中钝化膜也是不稳定的。不锈钢中添加钼，可降低氯离子对钝化膜的破坏作用。只有以钛、锆、钽、铌为基的少数合金在海水中才能建立稳定的钝态。

(2) 除镁以外的绝大多数金属在海水中的腐蚀是依靠氧去极化反应进行的。尽管表层海水被氧所饱和，但氧通过扩散层到达金属表层的速度却是有限的，它小于氧还原的阴极反应速度。在静止状态或海水以不大的速度运动时，阴极过程一般受氧到达金属表面的速度所控制。所以钢、铸铁等在海水中的腐蚀几乎完全决定于阴极阻滞。由于扩散层中氧的扩散通道已经占满，通过合金化或热处理来改变钢中阴极相的数量和分布对腐蚀速度的影响并不大。一切有利于供氧的条件，如海浪、飞溅、增加流速，都会促进氧的阴极去极化反应，促进钢的腐蚀。对普通碳钢、低合金钢、铸铁来说，海水环境因素对腐蚀速度的影响远大于钢本身成分和组织的影响。

(3) 由于海水电导率很大，海水腐蚀的电阻性阻滞很小。所以海水腐蚀中不仅腐蚀微观电池的活性大，腐蚀宏观电池的活性也很大。海水中不同金属接触时很容易发生电偶腐蚀。即使两种金属相距数十米，只要存在电位差并实现电联结，就可能发生电偶腐蚀。

6.3　影响海水腐蚀的环境因子

(1) 含盐量的影响

水中含盐量直接影响到水的电导率和含氧量，因此必然对腐蚀产生影响。随着水中含盐量的增加，水的电导率增加而含氧量降低，所以在某一含盐量时将存在一个腐蚀速度的最大值。实际上，由于海水组成的复杂性，海水含盐量对腐蚀速度的影响与 NaCl 浓度对腐蚀速度的影响规律并不完全一致。例如江河入海处或海港中，虽然海水被稀释，含盐量较低，却可能有较高的腐蚀性。这是因为，大洋海水通常被碳酸盐饱和，钢表面沉积一层碳酸盐水垢保护层。同时海水污染后使海水腐蚀性增强，污染海水中的硫化物或氨能增强海水对铜基合金和碳钢的腐蚀作用。

(2) 电导率的影响

海水不仅含盐量高，而且所含盐分几乎全处于电离状态，这就使海水成为一种导电性很强的电解质溶液。海水平均电导率约为 4×10^{-2} S/cm，比河水电导率 2×10^{-4} S/cm 高出两个数量级。海水的电导率主要决定于海水的盐度和海水的温度。增加海水盐度或升高海水温度都能够使海水电导率增加。

随海水电导率增加，海水中金属的微观电池腐蚀和宏观电池腐蚀都将加速。

(3) 溶解物质——氧、二氧化碳、碳酸盐的影响

由于绝大多数金属在海水中的腐蚀都属于氧去极化腐蚀，所以海水中溶解氧的含量是影响海水腐蚀的重要因素。氧在海水中的溶解度主要取决于海水的盐度和温度，随海水盐度增加或温度升高，氧的溶解度都降低。

氧是金属在海水中腐蚀的去极化剂，如果完全除去海水中的氧，金属是不会腐蚀的。对不同种类的金属，含氧对腐蚀的作用是不同的。对碳钢、低合金钢和铸铁等在海水中不发生钝化的金属，海水中含氧量增加，会加速阴极去极化过程，使金属腐蚀速度增加。但对那些依靠表面钝化膜提高耐腐蚀性的金属，如铝和不锈钢等，含氧量增加有利于钝化膜的形成和修补，使钝化膜的稳定性提高，点蚀和缝隙腐蚀的倾向性减小。钢的腐蚀速度与氧的浓度成

正比关系。

海水中溶有大气中所含的各种气体，除了氧和氮外，大气中最多的气体 CO_2 在海水中的含量也很高。海水中以游离的 CO_2 气体溶解的量很少，主要以碳酸盐和碳酸氢盐的形式存在，并以碳酸氢盐为主。

海水中的碳酸盐对金属腐蚀过程有重要影响。在微电池腐蚀的微阴极表面上，由于碱度增加碳酸盐会沉积形成不溶的保护层，其主要成分是碳酸钙。海水 pH 增加，温度升高有利于钙沉积层的形成。这种沉积层具有相当高的电阻，同时阻碍氧向阴极表面的扩散，减少了有效阴极面积，起到了抑制腐蚀过程的作用。施加阴极保护时，被保护表面上形成的这种钙沉积层可以减少所需要的保护电流密度，使保护电流更加分散。同时，当阴极保护电流短时间中断时，钙沉积层可以继续提供保护。

(4) pH 的影响

海水的 pH 主要影响钙质水垢沉积，从而影响到海水的腐蚀性。因为在海水 pH 条件下，海水中的碳酸盐一般达到饱和。pH 即使变化不大也会影响到碳酸钙水垢沉淀。pH 升高，容易形成钙沉积层，海水腐蚀性减弱。在施加阴极保护时，阴极表面处海水 pH 升高，很容易形成这种沉积层，这对阴极保护是有利的。

(5) 温度的影响

海水温度升高，氧的扩散速度加快，海水电导率增加将促进腐蚀过程进行。但另一方面，海水温度升高，海水中氧的溶解度降低，同时促进保护性钙质水垢生成，这又会减缓钢在海水中的腐蚀。因此，温度对腐蚀的影响是比较复杂的。

海水冲刷腐蚀也与温度有关。材料的冲刷腐蚀速度都随温度升高而增加。尤以不耐蚀的低碳钢和铸铁的增加幅度最大。

对于在海水中钝化的金属，温度升高，钝化膜的稳定性下降，点蚀和缝隙腐蚀倾向增加。不锈钢的应力腐蚀敏感性也增加。温度升高，海生物活性增强，海生物附着量增多，对钝性金属容易诱发局部腐蚀。

(6) 流速和波浪的影响

海水腐蚀是靠去极化反应进行的，主要受氧到达阴极表面的速度所控制，海水流速和波浪由于改变了供氧条件，必然对腐蚀产生重要影响，流速对钢铁在海水中腐蚀的影响如图 6-3-1 所示。

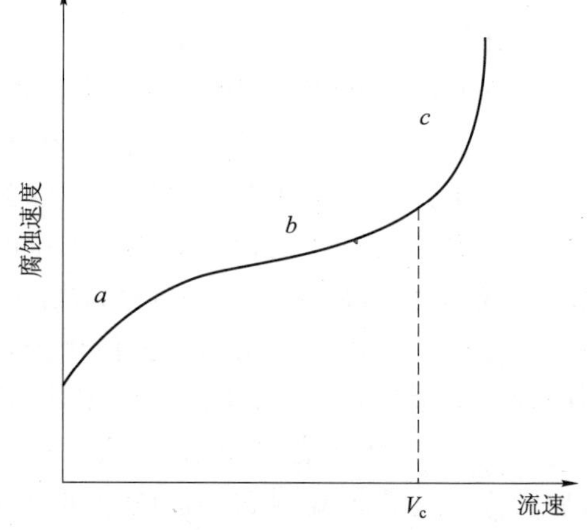

图 6-3-1 海水流速对钢铁腐蚀速度的影响

在 a 段，随流速增加，腐蚀速度增大；在 b 段，流速的影响较小；在 c 段，流速超过其一临界流速 V_c 时，金属表面的腐蚀产物膜被冲刷掉，金属基体受到机械性损伤，在腐蚀和机械力联合作用下，钢铁的腐蚀速度急剧增加。

在流速较低时，冲蚀和磨蚀可以忽略，主要是电化学腐蚀。对于在海水中不能钝化的金属，如碳钢、低合金钢、铸铁等随海水流速增加，腐蚀速度加大。但对于在海水中能钝化的金属，如不锈钢、铝合金、镍基合金和钛合金等，海水流速增加会促进其钝化，可提高其耐蚀性。在一定范围内提高流速是有利的。

当海水流速超过某一临界值时，由于附加机械作用而使腐蚀速度急剧增加。海水流速越高，海水中悬浮的固体颗粒越多，则冲击腐蚀越严重。海水对金属表面的冲击腐蚀还决定于流速方式。湍流时破坏了层流时形成的稳定的流速分布，于是与金属表面接触的海水流速增大，加速了冲击腐蚀，又叫磨损腐蚀，主要是由于海水对金属保护膜的机械破坏作用而引起金属材料的破坏。当海水运动速度非常快时，不仅观察到保护膜的机械性破坏，同时也能观察到金属基体结构的机械性破坏，这就是空泡腐蚀或腐蚀性破坏。

提高金属的耐蚀性和增加合金的硬度都可以提高材料抗空泡腐蚀的稳定性。波浪的作用与海水的流速的影响相似。

各种金属对流速的敏感程度不同。按流速对金属腐蚀的影响可把工程用金属材料分为四类。第一类金属是钛和镍铬钼合金，不论流速高低，耐腐蚀性皆优。第二类金属有镍基合金，不锈钢等，流速高时，耐腐蚀性较好，流速低时，耐腐蚀性较差。第三类金属是铜合金，流速高时，耐腐蚀性变坏，流速低时，耐腐蚀性较好。第四类是钢铁，不论流速高低耐蚀都较差。

(7) 海生物的影响

海生物对腐蚀的影响较复杂。由于附着海生物对钢结构表面的覆盖作用，阻隔了氧的运输，有利于减少钢的腐蚀。但是，附着海生物很难形成完整致密的覆盖层，虽然钢的平均腐蚀失重减少了，但局部腐蚀却增加了。对不锈钢等钝性金属，附着海生物使点蚀和缝隙腐蚀倾向增加。

6.4　核电站海水系统设备防腐原则

核电站一般有三大海水系统：凝汽器循环冷却水系统(CRF)、常规岛辅助冷却水系统(SEN)和核岛安全厂用水系统(或核岛重要生水系统)(SEC)。

循环冷却水系统(CRF)的功能是向凝汽器、辅助冷却水系统提供必需的冷却水流量。常规岛辅助冷却水系统 SEN 的功能是为常规岛闭式冷却水系统(SRI)提供冷却水，通过 SEN/SRI 板式热交换器带走 SRI 系统排出的热量，并将热量通过 CRF 系统排到海水中。核岛安全厂用水系统 SEC 系统是冷却 RRI/SEC 板式热交换器，带走 RRI 系统热量。SRI 和 RRI 分别为常规岛和核岛提供设备冷却水，是封闭回路系统，把热量带给最终的热阱——海水。

核电站海水(冷却)系统主要由取水涵道、连接井、闸门、拦污栅、取水隧道、旋转滤网、重要厂用水泵、循环水泵等设备组成，为核岛、常规岛提供循环冷却水源。以 SEC 系统为例，海水系统的组成及在电站厂房的布置情况见图 6-4-1。

核电站海水系统的设备和部件按其结构特点及所处的环境大致可分四类：

第一类，浸泡在海水中的金属构件如取水口的金属部件、闸门及其组件、拦污栅及格栅除污机、旋转滤网，这些部件受海水影响的区域可分为海洋大气区、飞溅区、潮差区、全浸区和海泥区。金属(一般为碳钢或者低合金钢结构)在不同区域的腐蚀特征各不相同。

第二类，海水管道、容器及部件。海水流经容器及管道内壁。容器及管道外壁处于海洋空气条件或者埋地土壤中。

第三类，混凝土结构或者非金属管道如玻璃钢管道、混凝土的暗渠。

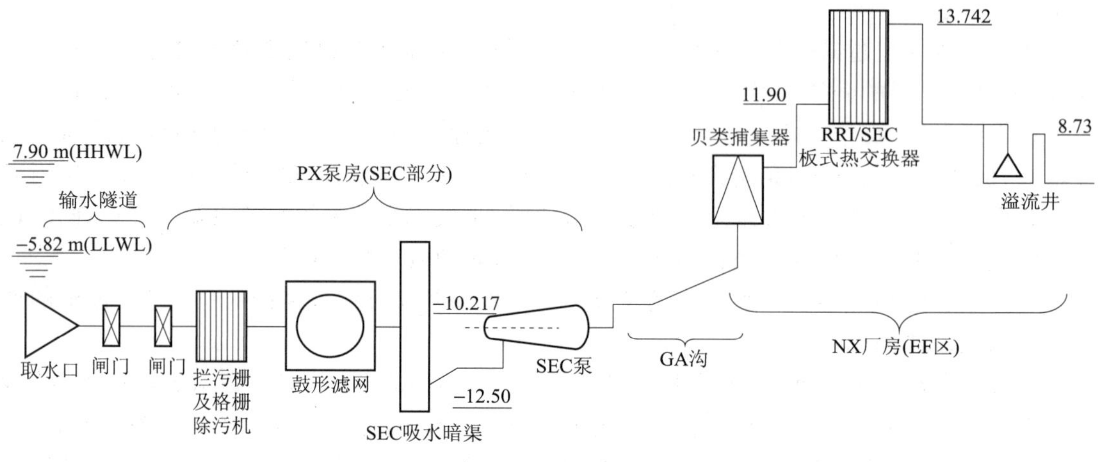

图 6-4-1　SEN 系统管道布置示意图

第四类，转动部件如泵。

这四类设备和部件的防腐设计原则一般为：

对第一类部件最有效的防腐措施是外加电流或者牺牲阳极的阴极保护。

金属的腐蚀是一阳极过程。因此，预防金属腐蚀的一个对策就是将金属置于阴极，即阴极保护法。阴极保护法具体又分为两种。一种是将被保护的金属（阴极）和电极电势较低的金属（作为牺牲性阳极而溶解掉）接在一起，这也称为牺牲阳极保护法。比如海上航行的船只，在船底四周镶上锌块，此时，船体是阴极受到保护，锌块是阳极代替船体而受腐蚀。该方法具有安装简单，保护可靠无需维护等优点。牺牲阳极主要有镁、铝及锌合金 3 大系列，不同系列阳极的使用环境不同，对于钢质海水循环水管道，一般选用铝或锌合金阳极，近些年来，铝合金阳极的应用相对较多。对于浸于海水的金属设备采用牺牲阳极保护法达到防腐蚀的目的比较容易实现。

另一种是将被保护的金属接在外加电源的负极上使之成为阴极，正极则接到某些导体如石墨、高硅铸铁、铅银合金、镀铂钛等上面作为惰性阳极（如图 6-4-2 所示）。在化工厂中一些装有酸性溶液的容器或管道以及地下的水管或输油管常用这种方法防腐。

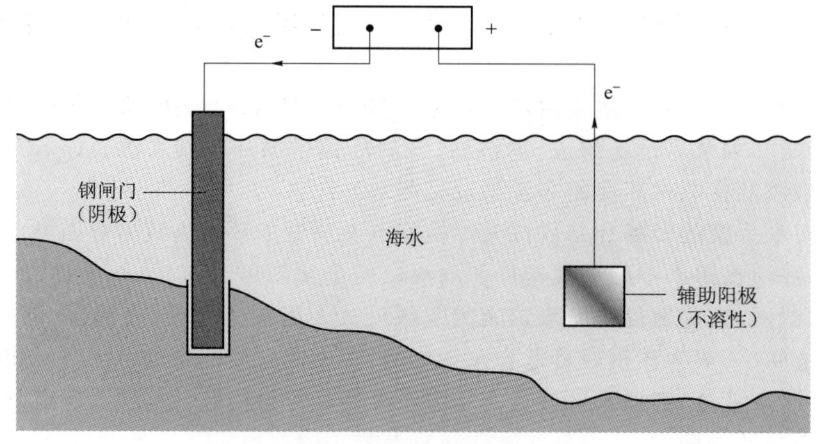

图 6-4-2　外加电流的阴极保护示意图

对于第二类设备、管道或者部件应依据其材质采取不同对策。但总的原则是隔离法。

微电池作用是造成金属腐蚀的主要原因，但单一个电极是构不成电池的，要构成电池就必须同时具备阴阳两极。因此，预防金属腐蚀的一大对策就是将金属（阳极）和其他介质（阴极）隔离开来，使之构不成电池。可以通过涂油、涂漆、烧结、磷化、氧化或钝化（包括化学钝化和电化学钝化）、电镀等方法在金属表面覆盖一层金属或非金属保护层来实现。

在核电站，三个海水系统中金属海水管道多为碳钢管道，一般采用加内衬的内壁防腐方式，外壁采用油漆保护。对重要金属海水管道采用涂层和牺牲阳极（或外加电流的）的阴极保护联合保护措施，比如核安全级的 SEC 管道。国内研制了耐海水腐蚀的 10CrMoAl 材料，有些采用该材质的海水管道也不采取其他防腐措施，尤其是管径小的海水管道如反冲洗管。

碳钢内衬的方式有多种，有采用环氧涂层的，也有用水泥砂浆的，随着技术发展，小管径管道现在也有逐渐采用衬胶或衬塑的形式。

对大口径的海水循环水管道，应用较多的是牺牲阳极保护法。对小口径管道（如 Φ600 mm 以下）或者是大口径管道与设备（二次滤网、凝汽器等）相连部位的保护，较多的则是采用外加电流阴极保护方式。这是因为小口径管道中牺牲阳极无法安装与更换，同时内壁一般无法进行涂层施工，所需保护电流较大。而大口径管道与设备相连部位，一般所需保护电流较大，牺牲阳极保护难以满足要求。外加电流保护方式的优点是可根据需要提供保护电流，容易实现自动跟踪等。应用该技术已对多个电厂的海水管道系统进行了保护，取得了良好的保护效果。

关于第三类，钢筋混凝土管道如暗渠、玻璃钢管道如循环水的一部分管道，一般直接与海水介质接触面不进行防腐处理。近来也有出现混凝土严重腐蚀报道，故混凝土的防腐及腐蚀管理也将进行关注。

关于第四类，转动部件的腐蚀存在冲刷腐蚀。应在选材和结构设计解决，比如采用较好叶轮涂层，甚至应该从运行方式上采取措施。

6.5　核电站海水系统腐蚀的主要现象及特点

6.5.1　不锈钢管道和设备的腐蚀

核电站海水系统有些设备和管道采用不锈钢材质，设计者考虑要更好的耐腐蚀，甚至选用了超低碳的 304L、316L 或 317L，但效果均不理想。

几个核电站均报告用于 SEC/CRF 反冲洗的管道频繁发生点腐蚀穿孔事件。该管道原为不锈钢管道如 304 不锈钢管。内壁介质为海水，外壁在海洋空气当中。腐蚀的典型形貌见图 6-5-1。

某放置在海水泵房的不锈钢容器，腐蚀检查发现点腐蚀现象，经过微观检查发现发生了应力腐蚀，见图 6-5-2 和图 6-5-3。

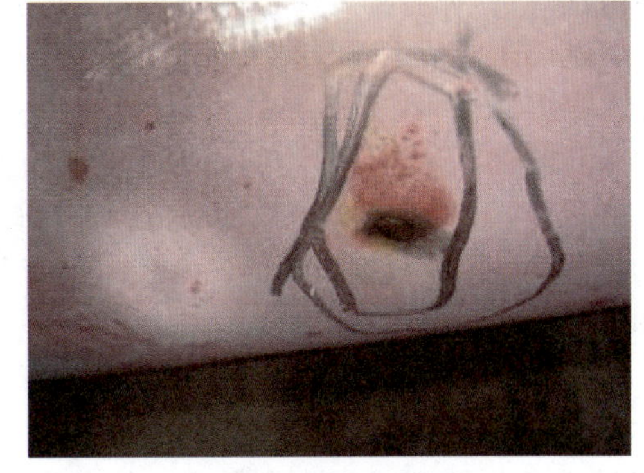

图 6-5-1　CRF 反冲洗管局部腐蚀穿孔

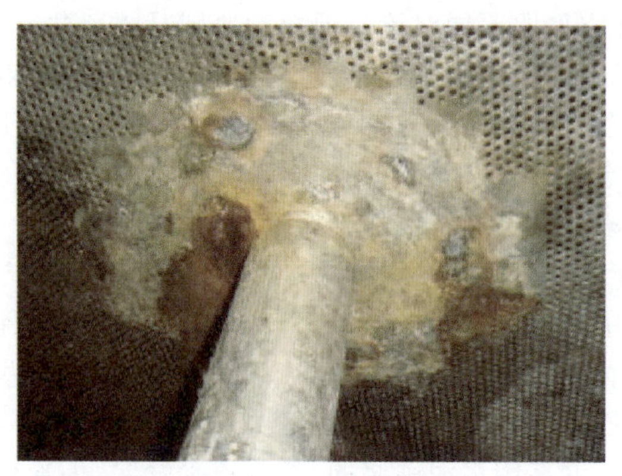
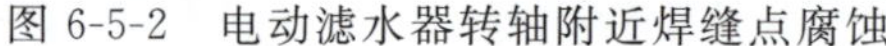
图 6-5-2 电动滤水器转轴附近焊缝点腐蚀

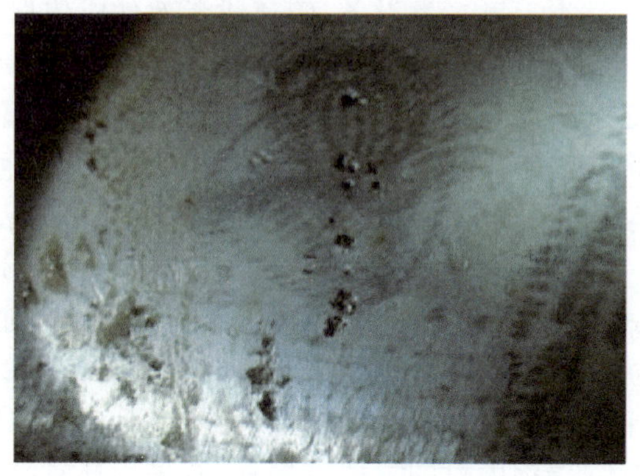
图 6-5-3 二次滤网筒体内壁点蚀坑

比较抗腐蚀的 304L、316L 或 317L 奥氏体不锈钢抗点蚀能力低，由于核电站海水系统环境特殊，如在海水中要加入次氯酸钠进一步提高了氯离子的含量，有的管道内外部都要与海水接触并且有污物黏附在管道上，有的管道海水处于静止的状态，导致不锈钢海水管道经常腐蚀穿孔。就腐蚀模式来看，不锈钢海水管道主要是点蚀，往往伴随晶间腐蚀。因此，海水管道选材应尽量避免选用奥氏体不锈钢，部分环境可考虑使用双相不锈钢。尽量采用碳钢加内衬的管道，比较好的形式如浸塑钢管。只要内衬不破损，就不会发生腐蚀问题。对已有不锈钢管道应加强维护，避免静止海水长时间浸泡。也可采用涂层防护时，定期维护。

在海洋大气条件下，空气凝结在不锈钢设备外壁，卤素离子浓缩，容易发生应力腐蚀，故选材上应注意使用环境。在综合考虑必须选用不锈钢的条件下，要注意海洋大气腐蚀。

6.5.2 碳钢管道的电偶腐蚀

碳钢和低合金钢用于海水系统是恰当的。碳钢钢质海水管道，材质主要是选用 20 钢或 Q235，有的则选用 10CrMoAl 低合金钢材料。

在海水环境中，所有碳钢在静海水条件下腐蚀速度相差不大，均在 0.07～0.18 mm/a 之间。碳钢材料在海水中均匀腐蚀速率低，但局部腐蚀一旦发生，会使设备和管道破损，故一般要进行防腐保护如内壁采用环氧涂层，外壁用油漆防腐。

结构设计缺陷是碳钢管破坏形式，常见的是形成电偶腐蚀条件。典型的如不锈钢与碳钢直接焊接，或者温度测量仪表管、流量测量仪表管为不锈钢材质，通过管座或直接焊接在母管上。运行后发现凡是该种结构设计的碳钢侧往往存在严重局部壁厚减薄现象。某电厂滤水器及入口接管为 316L 不锈钢，SEN 管道为低合金钢 10CrMoAl，规格 ϕ508 mm×14 mm，连接形式为法兰，管道内部介质为海水。

运行不到 2 年的时间，现场检查发现管道被严重腐蚀，形成了一个约 300 mm×30 mm 的裂缝，见图 6-5-4。错误的海水管道母管与温度测量仪表管、流量测量仪表管连接方式见图 6-5-5。

不同金属在电解质溶液中相互接触所引起的电化学腐蚀，称为电偶腐蚀或接触腐蚀或称双金属腐蚀。核电站不少设备管道选用不同材质并将不同材料通过焊接或法兰连接将它们紧密相连，造成了产生电偶腐蚀的必要条件。

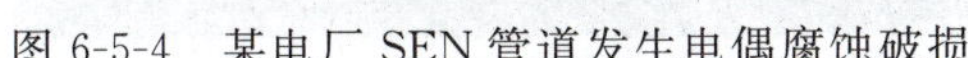

图 6-5-4　某电厂 SEN 管道发生电偶腐蚀破损

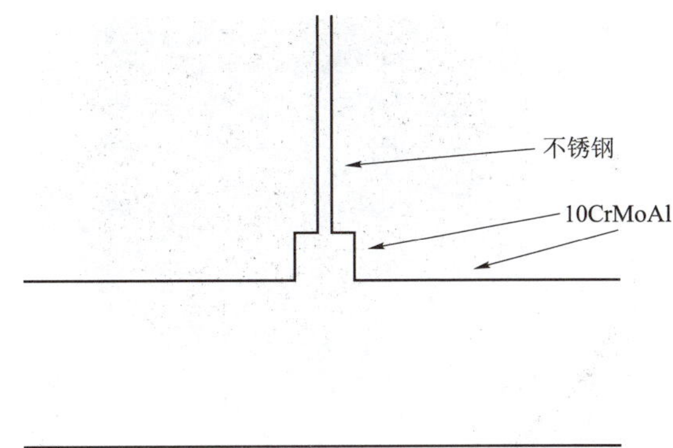

图 6-5-5　错误的仪表管结构示意图

电偶腐蚀的原因是由于不同材质的电位不同，两者之间产生电位差，发生电化学腐蚀。其中电位较负的金属是这个短路原电池中的阳极，被不断氧化溶解产生腐蚀，而电极电位较正的金属是阴极，它起还原反应所需电子的传递作用，不受腐蚀或腐蚀很小。腐蚀的结果可描述为抗腐蚀性强的材料受到保护，抗腐蚀性差的材料加速腐蚀。

(1) 设计中尽量避免不同金属的直接连接，选用同种材质或电位相近的材料。

(2) 如果按工艺要求不可避免不同材质相连，应采取涂料防腐。注意涂漆原则是“涂料要将不同材质金属的表面都覆盖，不可只覆盖耐蚀性差的金属表面，而将耐蚀性好的金属（表面）保持裸露状态”，如铁与不锈钢相连接，涂料要将整个表面覆盖，其目的是避免当涂层存在针孔等细小缺陷时，产生小阳极和大阴极的不利面积比，这是必须要掌握的涂漆原则。

(3) 电绝缘。不同金属组合之间要加绝缘材料以切断腐蚀电流通路，绝缘隔离可以减缓腐蚀，常用绝缘法兰或绝缘接头，因管内输送水介质，为保证绝缘效果，绝缘法兰或接头两侧内壁至少涂刷 2 倍管直径长度的涂料使其绝缘。

6.5.3　海水系统管道冲刷腐蚀

秦山地区海水含砂量较高，对管道材料冲刷腐蚀较严重。某电厂在投运 2 年后，对海水管道冲刷腐蚀的易发部位即全部可达的弯头、弯后（按流向）直管、阀后（按流向）直管、变径管和三通管共包括 476 个管段，在不解体或运行的情况下，采用超声测厚和用直探头进行超声扫查。实际测量结果表明三大海水系统的管道，部件均存在不同程度的减薄现象。发现的减薄量较严重的区域主要集中在 SEC 系统贝类捕集器进出水管和反冲洗管的弯头、三通等部位，如图 6-5-6 和图 6-5-7 所示。

6.5.4　转动部件的冲刷腐蚀

海水系统转动部件有循环水泵、SEC 泵、海水升压泵。因海水含泥沙，泵转速高，泵的叶轮和泵壳受到冲刷及腐蚀的联合作用，破坏力很大。秦山地区海水表层最小含沙量 0.36 kg/m^3，海水深层最大含沙量 25.5 kg/m^3，取水层 −9.5 m 处最大含沙量 4.22 kg/m^3，平均含沙量 2.5 kg/m^3，可见该地区海水中含有大量的泥沙，在汽蚀与冲刷腐蚀作用下，磨损情况严重，设备解体时发现叶轮和导叶体变得千疮百孔，见图 6-5-8。

采取的对策有：更换材质、涂层防护、降低转速，当然还有其他方法有待研究和验证。

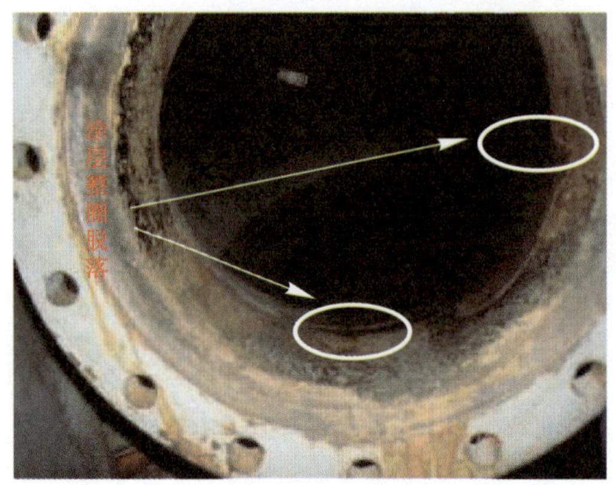

图 6-5-6 SEC 泵出口管管口附近涂层大面积脱落，基体受到冲蚀

图 6-5-7 SEC 泵进口阀下游管道内壁涂层大面积脱落

图 6-5-8 某泵叶轮腐蚀的照片

秦山一期循环冷却水泵叶轮和导叶体采用 ZG1Cr18Ni9 奥式体不锈钢材质，设计寿命为 25 000 h。而叶轮和导叶实际使用寿命平均约为 5 000 h，最长使用寿命约为 20 000 h，每次大修都要更换 3～4 个循环水泵叶轮。曾将一台泵的叶轮和导叶体更换为双相不锈钢，其使用寿命约为 7 000 h。

秦山二期的安全厂用水泵泵壳、叶轮材料为 ASTMA 351 CD3MWCuN，泵壳和叶轮采用涂覆陶瓷涂层，基本保证泵壳母材 5 个月不受磨损。目前新换的叶轮为英国 WAIR 公司的涂碳化钨的叶轮，运行近一年后叶轮仍正常。该叶轮采用涂碳化钨处理是比较好的方式。

反冲洗泵原为单级卧式离心泵，转速 2 900 r/min，叶轮、泵壳的材料为 ZERON25，连续运行 3 个月，叶轮、泵壳损坏严重，无法继续使用。后更换为转速为 1 470 r/min、材料为 A8905A 泵。在累积运行一年后叶轮泵壳较为完好，泵的性能基本不变。

复习思考题

1. 海水腐蚀的主要特点是什么？
2. 影响海水腐蚀的环境因素有哪些？
3. 浸泡在海水中的金属构件除涂装外还可增加哪些防腐措施？
4. 小口径管道和大口径管道可采取的防腐措施有何不同？
5. 转动部件存在哪类腐蚀，该如何防护？
6. 不锈钢是否适合在海水介质中使用，哪类不锈钢更好些？
7. 不锈钢管道和碳钢管道能否在海水介质中连接？
8. 处理电偶腐蚀问题的涂漆原则是什么？
9. 针对转动部件的防护措施有哪些？
10. 海水流速对腐蚀的影响是什么？

第七章 核电厂二回路的腐蚀与防护

常规岛中主要是接受来自蒸汽发生器的蒸汽，并将其一部分热能转化成驱动发电机的机械能，最终转化为电能的一些系统。由于核电常规岛与常规火电厂比较相似，所以腐蚀问题也有类似的地方，我们这里主要讨论一下与火电不同之处。主要从 3 个方面进行阐述：① 流体加速腐蚀（Flow-Accelerated Corrosion，简写为 FAC）；② 汽轮机系统的腐蚀和老化；③ 系统、设备局部的温差腐蚀。

7.1 核电厂 FAC

核电厂二回路的主给水管线、凝结水管线、疏水管线、部分抽气管线等主要材质是碳钢。运行过程中，这些碳钢管线会发生腐蚀失效，通常其失效的速率是非常快的，最快的有可能在一个换料周期内就发生穿孔，这种现象通常是由于流体加速腐蚀所导致的。

流体加速腐蚀（FAC）用来描述流动对腐蚀的影响。国际上也有其他几种名字，包括“流动加速腐蚀”（flow-accelerated corrosion）、“流动诱导腐蚀”（flow-induced corrosion）、“流动影响下的腐蚀”（flow-influenced corrosion）和“流动促进腐蚀”（flow-enhanced corrosion）。大家遇到这些描述时，应该明白，它们均指同一种情况。

对于 FAC，早期人们主要关注的是两相流体系统，认为只有在两相流体中才会发生 FAC 现象。但是美国萨里核电厂事件改变了人们的看法，因为其 2 号机组的凝结水管线（单相流体管线）由于发生了 FAC 导致了管道破裂。1986 年 12 月 9 日，由西屋公司设计、供货的宾夕法尼亚州萨里核电站 2 号机组中，其凝结水管线上的一个 18 in（<457.2 mm）弯头在电站运行时突然破裂，造成 4 死 4 伤的严重后果。事故定性为大范围因 FAC 导致的壁厚减薄，最后有 190 个管道部件被更换。

最近一次值得关注的事件是在 2004 年 8 月 9 日下午，日本关西电力公司所属美滨核电站 3 号机组的汽轮机厂房内，该电站给水回路中低压加热器与除氧器之间主管道上一个孔板流量计下游的管段发生破裂，管道内高压热水喷出后形成灼热的蒸汽，导致正在做停机检修准备工作的 5 名维修人员死亡，6 人受伤。美滨核电站 3 号机组是由三菱重工设计、供货的一台压水堆机组，电功率为 82.6 万千瓦，于 1976 年 12 月投入商业运行。事后日本核能与工业安全机构（NISA）的报告称导致管道破裂的原因是流体加速腐蚀，断裂管道的形貌见图 7-1-1。

以上可以看出，FAC 问题会造成非常严重的后果，不仅威胁机组安全可靠运行，还可能造成人员重大伤亡。表 7-1-1 所示为发生 FAC 事件的电厂一览表。

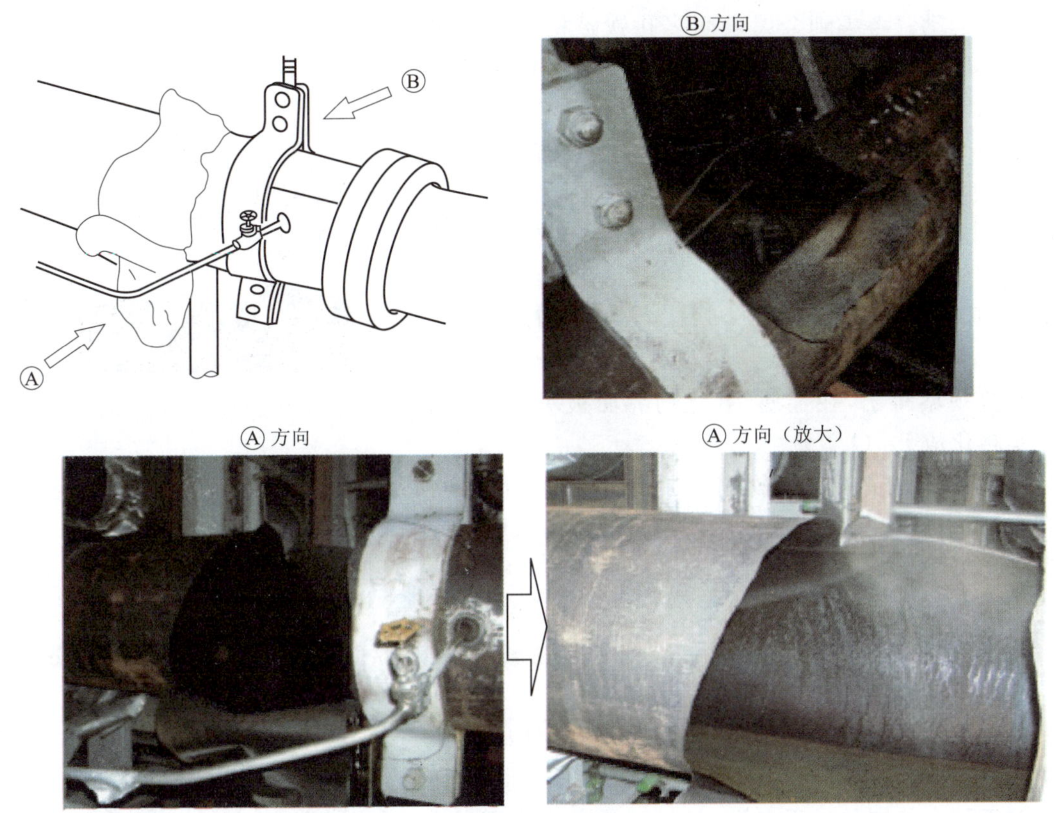

图 7-1-1　破口管道照片

（由图可见管道减薄如纸；破口发生在靠近管道防振固定支架处）

表 7-1-1　发生 FAC 事件的电厂一览表

时　　间	电厂/机组	堆　　型
1986 年 12 月	美国 SURRY 核电厂	PWR
1989 年 4 月	美国 ARKANSAS 核电厂	PWR
1989 年 12 月	西班牙 GARONA 核电厂	BWR
1990 年 5 月	芬兰的 LOVIISA1 号机组	VVER
1990 年 12 月	美国 MILLSTONE3 号机组	PWR
1991 年 11 月	美国 MILLSTONE2 号机组	PWR
1991 年 12 月	西班牙的 ALMARAZE1 号机组	PWR
1993 年 2 月	芬兰的 LOVIISA2 号机组	VVER
1993 年 3 月	美国的 SEQUOYAH2 号机组	PWR
1994 年 12 月	美国的 SEQUOYAH1 号机组	PWR
1997 年 4 月	美国的 FT. CALHOUN	PWR
	其他如美滨电厂 3 号机组	

7.1.1　FAC 的机理

通常认为 FAC 是静止水中均匀腐蚀的一种扩展，其区别在于 FAC 的氧化膜/溶液界面存在流体运动。考虑到金属表面多孔铁磁相膜的存在，FAC 可以分解为两个耦合过程。图 7-1-2 为 FAC 机理简化示意图。

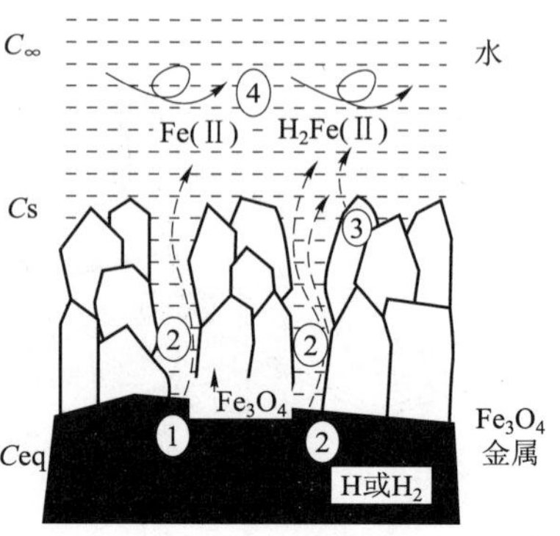

图 7-1-2 FAC 机理简化示意图

第一个过程是在氧化膜/水界面产生可溶解的亚铁离子，该过程可分为三个同时发生的反应：

• 铁在铁/磁铁矿界面的游离氧水溶液中氧化，反应方程式如下：

$$Fe+2H_2O \longrightarrow Fe^{2+}+2OH^-+H_2 \rightleftharpoons Fe(OH)_2+H_2$$

$$3Fe+4H_2O \rightleftharpoons Fe_3O_4+4H_2$$

实验观察得出，在金属/氧化物界面被氧化的铁中有一半转化成 Fe_3O_4。

• 金属表面生成的亚铁离子通过多孔的氧化层扩散到主体溶液当中。假设氧化层中不存在网状环流和水流，亚铁离子的扩散是由浓度梯度控制的。上面两个反应产生的 H_2 可通过多孔氧化层扩散，也可进入到金属当中。

上述的两个过程与均匀腐蚀的过程一致。

• 受溶液中 H^+ 的还原作用，磁铁矿膜在氧化膜/水界面处发生溶解。根据 Sweeton-Baes 反应，这些 H^+ 来自金属/氧化物界面。

$$Fe_3O_4+3(2-b)\ H^+ + H_2 \rightleftharpoons Fe\ (OH)_b^{(2-b)+}+(4-3b)H_2O$$

式中，$b=0,1,2,3$，具体取值取决于亚铁离子的水解程度。

对于一个稳定的过程来说，氧化膜厚度保持不变，铁磁相膜在水/氧化膜层界面的溶解速率和其在铁基体/铁磁相膜界面生成速率相等。这一过程受溶液的 pH 影响，因为由上式可见 H^+ 是一种反应物。

第二个过程是亚铁离子通过扩散边界层向主体溶液迁移的过程，该过程受浓度梯度驱使。假设来自氧化物/水界面溶解和金属基体/氧化物界面的亚铁离子能够通过扩散边界层迅速地扩散到主体溶液中。另外通常假设主体溶液中的亚铁离子 Fe^{2+} 浓度为 C_∞，氧化物/溶液界面的 Fe^{2+} 浓度为 C_s，且 $C_\infty \ll C_s$，在这种条件下，如果氧化物/溶液界面的流体速度增加将导致腐蚀速率上升。

从上面的讨论可知，FAC 过程分为两个步骤，凡是对这两个步骤产生影响的因素必然会对 FAC 过程产生影响，所以既要考虑腐蚀过程（钢的氧化、氧化层溶解、电荷转移等）又要考虑传质过程中各种因素对 FAC 过程产生的影响。详细的影响阐述如下。

7.1.2 FAC 影响因素

FAC 是多种因素综合作用的结果，以下因素对 FAC 影响较大：

(1) 流体动力学因素，包括流体流速、管道表面粗糙度、管路几何形状、蒸汽质量或者双相流体中的气体百分比等；

(2) 环境因素，包括温度、pH、还原剂、氧浓度、氧化-还原电位、水中杂质等；

(3) 金属学因素，主要是指钢的化学成分。其具体影响是：

1) 材料。Cr、Cu、Mo 三种元素在管材中含量有明显作用，其中 Cr 元素对耐蚀性贡献最大，一般来讲，如果管材中 Cr≥1.25%（铁铬氧化物 Fe_2CrO_4 在水中的溶解度极低），对

FAC 的影响将是轻微的；

2）流体、流速。只有在单相水和汽水双相流体中才会发生 FAC，法国、日本在对 PWR 管道进行的试验表明，干燥蒸汽管道不会发生 FAC。单相水流速在 10～15 ft/s、汽水双相流速低于 100 ft/s 时，FAC 速率较小，超过这个流速，FAC 速率随流体流速增加而增大；

3）几何形状。部件、管道的几何形状对 FAC 影响非常大，通常在设备与管子连接的直管段、变径管、弯头、弯后直管、三通、节流孔板下游，阀后直管这些强湍流区更易造成 FAC 损伤。试验表明弯管的流速一般是直管的 2 倍。阀门开度对形成湍流影响也很大，阀门开度越小，越易形成湍流；

4）温度。150～200 ℃是 FAC 的敏感温度，单相流 135 ℃、双相流 180 ℃时 FAC 速率最大，温度高于 250 ℃时，FAC 速率大大降低；

5）水化学。pH 越高，FAC 速率越低；氧含量越高，FAC 速率越低，脱氧中性水中的 FAC 速率比氧化水中的高；

6）氧含量。氧浓度低导致较高腐蚀速率。以前研究认为相对高的氧浓度（100～200 ppm）可能显著减少碳钢管腐蚀速率。近期研究建议小量更有益（在二回路化学含量控制内）。

需要说明的是，有段时间 FAC 曾被称为管道的冲蚀/腐蚀（Ero-sion/Corrosion，简称 EC），但是这两个过程是不同的。冲蚀/腐蚀（EC）过程包括有机械作用（如流体中的固体颗粒、高速流体、液滴（droplet）冲击、磨损等）引起的表面氧化膜剥离过程，而 FAC 过程则是纯电化腐蚀过程（流体只是加速了这一过程）。

在许多情况下，由单相流体和双相流体腐蚀产生的管道表面形态是不同的。在单相流体条件下，当腐蚀速率较高时，金属表面会出现马蹄坑（horse-shoe pits）特征的腐蚀形态，如图 7-1-3 所示，整体上看为扇贝状或橘皮状腐蚀形貌。扇贝状腐蚀形貌常出现在发生管壁严重减薄的大直径管道内表面。在双相流体条件下，大管道表面的冲刷腐蚀形貌为“虎纹”（tiger stripping）状，一般认为这种形貌是由高度湍流的流体造成的。

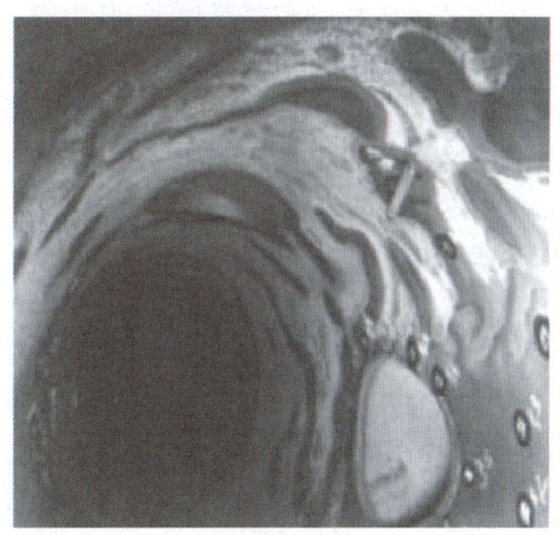

图 7-1-3　单相流体（左）和双向流体（右）发生 FAC 后管道表面形貌

7.1.3 控制FAC的措施

核电厂FAC应当作为一个老化专项进行管理。在确定FAC影响的系统、设备、管道的范围后，制定大纲和计划，进行定期的检查和更换，保证FAC影响的可控性。可按如下方式进行操作：

(1) 敏感系统、设备、管线排查分析

首先应当收集电厂数据，易发生FAC腐蚀的高能系统在选出的系统中，分析确定易腐蚀的管道、设备，如：1) 已经发生减薄的部件以及类似部件；2) 流速限制部件如控制阀门、孔板、内部焊高、蒸汽挡板、热电偶套管；3) 管道几何效应部件，如三通，弯头，增压和减压器(大小头)等。对选定管道，确定哪些需进行壁厚测量(超声测厚)。

(2) 制定监督大纲和检查计划

根据排查结果，制定监督大纲和检查计划，监督管道腐蚀；除常规岛外，大纲和计划还需覆盖核岛厂房内的给水管道，不能留下“死角”。

(3) 确定管道更换时机和方案

管道更换时机由壁厚减薄速率、最小允许壁厚和停堆时间确定。具体更换方案要视现场实际情况确定，可能的更换方案包括：1) 材料替代即改变管道材料；2) 增加减薄处管道壁厚；3) 改变结构形式如延长弯头长度、增大弯头曲率半径等。

(4) 资源及其保障

为保障纠正行动及其有效性，需用以下资源并予以保障：

1) 外部技术支持、经验反馈；

2) 建模，数据库构建，分析与管理计算机软件引进。

同时要持续相关数据的收集：维修检查记录。运行、防腐部门经验反馈。

(5) 已有的FAC模型

现在对FAC发生过程已经有了比较全面系统的了解。但由于FAC受到很多因素的影响，所以到目前为止，还没有一个综合性理论模型能够描述所有的FAC问题，人们只是建立了一些经验模型和解释模型，其中有Berge模型及Berge扩展模型(法国EDF根据此模型开发出了BRT-CICERO软件)、Kastner模型(德国西门子/KWU基于此开发出了WATHEC软件)、Chexal2Horowitz模型(美国EPRI开发出了CHECWORKS软件)、M. I. T. 模型、简化的Sanchez-Caldera模型等和CEGB模型等。C. L. Smith等采用LANL/ASCA风险评估方法，将德国西门子的模型加入到了概率风险评估(PRA)模型中，对管道等所有的失效机理进行统一的老化风险评估。

7.1.4 经验反馈

通过大量的FAC事故经验反馈，下面一些系统被认为是比较容易发生FAC现象的系统，其中单相系统主要有：凝结水和给水系统、辅助给水系统、加热器疏水系统、汽水分离器疏水系统、蒸汽发生器排污系统及其他疏水系统。两相系统主要有：高压和低压加热器抽气管线、到冷凝器的闪蒸管线、密封蒸汽系统、给水加热器排气管线等。

高能汽水管道破裂事件外部事件报告见表7-1-2。

表 7-1-2 高能汽水管道破裂事件外部事件报告

	事件 1	事件 2	事件 3
事件编号和主题	EAR ATL 90－017,Pipe Failures In High-Energy Systems Due To Erosion/Corrosion	EAR ATL 95－004, Condensate Pipe Break Due to Flow-Accelerated Corrosion	EAR ATL 91－038, Pipe Wall Thinning Due to Erosion/Corrosion
机组	Surry 2 Trojan Salem 1	Sequoyah 1	Bruce B, Unit 5 (Ontario Hydro)
事件描述	Surry 2 机组，给水吸入管道断裂,是由于管道几何形状产生湍流导致腐蚀壁厚减薄。Trojan 机组是高压疏水系统阀门下游管道破裂，阀门限值流量导致局部湍流条件而发生腐蚀壁厚减薄。Salem 1 机组主汽轮抽气系统管道破裂,原因是管道几何尺寸	冷凝管道(a test-metering section)破裂	Ontario Hydro(安大略)正在执行 1987 年就建立的腐蚀 Erosion-Corrosion (E-C) 检查大纲。选择检查的部位之一是 SG 水位控制阀门下游管道和部件。发现一个大小头减薄到 57.5% 名义壁厚
后果	大量蒸汽和热水释放,导致人员伤害和设施损坏或失灵,也可能产生严重的瞬态		
系统或区域	给水 feedwater，给水加热器疏水 Feedwater Heater Drain，抽汽系统 Extraction Steam	Condensate	SG 水位控制阀门下游管道和部件
总结	碳钢管道由于腐蚀后壁厚减薄已经导致许多高能系统管道(大于 200F)破裂。导致流致腐蚀的条件包括管道材料:使用 FAC 敏感的材料如碳钢,流体动力学(流体流速、管道几何性质,流量限制件如阀门和管嘴下游),其他如水化学(如 pH、氧含量和湿度)和温度。单相和双相(汽水)系统均发生腐蚀损坏现象。典型的受影响系统包括给水、高压疏水和抽气系统		
直接原因	设计缺陷:系统布置不合理,设备规范材料选择不合理	文件(流程图)错误(没有实施现场检查,没有采用对系统熟悉的人员)变更管理(电厂设计没有审核)设计控制	
根本原因	流动加速腐蚀 FAC	FAC	FAC
纠正措施	管道更换,类似区域壁厚检查		更换大小头,目视检查
	事件 4	事件 5	事件 6
事件编号和主题	MER ATL 01－027,Unanticipated Feedwater Pipe Wall Thinning from Flow-Accelerated Corrosion	ENR TYO 04－013,Workers Death/injury and a Reactor Trip due to Rupture of Condensate Pipe	MER TYO 02－015,Shell Thinning on Feedwater Heater

续表

	事件 4	事件 5	事件 6
机组	CallawayWolf Creek Generating Station	MIHAMA 3	Maanshan Unit 1，Unit 2（Taiwan Power Company），1984/1985
事件描述	Callaway 检查发现主给水系统主要的 14 in 弯头已经减薄到最小壁厚以下，有些设备预计在下次大修前就会减薄到不符合技术规范	美滨 3 号机组第四低压给水加热器至排气器之间的冷凝配管）处破裂	(1) 为响应 NRC－IN－99－19 对两机组全部 24 个给水加热器进行超声测厚。结果表面有些有显著减薄； (2) 高压加热器最薄区域位于抽气进口管嘴附近； (3) 低压加热器最薄区域位于抽气进口附件，原因是两相流流经支撑板和壳体时的冲刷，现象有点像泵的汽穴现象； (4) HP heater 出口管嘴也发现壁厚减薄。所有从高压缸处理的抽气管道(除了管嘴)换成不锈钢的
后果		高温、高压水从破口处涌出，工作人员 4 死 7 伤	
系统或区域	主给水系统	给水加热器	高加、低加
总结	自 20 世纪 80 年代以来减少 FAC 效应成为核工业主要目标。但 FAC 造成意外的管道腐蚀仍发生。根据经验要进行： 1) 有选择的开展和调整管道检查； 2) 如果条件变化，评价可能影响 FAC 的条件； 3) 必须承认 FAC 由于系统中水化学、合金成分、温度和流量变化影响是局部发生； 4) 工业和民用经验与预计管道要进行检查的模型结合好，确保大纲有效		
直接原因			
根本原因	FAC	FAC	FAC
纠正措施		更换管道	HP 给水加热器减薄部分补焊；内壁加衬垫；部分进口管嘴换成不锈钢的 LP 给水加热器根据 UT 结果切割下来换成新筒体材料 建立全面检查计划

7.2 汽轮机系统的腐蚀和老化

7.2.1 汽轮机

汽轮机由一个高压缸和三个低压缸组成。高温饱和蒸汽在高压缸做功后经过汽水分离再热器除湿再热后，进入低压缸继续做功。

高压缸缸体由含一定量 Cr、Mo 元素的钢制造，在水平中分线上分成两半。隔板也由含一定量 Cr、Mo 元素的钢制造，整个蒸汽流道为铁素体不锈钢，高压缸动叶片由中等强度的 CrMo 钢制造，高压和低压转子用含一定量 NiCrMoV 钢制造。低压缸的内缸和外缸都由碳钢制造，低压缸隔板由铁素体不锈钢制造。低压缸动叶片由中等强度的铁素体不锈钢制成，末级叶片的前缘装有一片抗腐蚀的史太立硬质合金的覆盖层。轴承座，包括壳体和轴承盖，由球墨铸铁制造。具体部件材料请见表 7-2-1。

表 7-2-1 汽轮机各部件材料牌号

<table>
<tr><th colspan="2">高压缸</th><th colspan="3">低压缸</th></tr>
<tr><th>部件名称</th><th>材料牌号</th><th colspan="2">部件名称</th><th>材料牌号</th></tr>
<tr><td>转子</td><td>30Cr2Ni4MoV</td><td>转子</td><td></td><td>30Cr2Ni4MoV</td></tr>
<tr><td rowspan="3">缸体</td><td rowspan="3">ZG15Cr2Mo1</td><td rowspan="3">外缸</td><td>无缝管</td><td>B/HJ490 - 93/20</td></tr>
<tr><td>钢板</td><td>Q235A</td></tr>
<tr><td>碳素镇板</td><td>Q235B</td></tr>
<tr><td rowspan="3">隔板套</td><td rowspan="3">ZG0Cr13Ni4Mo</td><td rowspan="3">内缸</td><td>无缝管</td><td>B/HJ490 - 93/20</td></tr>
<tr><td>钢板</td><td>Q235A/16MnR</td></tr>
<tr><td>碳素镇板</td><td>Q235B</td></tr>
<tr><td rowspan="2">叶片</td><td rowspan="2">1Cr12Mo</td><td rowspan="2">叶片</td><td colspan="2">1～5 级 1Cr12Mo</td></tr>
<tr><td colspan="2">6～7 级 0Cr19Ni9</td></tr>
<tr><td>轴承瓦块</td><td>B/HJ454 - 93/巴氏合金</td><td>轴承瓦块</td><td colspan="2">B/HJ454 - 93/巴氏合金</td></tr>
</table>

7.2.2 GPV 系统的腐蚀风险分析

通过对 GPV 系统所面临的腐蚀环境分析及对 GPV 系统设备部件的功能和材料的分析，可以得出 GPV 系统的腐蚀风险有以下两点。

(1) 汽轮机的腐蚀风险

汽轮机是二回路汽水系统中最关键的设备之一，而腐蚀是汽轮机主要失效模式之一。汽轮机的主要腐蚀模式有：腐蚀疲劳(CF)、应力腐蚀开裂(SCC)、点蚀(Pitting)和冲刷腐蚀(Erosion-Corrosion, EC)，具体见图 7-2-1 和表 7-2-2。

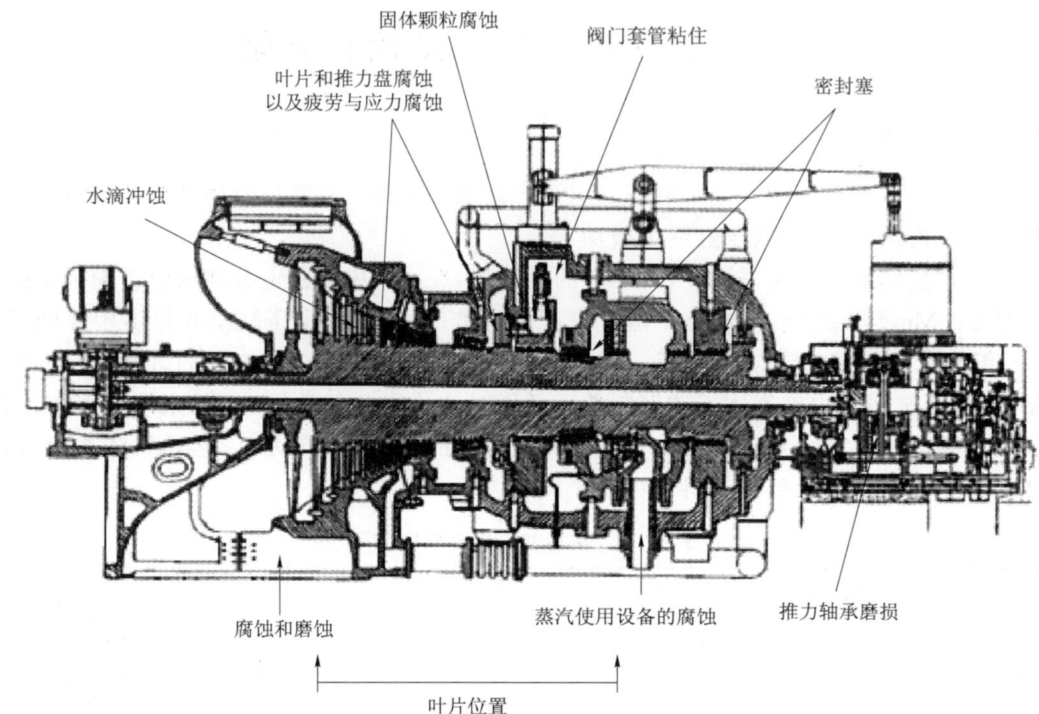

图 7-2-1　汽轮机腐蚀的主要部位和模

表 7-2-2　汽轮机的主要腐蚀模式

Component	Material	Corrosion mechanisms[(1)]
Rotor	CrMoV, NiCrMoV low alloy steel forging	P, SCC, CF, E
Shell	CrMoV low alloy steel casting, C-steel	SCC, C-E
Discs-bucket wheels	NiCrMoV, CrMoV, NicrMo low alloy steel forging	P, SCC, CF, CE
Dovetail pins	CrMo low alloy steel	SCC
Bucket tie wires	12Cr stainless steels (ferritic and martensitic)	SCC, P, CF
Shrouds-bucket covers	12Cr stainless steels, 17 - 4 PH	P, SCC
Blades-buckets	12Cr stainless steels, 17 - 4 PH	P, CF, SCC, E
Stationary blades	304 SS	SCC, SCC-LCF
Expansion bellows	AISI 321, 304, austenitic stainless steel, Inconel 600	SCC, SCC-LCF
Erosion shields	Stellite type 6B - weld deposited or soldered	SCC, E
Bolting	Incoloy 901, Refractalloy 25, Pyromet 860	SCC, SCC-LCF
Wet steam piping	Carbon steel	CE

(1) P — Pitting, SCC — stress corrosion, CF — corrosion fatigue, CE — erosion-corrosion, E — erosion, LCF — low cycle fatigue.

其中叶片的腐蚀疲劳和叶轮的应力腐蚀开裂是人们经常关注的腐蚀模式。

在低压缸(LP)的叶片中，L－1R 叶片的失效频率最高，如图 7-2-2 所示。主要的原因有两个，一个是热力学方面的原因，在 L－1R 叶片处的温度经常比水蒸气的饱和温度稍高一些；另一个原因是因为高速流体的冲击、振动应力和温度变化导致的热应力的交互作用。叶片的主要失效模式见表 7-2-2，叶轮和转子的主要失效模式见表 7-2-3，图 7-2-3 则是叶轮腐蚀的具体位置。要找到腐蚀的真正原因，分析这些位置的温度、压力、化学条件、湿蒸汽速度和应力状态往往是非常重要的，图 7-2-4 所示则是汽轮机局部的环境。

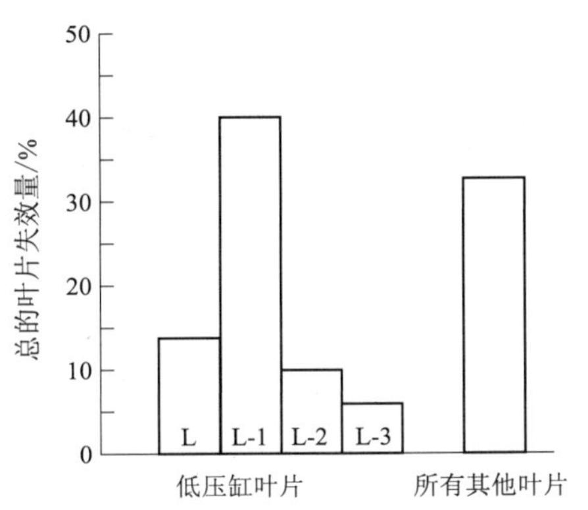

图 7-2-2 美国常规电厂叶片失效分布

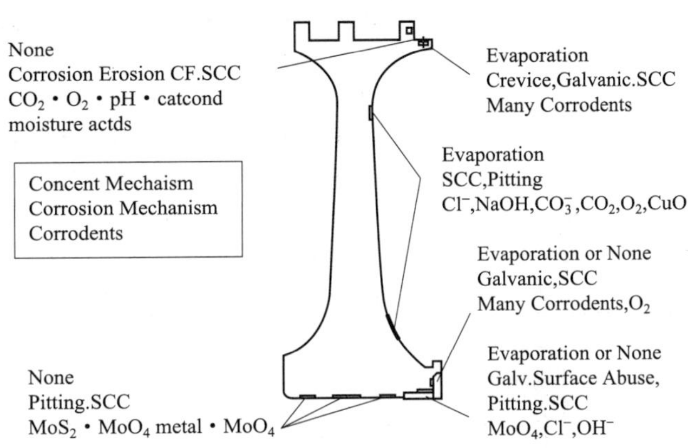

图 7-2-3 叶轮失效的模式和具体位置

表 7-2-3 叶轮和转子的腐蚀模式和原因

(a)

Cause of failure	LP	IP	HP
1. Unidenliliedno reason glven	38%	27%	33%
2. Stress corrosion, corrosion faligue	24%	6%	8%
3. Design related	9%	43%	8%
4. System resonance	5%	—	2%
5. Flow excitation	5%	—	7%
6. Feedwater chemistry	5%	—	2%
6′. High carryover from boller			
6″. Contaminated attemperation water			
7. Erosion	5%	16%	17%
8. Nozzie resonance	3%	—	7%
9. Partial admission loading	2%	—	8%
10. Water induction	2%	6%	4%
11. Other reasone given	2%	2%	4%
12. Resonance due to manufacture-loterances			
13. Pitting during storage and layup			
14. Wrong heal treatment (high YS)			
15. Riveting cracks in tennons			

(b)

Location	Possible mechanism and causes
Disc keyways	SCC, high stress, poor surface finish, crevice, corrosive cutting fluid (Cl^-), MoS_2, steam-borne impurities, salt zone
Flow-through keyways	Add erosion-corrosion, hot surfaces in wet steam
Disc bore	SCC, marginal stress, crevice, MoS_2, salt zone, pitting, fretting
Disc face	SCC, hot surface in wet steam, steam-borne impurities, marginal stress
Disc rim	SCC, CF, erosion-corrosion initiation, hot surface in wet steam, in salt zone, high stress, steam expansion through blade root-steeple crevice and seals, galvanic and crevice effects
Steeples	CF, SCC, erosion-corrosion initiation, marginal steady and vibratory stress, steam-borne impurities, hot surface in wet steam, adiabatic steam expansion through seals and crevices, salt zone, galvanic effects
Rotor near glands	Erosion-corrosion initiation, CF, condensing gland steam, salt zone, air in gland steam or water
All	Pitting during storage, erection, and unprotected layup

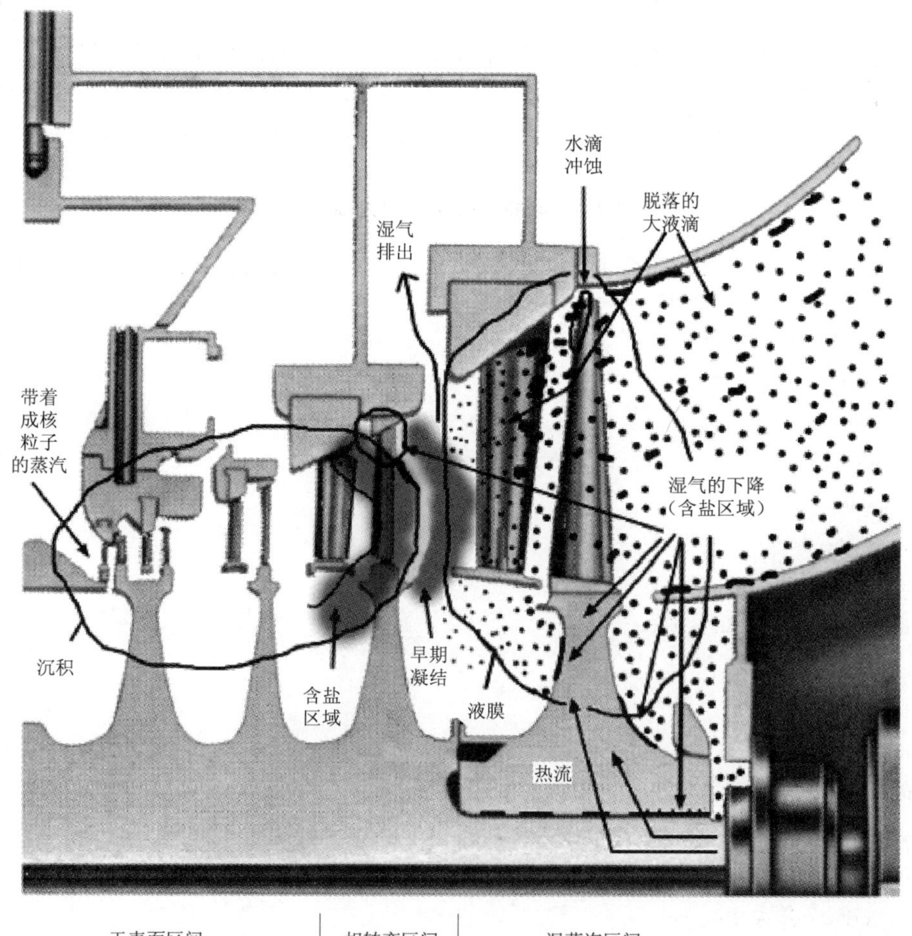

图 7-2-4 低压缸的截面图

冲蚀腐蚀不但是湿蒸汽碳钢管道的失效模式（这部分内容在下一节讨论），汽轮机同样也有，特别是核电站，蒸汽湿度比常规电站大，汽轮机冲蚀现象更严重。另外，像静叶片、螺栓等部件则有 SCC 和 CF 的交互作用。

（2）GPV 管线的流体加速腐蚀风险

GPV 系统的冷再热管线、热再热管线及疏水管线的介质都是汽液两相流体，对设备有一定的冲刷腐蚀作用，在以前的二回路的选材导则里已经作了详尽的介绍，这里不再赘述。

7.2.3　GPV 系统现有的防腐蚀设计和选材评价

GPV 系统的介质为二回路高温高压蒸汽，及汽液两相流体，二回路的水是经过除盐、除氧处理的，并经过加入缓蚀剂，介质的腐蚀性相对比较弱。GPV 系统在防腐选材时选用了与腐蚀环境匹配的材料，用到的材料为碳钢、合金钢和不锈钢。从过去的运行经验看，出现过的腐蚀问题大都是存在两相流体情况下的冲刷腐蚀。整体上讲，GPV 系统的防腐设计和选材是合理的，但局部的腐蚀问题还应引起重视。

汽轮机是二回路汽水系统中最关键的设备之一，汽轮机的体积大、结构复杂，腐蚀失效的方式比较多，主要腐蚀模式有：腐蚀疲劳（CF）、应力腐蚀开裂（SCC）、点蚀（Pitting）和冲刷腐蚀（Erosion-Corrosion，EC），一旦出现腐蚀问题，维修及更换比较困难。腐蚀虽然进行缓慢，但是用不停息，在设备的整个寿期内，应该重视汽轮机的腐蚀问题，加强腐蚀监测和老化管理。

7.2.4　总结和建议

GPV 系统在设计的时候已经考虑到了二回路高温高压蒸汽和汽液两相流体对设备的腐蚀破坏作用，并采取了有效的防腐措施。因此从整体上看，GPV 的防腐设计是合理的，但是，多年的运行过程中还是暴露了防腐设计方面及防腐蚀管理方面的某些不足之处。目前，GPV 系统存在的主要的腐蚀问题有：

（1）目前还没有关于汽轮机的腐蚀老化管理大纲；

本教材针对以上缺陷提供了防腐设计和选材的改进建议，仅供参考，现场具体实施过程仍需要按电站的程序进行。

（2）建议建立汽轮机的专项腐蚀老化管理大纲；加强对汽轮机的防腐蚀监测及老化管理力度。

7.3　系统、设备局部的温差腐蚀

系统、设备局部的温差腐蚀主要发生在有热水和冷水直接接触的碳钢表面。如图 7-3-1 所示。

图 7-3-2 中冷水入口对应的环上，管共有喷嘴 30 个，其中有 13 个喷嘴口（分布在入水管口两侧）出现不同程度的腐蚀，以冷却水管入水口为起点，一侧 6 个，另一侧 7 个（如图 7-3-3 和图 7-3-4）。

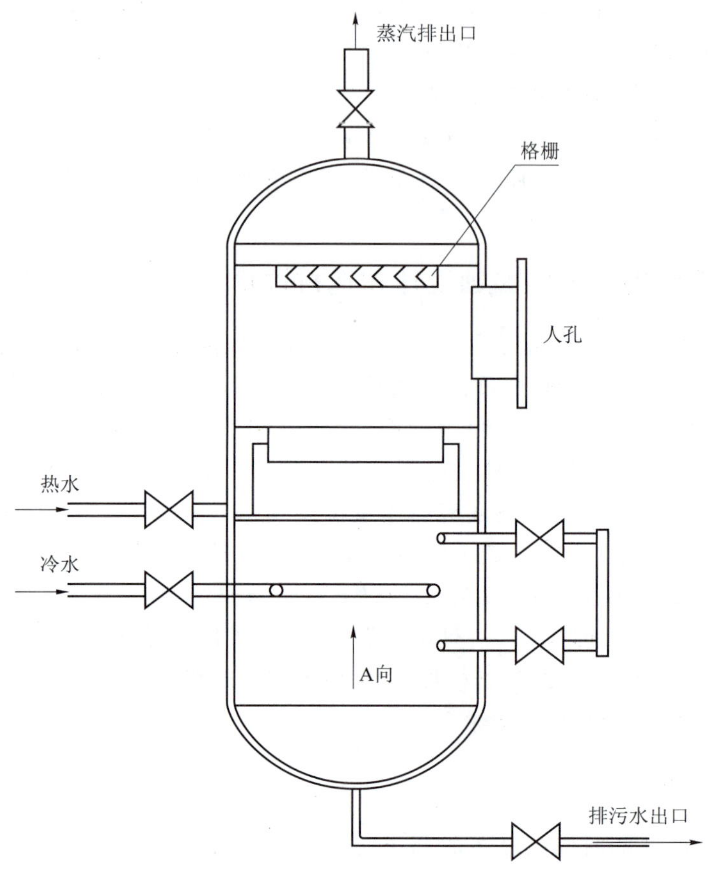

图 7-3-1 典型的温差腐蚀容器内部结构

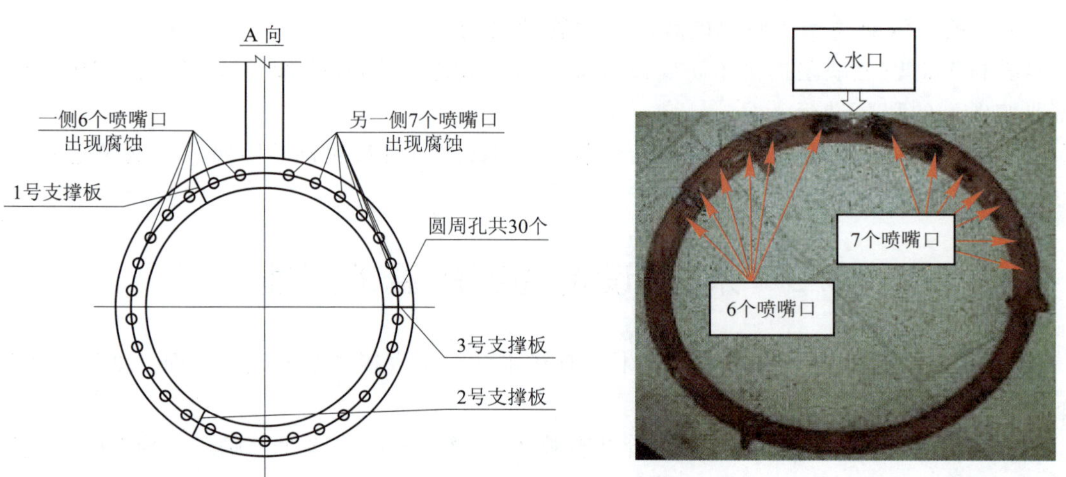

图 7-3-2 冷却水环形管腐蚀分布图

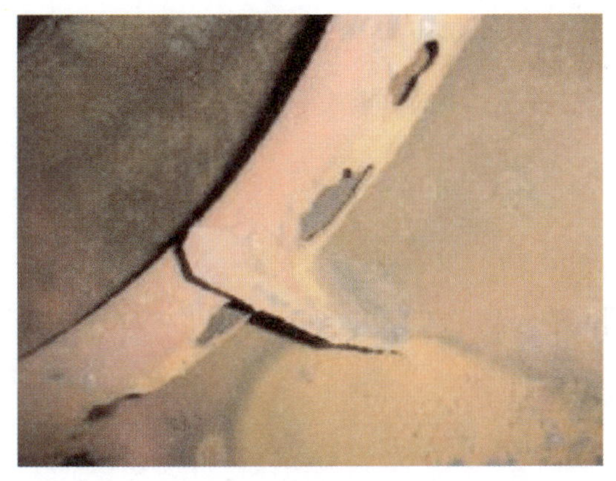

图 7-3-3 喷嘴口腐蚀情况

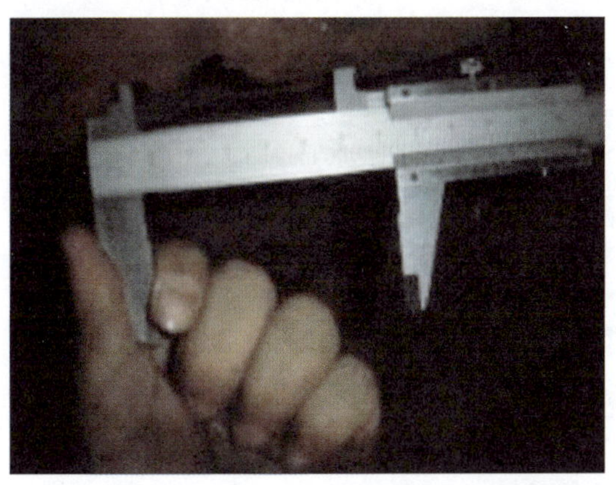
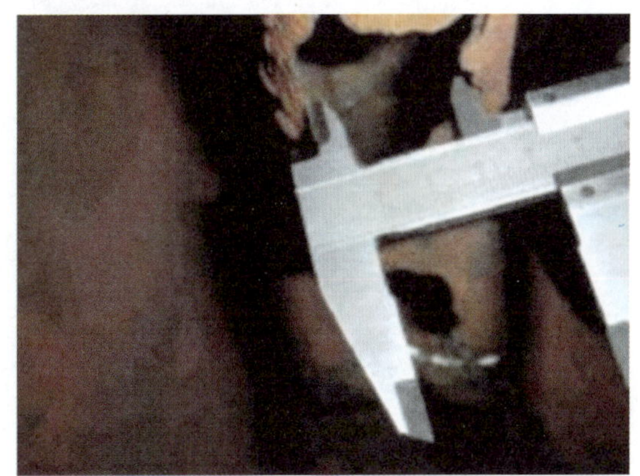

图 7-3-4 腐蚀后冷却水管喷嘴口变化情况

• 温差腐蚀原因

冷却水为常温的饮用水，热水温度较高，为 150 ℃以上。当进行冷却时，冷却水管的内外表面容易形成温差。从腐蚀的角度认为，当碳钢内外表面有温差时，不同温度的碳钢会产生不同的电位，温度高的金属电位低，成为阳极，而温度低的金属电位高，成为阴极，从而碳钢在含有氧和腐蚀性介质的饮用水中产生温差腐蚀。温差越大，电位差也就越大，腐蚀的倾向也就越大。在环形冷却管中，入口区域的内外表面温差最大，随着离冷却水入管口距离的增加，冷却水管中的水不断被加热，温差不断减小，在离入口的最远端，温差最小。所以在冷却水入口管附近，腐蚀的倾向越大，而离冷却水入口越远，腐蚀倾向越小。为此腐蚀发生在入口管附近的喷嘴口，且离入口管越近腐蚀越严重，而离入口管的远端，喷嘴口无明显变化。

另外，冷却水管的喷嘴口附近，为物理性能相对薄弱区和流态变化区，属于腐蚀敏感部位。为此，腐蚀往往从喷嘴口附近开始发生。从冷却水的运行方式看，离入口管越近，其喷嘴的流速越大，而离入口管越远，其喷嘴的流速越小。为此，在冷却水入口管附近的喷嘴口，腐蚀产物更容易被冷却水冲刷走，从而露出碳钢金属本体，腐蚀能进一步进行。而在冷却水入口管远端的喷嘴口，流速较小，腐蚀产物容易在碳钢表面沉积，阻止腐蚀的进一步发生。

复习思考题

1. FAC 的机理是什么？
2. FAC 影响因素有哪些？
3. 控制 FAC 的措施有哪些？
4. 汽轮机系统的腐蚀和老化的主要形貌是什么？
5. 温差腐蚀的机理是什么？

第八章　核电厂酸碱盐系统的腐蚀与防护

核电厂的腐蚀类型很多,在此章中,主要介绍酸、碱、盐系统的腐蚀,它们通常出现在核电厂的加药系统,制水系统,水质处理系统和废液排放系统中,当这些酸、碱、盐系统材料选择不当或防护层失效时,腐蚀失效会以非常快的速度显现出来,这种失效十分类似化工厂的腐蚀失效,它们虽然与核安全无关,但会影响生产甚至人身安全。

8.1　酸碱盐环境中金属的腐蚀机理

由于水处理的需要,使用了大量的酸、碱、盐的溶液、高分子电解质溶液,其中涉及的主要化学物质包括:不同浓度的盐酸和硫酸、不同浓度的氢氧化钠、氨水、次氯酸钠、亚硫酸钠、三氯化铁等。这些溶液都具有很强的腐蚀性,储存、计量、输送和控制它们的设备都面临这种腐蚀环境。

这类环境的代表系统有:SEA(次氯酸钠、混凝剂)、SDA(浓盐酸、浓氢氧化钠、反渗透用试剂)、ATE(浓硫酸、浓氢氧化钠)、EAS(浓氢氧化钠)、CTE(氯化钠、次氯酸钠)、SIR(氨、联氨、缓蚀剂)、XCA(联氨、磷酸钠)。

8.2　防腐蚀设计和选材的评价(酸碱盐系统的防腐蚀设计和选材)

酸碱盐系统由于腐蚀介质种类繁多,在设计的时候进行了适当的选材与防腐蚀设计。如与树脂进行接触的阳床、混床以及它们的再生设备也可采用衬胶,酸碱罐可采用衬胶,管道则根据不同环境应选用不同材料和防腐措施。用到的耐蚀材料有 304L、316L、Hastelloy C、玻璃钢、聚丙烯、工程塑料、衬塑、浸塑、衬胶、各类涂层等。

由于酸碱盐系统的腐蚀十分近似于化工系统中的腐蚀,其设计和选材是比较成熟的。但需要说明的是,在核电酸碱盐系统中所有金属设备、容器、管道外部都应有良好的、一定厚度的涂层进行防腐。下面作简要总结和分析。

8.2.1　泵

防腐措施:设计时,为了保证泵的性能,通常内表面都没有采用附加的防腐措施,只是依照不同的腐蚀环境选用了不同的耐蚀材料。

其中与氢氧化钠、氨水高分子电解质溶液等碱性溶液接触的泵的材料可以选用 316 不锈钢,而与盐酸、次氯酸钠、三氯化铁等酸性溶液接触的泵的材料选用高分子材料,可以为 PVC 工程塑料,聚四氟乙烯等。外表面采用涂料进行防腐。

同时，我们能够见到，在盐酸介质的泵中使用 Hastelloy C 合金，它是一种镍基的镍铬钼合金，对应的中国牌号是 0Cr15Ni60Mo16W4，对应的美国牌号是 NS333。

Hastelloy C 能耐温度低于 70 ℃的硫酸腐蚀；能耐室温下各种浓度盐酸、氢氟酸腐蚀。Hastelloy C 合金能耐任何浓度、任何温度的亚硫酸腐蚀；能耐室温全浓度和较高温度稀浓度硝酸腐蚀。其成分为 0.08%C、54%Ni、14%～16%Cr、15%～17%Mo、3%～4.5%W、4%～7%Fe。焊接后的 Hastelloy C 合金在盐酸等一些介质中存在晶间腐蚀，这是由于合金从高温冷却经 1 150 ℃至 600 ℃时，有富钼、富铬或富铬、钼的碳化物和金属间相析出，造成晶界临近区钼、铬严重贫化而引发的。采用降低碳、硅来减少碳化物和金属间相析出量，从而提高合金耐晶间腐蚀能力，由此发展为第二代合金 Hastelloy C-276(00Cr15Ni60Mo16W4)。但是 Hastelloy C-276 并不能完全避免焊后晶间腐蚀，于是人们进一步降低合金的碳含量和铁含量，并去掉钨，加入稳定化学元素钛，开发了具有耐晶间腐蚀的合金 Hastelloy C-4(00Cr16Ni63Mo16Ti)。

必须要注意的是，任何钢在酸碱盐环境中都不能像高分子材料那样免于腐蚀，只是根据耐蚀情况不同寿命不同而已。图 8-2-1 所示即为实例。

图 8-2-1 最耐腐蚀的双相不锈钢也在使用 8 年后因腐蚀不可用

8.2.2 罐和其他容器

这些容器和储罐按材料来分可以分为三类：金属容器或储存罐、高分子材料容器或储存罐和混凝土容器或储存罐。

它们可以使用衬胶罐，即用碳钢材料作基体，用橡胶衬里作防腐层。胶种可以选择天然橡胶，但是软胶还是硬胶则有区别。通常阳床、混床及它们的再生用罐，都是软胶，盐酸和氢氧化钠储存罐和测量罐则用硬胶。

在酸碱盐系统的一些热水罐和压空罐可以使用涂层防腐。可用涂层很多，有记录的为磷酸锌类涂层。

当需要使用高分子容器时，可查的材料为聚丙烯材料、高密度聚乙烯、玻璃钢材料。

需要使用混凝土罐时，内表面通常采用玻璃钢材料或涂层进行防腐。

在这些容器中，需要特别说明的是氨水储存罐的选材，通常认为内衬橡胶是防腐的手段，事实上，对于氨水储存罐采用碳钢衬胶应该是一种设计上的失误。因为，橡胶在氨水的作用下，高分子连断裂速度快，进而使胶板开裂，老化速度非常快，一般经验寿命为 5 年左右。所以在现场的氨水储罐通常使用没有内部防腐的 316L 储罐，其原因是，氨水中存在以下平衡反应

$$NH_3 + H_2O \rightleftharpoons NH_3 \cdot H_2O \rightleftharpoons NH_4^+ + OH^-$$

因此，氨水呈弱碱性。选用氨水储存罐材料，防腐方面的要求只要材料在氨水的弱碱性环境下能钝化就可以了。不锈钢材料，因为 Cr 含量高，在这种弱碱性环境下容易钝化，并能形成致密的钝化膜，应该是一种不错的选择。实际情况来看采用 316L 不锈钢作氨水储存罐，从调试到运行至今，使用情况一直良好。

另外，氨水储存罐的选材和防腐还有两点需要注意：

(1) 不要在氨水(或氨气)环境下使用铜或铜合金部件，以防止部件龟裂；

(2) 不要在氨水(或氨气)环境下使用有机材料，包括衬里、涂层等，作防腐措施，以防止有机材料快速老化。

8.2.3　管道

我们用到的管道种类有：碳钢、碳钢镀锌、碳钢衬胶、碳钢浸塑、碳钢衬塑、Cr-Mo 合金钢、不锈钢、工程材料。其中，与空气接触的管道可采用碳钢镀锌管，与酸碱接触的管道可采用碳钢衬胶管，凝结水管道可采用铬钼合金钢，与浓盐酸接触可采用碳钢衬塑，排放水接触采用碳钢浸塑，与热水、循环水、除盐水、树脂、处理过的凝结水接触的管道采用 304L 不锈钢材料，ABS 工程塑料管用于排气管。

8.3　酸碱盐系统的腐蚀风险分析

综合考虑上面酸碱盐系统设备面临的环境和各设备部件所用的材料，这些系统可能面临的腐蚀风险有：(1) 材料不耐所对应环境下的腐蚀的风险；(2) 强腐蚀性溶液泄漏导致设备外表面腐蚀的风险；(3) 盐雾环境下金属材料腐蚀的风险；(4) 防腐材料老化带来的腐蚀风险；(5) 防腐施工不合格的腐蚀风险。

8.3.1　材料不耐所对应环境下的腐蚀的风险

材料不耐所对应环境下的腐蚀，主要表现在两个方面：一个是设备部件材料在设计选材的时候考虑不周而不耐所对应的环境的腐蚀。例如在氯离子环境下，不锈钢材料可能发生点蚀、缝隙腐蚀和焊缝区的晶间腐蚀，如中和池管道中就有 304 不锈钢管道，由于对应的环境氯离子含量高，发生这些腐蚀问题的可能性很大。另一方面的问题是设备部件材料本身是耐对应环境的腐蚀的，但是设计时对加药点考虑不周而导致加药点下游设备的腐蚀，例如盐酸、氢氧化钠等强腐蚀性环境加药点下游的设备都有这种腐蚀的风险。图 8-3-1 所示的

是选材不正确导致的几个腐蚀情况。

图 8-3-1　选材不正确导致的几个腐蚀情况

酸碱盐系统使用了大量的不锈钢材料，主要有两种，即 304 和 316。在介质中加有 $FeCl_3$ 和 NaClO 等药物后。前者是絮凝剂，后者的作用是杀死生水中微生物。这两种溶液的加入，都会给 SDA 系统带入大量的 Cl^- 离子。在 Cl^- 离子作用下不锈钢会发生腐蚀。通过海水系统的运行经验表明，316SS 耐点蚀能力比 304SS 要强，但也不能完全避免在氯离子环境下的点蚀、晶间腐蚀和缝隙腐蚀、应力腐蚀开裂等腐蚀模式。因此，不锈钢设备的腐蚀问题值得关注。

8.3.2　强腐蚀性溶液泄漏导致设备外表面腐蚀的风险

在酸碱盐系统里，大量的使用了碳钢衬胶和碳钢衬塑设备，这些设备的内表面覆盖了高分子材料层，不易发生腐蚀问题，但是设备的外表面相对脆弱，通常只有一层薄薄的用于美观和最基本的防止大气腐蚀的涂层(并且通常没有预防性防腐项目)。这些设备大都在强腐蚀性环境下使用，一旦设备发生了泄漏，例如泵的机械密封泄漏、设备或管道法兰的泄漏、阀门盘根的泄漏等，强腐蚀性介质就会流到设备的外表面，设备外表面的脆弱涂层通常无法有效抵抗如此强烈的腐蚀性介质而使碳钢基体受到腐蚀的破坏。这种外表面的腐蚀往往使设备的强度降低或发生局部外部腐蚀穿孔。同时强腐蚀性溶液通常会泄漏到地面从而严重腐蚀设备的支架和地面(见图 8-3-2)。

8.3.3　盐雾环境下金属材料腐蚀的风险

酸碱盐系统的有些房间(通常是盐酸储存间)会因为盐酸的强挥发性，使得其存在盐雾

图 8-3-2 外壁被腐蚀的盐酸管道

环境，会使房间内设备腐蚀速度加快（这样会加快房间内设备的腐蚀速度）。

8.3.4 高分子材料设备老化带来的腐蚀风险

酸碱盐系统为了防止强腐蚀剂对设备部件的腐蚀，大量使用了高分子材料，如玻璃钢、PVC、高密度聚乙烯、聚丙烯塑料、ABS 工程塑料、各种橡胶材料等。这些高分子材料抗蚀能力强，大都在强腐蚀性环境下使用，如盐酸、氢氧化钠、废水等，但是这些高分子聚合物材料的使用寿命有限，一般在一定的使用年限后，高分子材料会由于聚合度的降低而使材料的强度、硬度、韧性等多项性能降低，也就是说由这些材料制成的设备随着年限的增长而会发生老化破损的风险，进而有造成附近大量设备腐蚀的风险（见图 8-3-3）。

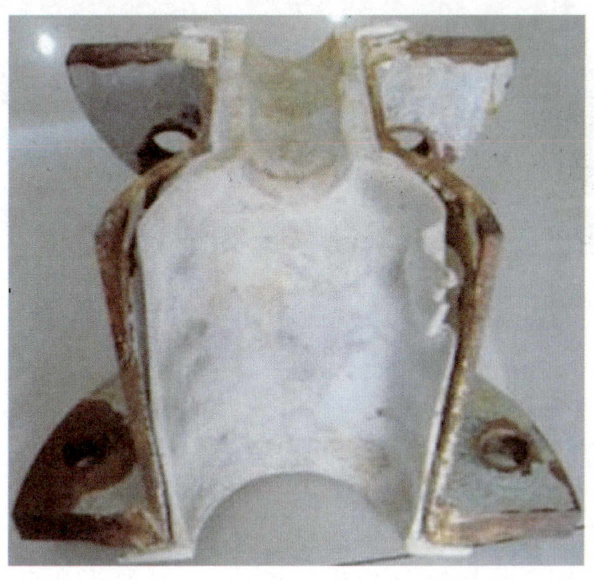

图 8-3-3 内部衬层老化的衬塑管道

8.3.5 防腐材料溶出物检测对系统的影响

酸碱盐系统通常是处理二回路水质的系统，对水质要求非常严格，特别是除盐床下游的水质，如果被污染，则直接进入系统回路，会引起水质超出技术规范要求，可能引起不必要的腐蚀。设备内表面防腐材料直接与工艺水接触，如果有溶出物，则会污染工艺水。

由于核电站很多系统，如二回路系统、酸碱盐系统和除盐水生产系统，对水质要求都非常严格，如果防腐材料存在溶出物，往往会污染水质。特别是一些敏感的杂质离子，如氯离子、硫酸根离子等。因此严格控制内表面防腐材料的使用，防止其溶出物污染工艺水是必要的，这就要求对内表面防腐材料进行严格的检测。防腐材料溶出物的检测通常的办法是进行浸泡试验，然后检查浸泡溶液中杂质离子的含量。当然，其检测的标准必须是统一的。

8.4 建设阶段防腐设计审查与施工监督带来的腐蚀风险

由图 8-4-1 可以看出，制造质量不合格的衬塑管会在非常短的时间内失效穿孔，对环境的影响会导致其他设备的腐蚀。由此可以看出，建设阶段一个小小的防腐失误，往往会造成运行阶段重大的损失。因此，加强建设阶段防腐蚀设计的审查和防腐施工质量的监督具有重大意义。

图 8-4-1 质量不过关的内部衬塑管道

复习思考题

1. 核电厂主要用到的腐蚀化学物质有哪些？
2. 酸碱盐系统的腐蚀风险分析如何评估，本厂的此类风险有哪些？
3. 新建核电厂如何防止此类腐蚀风险的产生？

第九章　缓蚀剂及其在核电行业中的应用

9.1　概　述

9.1.1　缓蚀剂的定义、特点

缓蚀剂来自拉丁语 inhibere(抑制)，英文为 corrosion inhibitor，美国 ASTM-G15-76 标准把缓蚀剂定义为:“一种以适当的浓度和形式存在于环境(介质)中，即可以防止或减缓腐蚀的化学物质或复合物”。

缓蚀剂与其他金属防护方法对比有如下的一些特点：

(1) 可以不改变金属构件或制品的本性；

(2) 由于用量少，添加后，介质的性质基本不变；

(3) 应用缓蚀剂，一般无特殊的附加设施，使用简便，易于操作。

9.1.2　缓蚀剂作用及缓蚀效率

(1) 缓蚀作用

钢片在硫酸溶液中会遭到腐蚀而溶解。如果向烧杯酸液中加入几滴 7701 缓蚀剂或加入少量乌洛托品(六次甲基四胺)，钢片腐蚀溶解迅速减慢，这种将缓蚀剂添加于腐蚀介质中能大大地降低金属在介质中的腐蚀速率的现象，称为缓蚀作用。

(2) 缓蚀效率

评定缓蚀剂在腐蚀性介质中对金属缓蚀作用的大小，可用缓蚀效率 η 来表示

$$\eta=\frac{V_0-V}{V_0}\times 100\%=\left(1-\frac{V}{V_0}\right)\times 100\% \tag{9-1}$$

式中，V_0——未加缓蚀剂时金属的腐蚀速度；

V——加入缓蚀剂后金属的腐蚀速度。

在有些文献中也有用抑制系数(γ)来表示缓蚀剂对金属的保护效果的。

$$\gamma=\frac{V_0}{V} \tag{9-2}$$

γ 与 η 有如下关系：

$$\gamma=\frac{1}{1-\eta} \tag{9-3}$$

由式(9-2)和式(9-3)可以看出，缓蚀剂的缓蚀效率 η 越大，抑制系数 γ 也越大，缓蚀剂对金属保护效果越好。反之，η 越小，缓蚀效果越差。

必须指出，在某些情况下，如果存在着局部腐蚀，单凭缓蚀效率还不足以评价缓蚀剂的保护效果。如某些“危险性”的缓蚀剂，虽然添加这类缓蚀剂后使金属腐蚀速度降低，但金属

却有可能发生小孔腐蚀而受到局部破坏。因此，评定这类缓蚀剂能否在实际中应用，还要看金属有无发生点蚀现象。

9.1.3 缓蚀剂的分类

由于缓蚀剂应用十分广泛，产品种类繁多，以及缓蚀剂作用机理的复杂性，迄今为止尚缺乏一个既能把各种缓蚀剂分门别类，又能反映出缓蚀剂组成、结构特征和缓蚀剂作用机理内在联系的完善的分类方法。常见的分类方法有以下几种。

(1) 按使用介质分类

按此分类可将缓蚀剂分为酸性介质缓蚀剂、中性介质缓蚀剂、碱性介质缓蚀剂、油溶性和气相介质缓蚀剂等。

(2) 按缓蚀剂的化学组成分类(见图 9-1-1)

(3) 按对电极过程的影响分类

根据缓蚀剂在介质中对金属电化学腐蚀过程的影响分为阳极型、阴极型和混合型缓蚀剂。

(4) 按缓蚀剂在金属表面形成保护膜特征分类

根据缓蚀剂在金属表面形成保护膜的特征可分为氧化膜型缓蚀剂、沉淀膜型缓蚀剂及吸附型缓蚀剂。

(5) 其他分类

按缓蚀剂保护金属种类分类，有黑色金属缓蚀剂和有色金属缓蚀剂；按水和非水介质分类，有水和非水介质缓蚀剂以及动、植物组分缓蚀剂和天然与人工合成的缓蚀剂等。

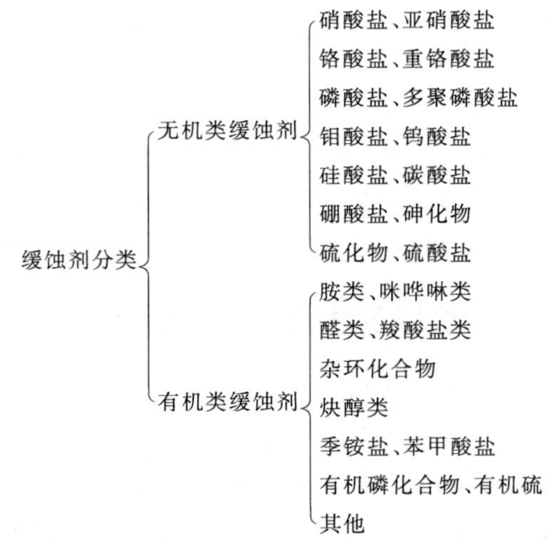

图 9-1-1 缓蚀剂的分类

9.2 缓蚀剂的缓蚀作用机理和评价方法

9.2.1 有机缓蚀剂的缓蚀作用机理

有机缓蚀剂按其阻滞电化学反应机理来看，可分为阳极型、阴极型和混合型缓蚀剂。其抑制金属腐蚀的机理可以用如图 9-2-1 所示的极化图解来说明。

从图 9-2-1 中可以看出，加入缓蚀剂后，由于增大阳极极化或阴极极化或者两者同时增大，结果是使腐蚀电流从原来的 I_1 降低到 I_2，即腐蚀速率减小了。

有机缓蚀剂在金属表面主要是以形成吸附膜为主，也有形成沉淀膜和钝化膜的，有机缓蚀剂一般是由电负性较大的 N、O、P 和 S 原子为中心的极性基团和 C、H 原子组成的非极性基(如烷基 R)所组成，极性基团吸附于金属表面，改变了金属在溶液中的双电层的结构，提高了金属离子化的活化能；而非极性基团远离金属表面作定向排布，形成一层疏水的薄膜阻挡腐蚀性物质靠近金属表面，这样就使腐蚀反应受到抑制，从而减缓金属腐蚀。

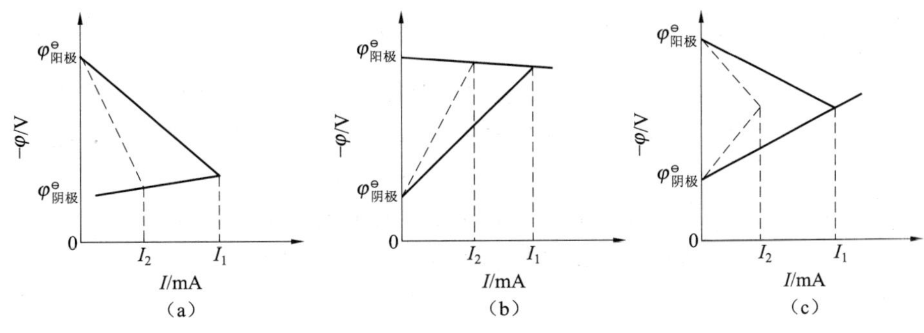

图 9-2-1 缓蚀剂缓蚀机理图解

(a) 阳极缓蚀剂；(b) 阴极缓蚀剂；(c) 混合型缓蚀剂

—— 没有加入缓蚀剂时的极化曲线；---- 加入缓蚀剂后的极化曲线

9.2.2 无机缓蚀剂的缓蚀作用机理

从无机缓蚀剂阻滞腐蚀过程来看，有阳极型(阳极型钝化剂和阴极型钝化剂)、阴极型和混合型无机缓蚀剂。

(1) 阳极型缓蚀剂的缓蚀机理

阳极型无机缓蚀剂在中性介质溶液中，很容易引起金属表面氧化，形成一层致密的氧化膜(钝化膜)使金属离子氧化过程受阻，从而抑制金属腐蚀。另一种情况阳极型缓蚀剂加入腐蚀介质后，金属表面不一定出现钝化，而是金属的腐蚀电位向正方向移动，使阳极极化曲线的塔菲尔斜率增大，这种情况也能减缓金属的腐蚀。

应该注意的是，阳极抑制型缓蚀剂和阴极去极化型缓蚀剂的界线很难区分，而且一种缓蚀剂可能同时起这两种作用，即使同一种缓蚀剂也因金属或腐蚀介质的不同而具有不同的作用机理。使用阳极型缓蚀剂时，特别要注意缓蚀剂的用量，必须使用足够浓度，否则会产生局部腐蚀。

(2) 阴极型缓蚀剂的缓蚀机理

阴极型缓蚀剂的腐蚀介质中对金属的缓蚀作用主要是增大了阴极极化，阻碍了阴极过程进行，从而使腐蚀电位向负方向移动，使腐蚀速率降低。阴极型缓蚀剂有三类：能提高阴极反应过电位的缓蚀剂，在金属表面形成化合物的缓蚀剂以及能吸收溶液中氧的缓蚀剂。

(3) 混合型无机缓蚀剂的缓蚀机理

混合型无机缓蚀剂是一种既能阻滞金属阳极溶解，同时又能增大阴极极化使阴极过程难以进行的物质。钼酸钠和硅酸钠属于混合型缓蚀剂。

9.2.3 缓蚀剂的协同作用原理

研究中发现，在腐蚀介质中同时加入两种或两种以上的缓蚀剂物质，其对金属的缓蚀效果比单种缓蚀剂使用时效果好。这种缓蚀效率的提高并非是两者简单的相加，而是相互促进和增强的结果。人们把两种或两种以上缓蚀剂复合使用能提高缓蚀效果的现象，称为缓蚀剂的协同作用(或协同效应)。缓蚀剂的协同作用大小因腐蚀介质、金属种类、介质温度和浓度的不同而不同。

9.2.4 缓蚀剂的筛选评价方法

缓蚀剂种类繁多，性能各异。工业缓蚀剂一般在特定的介质中使用，才有明显的缓蚀效果。因此，在使用某一种缓蚀剂之前，必须对该缓蚀剂使用的工作条件（介质、温度、压力、流速、pH等）进行缓蚀性能试验评定。

缓蚀剂性能的评定包括室内性能评定和现场试验性能评定。室内缓蚀性能评定常用的有失重法和电化学法。现场性能评定常用的有挂片法及电阻探针法。

（1）失重法

失重法又分为静态失重和动态失重试验方法。

1）静态失重法：静态失重试验是金属试样和腐蚀介质均处于静止状态，评定出缓蚀剂的缓蚀效率 η，可用下式计算：

$$\eta=\frac{V_0^- - V_1^-}{V_0^-}\times 100\% \tag{9-4}$$

式中，V_0^-——没有添加缓蚀剂时试样的腐蚀速率；V_1^-——添加缓蚀剂后试样的腐蚀速率。

2）动态失重法：动态试验又分为实验室动态和现场动态失重试验。实验室模拟生产中条件进行动态试验，所得的实验结果对生产有指导意义，比静态试验更接近现场实际情况。

（2）电化学方法

电化学方法包括极化曲线、线性极化、交流阻抗、微分电容、电偶腐蚀、电化学渗氢等在实验室用来评定缓蚀剂性能（测量金属腐蚀速度）的方法。

1）极化曲线法：测量时首先对研究电极（金属试样）进行“极化”，根据极化曲线（Tafel曲线）直线段外推与腐蚀电位 φ_c 的水平线的交点所对应的电流密度即为腐蚀体系的电流密度，添加缓蚀剂后，腐蚀电流密度越小，则缓蚀剂性能越好。

2）线性极化法：微极化时的极化电位 $\Delta\varphi$ 与极化电流 Δi 呈线性关系，即

$$R_p=\frac{\Delta\varphi}{\Delta i}=\frac{b_n b_k}{2.3(b_n+b_k)}\times\frac{1}{i_a}=B\times\frac{1}{i_c} \tag{9-5}$$

式中，R_p——极化电阻；B——比例常数（与 b_n、b_k 有关）；i_c——腐蚀电流密度。

根据上式，在某一缓蚀剂体系中测得 R_p 值较大，即该缓蚀剂性能较好；反之，R_p 值较小，该缓蚀剂性能较差。

3）交流阻抗法：交流阻抗技术可看作是线性极化技术的继续和发展，在理论上它适用于多种腐蚀体系，不但可以测定极化电阻、微分电容 C_d、电感等分量，而且可用于研究电极表面吸附、扩散等过程的影响，是研究金属腐蚀和缓蚀剂机理的一种新方法。

4）电阻探针：其制作原理为金属试样在腐蚀介质中受到腐蚀后变细或减薄，从而使其电阻增大。只要腐蚀是均匀的，便可周期性地精确测量这种电阻的增加，即可算出试片腐蚀的速度。

（3）其他方法

有气体容量法、溶液比色法（Fe^{2+}、Fe^{3+}、Cu^{2+} 离子的比色测定）、光谱法和表面谱法等。

9.3　缓蚀剂在核电行业中的应用

9.3.1　核电站闭式冷却水系统用缓蚀剂

(1) 核电站闭式冷却水系统腐蚀状况

核电站闭式冷却水(CCW)系统将其他系统设备产生的热量带至CCW换热器,并进一步由服务水(SW)系统换热器将热量带出。CCW系统介质通常为除盐水(去离子水)或饮用水;所用金属材料为碳钢、低合金钢、不锈钢、铜及铜合金、钛、铝及铝合金、蒙乃尔合金等。

运行经验表明,CCW系统由于内部介质造成的腐蚀问题最为严重,包括:均匀腐蚀、点蚀、缝隙腐蚀、垢下腐蚀、微生物腐蚀、应力腐蚀开裂(SCC)等。国内外核电站一般采用水处理法对腐蚀进行控制及防护,其中缓蚀剂为主要水处理药剂。

(2) 核电站闭式冷却水系统用缓蚀剂现状

世界范围内CCW系统使用的缓蚀剂种类不同,据美国电力研究院(EPRI)的调查结果显示,大体上有铬酸盐(占13%)、亚硝酸盐(占17%)、钼酸盐(占8%)、磷酸盐(占41%)、纯水(占21%,含有或者不含联氨)。

我国CCW系统使用的缓蚀剂种类也较多,但主要为磷酸盐类(Na_3PO_4)缓蚀剂,也有使用联氨、亚硝酸盐类缓蚀剂的,或者使用亚硝酸盐和钼酸盐复合的缓蚀剂。

(3) 铬酸盐缓蚀剂

铬酸盐是阳极型缓蚀剂,具有很强的氧化能力,可迅速将Fe^{2+}离子氧化成Fe^{3+}离子,并在阳极表面形成薄的钝化膜,阻止铁基金属的腐蚀。

铬酸盐缓蚀剂曾是闭式或开式循环冷却水系统中最为有效的无机盐类缓蚀剂之一,在CCW系统中铬酸盐的浓度范围一般为150～300 ppm(CrO_4^{2-})。然而,由于它对环境具有破坏作用,使得其应用受到限制。

(4) 亚硝酸盐缓蚀剂

和铬酸盐相似,也是阳极型缓蚀剂,并能在铁基金属表面形成极薄的钝化膜。亚硝酸盐缓蚀剂典型浓度范围为500～1 500 ppm(NO_2^-),对应的水的pH在8.5～11.0之间;而需要注意的是,亚硝酸盐只对铁和铝等金属和合金起缓蚀作用,对纯铜、黄铜等合金不但不能起到缓蚀作用,反而是它们发生应力腐蚀开裂(SCC)的促进剂。另外,亚硝酸盐容易促进水中硝化和反硝化细菌的生长,并且该种物质有毒,容易引发环境污染。

(5) 钼酸盐缓蚀剂

该种缓蚀剂与铬酸盐、亚硝酸盐类似,也是阳极型氧化剂,能够在金属表面形成氧化膜,该种氧化膜是由铁离子、亚铁离子和钼离子组成的氧化物;但不同的是,虽然钼酸盐属于阳极型缓蚀剂,但它并不会对金属构成点蚀威胁,因此也有的文献将其归为阴极型缓蚀剂的行列。

通常认为,钼酸盐之所以能够起到缓蚀作用,是由于该种物质吸附在多孔的金属氧化物表面,并与表面进行离子交换形成不溶的$FeMoO_4$膜的结果,该膜可以抵抗其他阴离子的腐蚀作用,尤其是氯化物和硫酸盐。CCW系统中的溶解氧对这种钝化膜的形成起了促进作用。钼酸盐对铁和铝合金都有缓蚀作用,但它的价格很贵。通常的应用范围为200～

1 000 ppm(MoO_4^{2-})。

(6) 磷酸盐类缓蚀剂

该种缓蚀剂是使用较早的阳极型缓蚀剂，也是目前美国和我国核电站 CCW 系统中使用最多的缓蚀剂类型之一。在中性和弱碱性溶液中，该种缓蚀剂对碳钢的缓蚀作用主要依靠水中的溶解氧，溶解氧与铁反应，生成一层 γ-Fe_2O_3 氧化膜，这层氧化膜并不迅速形成，而是需要相当长的时间。在这段时间里，氧化膜会不断的遭受电化学腐蚀，同时又由持续不断形成的氧化物或不溶性的电化学沉积物磷酸铁来弥补，反应式如下：

$$\begin{aligned} &Fe^{2+} + H_2PO_4^{+} \longrightarrow FeH_2PO_4^{+} \\ &FeH_2PO_4^{+} + 2H_2O \longrightarrow FePO_4 \cdot 2H_2O + 2H^{+} + e \end{aligned} \tag{9-6}$$

此沉淀物可防止铁离子的进一步扩散而使金属得到保护。值得注意的是，磷酸铁($FePO_4 \cdot H_2O$)并非保护膜，而只是在 γ-Fe_2O_3 氧化膜的空隙上加上一个罩子。对于碳钢而言，最主要的抑制反应还是氧化形成的氧化物薄膜。由于这种原因，导致磷酸盐缓蚀剂的缓蚀效果并不很强。秦山二期 60 万千瓦核电机组在设计之初选用了磷酸盐缓蚀剂，但在运行过程中经常出现系统中铁、铜离子偏高或者超出控制限值的现象，后改为亚硝酸盐和 TTA 的复合缓蚀剂。通常情况下，国内 CCW 系统中磷酸盐的浓度范围为 100～500 ppm，pH 控制在 10～11 之间。

1) 亚硝酸盐/钼酸盐复合缓蚀剂

将此两种缓蚀剂复合使用，其缓蚀机理和单独使用时是相同的，但前者能够加速在金属表面形成铁和钼氧化物膜的速度；这两种复合的缓蚀剂对铁合金和铝都具有缓蚀效果，而且两者联合使用后，在阻止硫酸盐和氯化物对金属的攻击上面具有增效的作用；通常情况下，CCW 系统中两种缓蚀剂复合使用后的浓度分别为 50～1 500 ppm(NO_2^-)和 160～1 000 ppm(MoO_4^{2-})，对应的 pH 范围为 8.5～11.0。

2) 联氨

分子式为 N_2H_4，它可与铁和铜的氧化物反应生成保护性氧化膜，其缓蚀作用是通过激活并加速 Fe 原子向 Fe(Ⅱ)转化，进而在钢铁表面形成铁磁性氧化物实现的。该种缓蚀剂对全部铁基合金和混合冶金体系都具有良好的腐蚀控制能力，当系统材料组成相对复杂时，联氨和 pH 的范围应进行优化控制。对 CCW 系统而言，一般联氨的浓度范围为 5～50 ppm。当系统中全部为铁基合金时，pH 控制在 8.5～10.5；有铜合金时，pH 范围一般为 8.5～9.6。值得注意的是，联氨可分解成氨，在高含氧的情况下对铜合金具有攻击性。

3) 铜合金缓蚀剂

多数钢铁缓蚀剂对纯铜及铜合金均没有缓蚀效果，有些对铜合金还有腐蚀作用。通常情况下，在 CCW 系统中需要单独添加铜合金缓蚀剂，主要是唑类有机物，如苯并三氮唑(BTA)、甲基苯并三氮唑(TTA)和巯基苯并噻唑(MBT)，这三种缓蚀剂均属于混合型的缓蚀剂。

唑类缓蚀剂在铜氧化膜(Cu_2O)表面形成一层薄膜(Cu(I)-BTA 膜)，从而起到加固铜氧化膜的作用。三种唑类缓蚀剂相比，MBT 形成膜的速度最快，BTA 和 TTA 较 MBT 慢得多，但它们在高温下很稳定。此三种缓蚀剂即可单独使用，也可混合在一起，缓蚀效果更好，并且总体用量也少。通常，核电站 CCW 系统中使用的唑类缓蚀剂浓度范围为 5～100 ppm。

9.3.2　核电站一回路水处理用缓蚀剂

(1) 核电站一回路水处理的重要性

一回路水化学要解决两个问题:减少腐蚀和降低放射性污染。

腐蚀不但降低了设备和管道的使用寿命,而且还造成辐射污染。如腐蚀产物经反应堆内照射后的活化;燃料元件包壳破损造成的裂变产物外漏;蒸汽发生器传热管破损造成二回路的污染等。

一回路可供选择的缓蚀剂不外乎是碱金属的氢氧化物以及氢氧化铵。

目的:中和硼酸,保持一回路冷却剂为偏碱性,降低系统材料腐蚀。

化学选择:选择一种碱来中和一回路冷却剂中的硼酸。

(2) 核电站一回路水处理的分类

1) 氢氧化钠(NaOH)

与中子会发生反应:

$$^{23}_{11}\mathrm{Na}+^{1}_{0}\mathrm{n}\rightarrow^{24}_{11}\mathrm{Na} \tag{9-7}$$

^{24}Na 是放射性核素,作为化学调节剂时会增加一回路放射性活度和人员照射剂量。

另外,当发生沸腾时,NaOH 会形成局部浓缩,可能要引起腐蚀(晶间腐蚀)。

2) 氢氧化钾(KOH)

与中子会发生反应:

$$^{41}\mathrm{K}+^{1}_{0}\mathrm{n}\rightarrow^{42}\mathrm{K} \tag{9-8}$$

^{42}K 是放射性核素,作为化学调节剂时会增加一回路放射性活度和人员照射剂量。

另外,与 NaOH 相似,当发生沸腾时,KOH 会局部浓缩,存在碱性腐蚀的风险。

3) 氨(NH_4OH)

在 RCP 中不够稳定,在高温和射线的作用下会发生分解反应。

$$2\mathrm{NH_3}\rightarrow3\mathrm{H_2}+\mathrm{N_2} \tag{9-9}$$

在 300 ℃下,这是一种很弱的碱,调节 pH 较困难。

4) 氢氧化锂(LiOH)

^{7}Li 作为缓蚀剂主要有以下一些优点:

- 在硼酸作为可溶性中子吸收剂的反应堆中,由于^{10}B 的(n,α)反应,^{7}Li 必然要在冷却剂中产生;所以 LiOH 的添加,恰与堆内自身的^{7}Li 相吻合,并不引进额外的核素;
- ^{7}Li 的中子吸收截面很低(0.039 b),一般不产生感生放射性;
- pH 控制剂能力强;
- 对冷却剂净化有利。使用任一种碱作为 pH 控制剂,都必须将冷却剂回路的阳离子交换树脂转换成该种碱离子的型式。就碱型树脂比较,冷却剂中各种金属离子在锂型树脂上最易被阻留,也即^{7}Li 型树脂对冷却剂的净化效果最好。
- 腐蚀较小。不锈钢苛性腐蚀断裂的概率依所用碱来排列,其顺序为:NaOH＞KOH＞LiOH,对于锆合金也有同样规律。

除此之外,氢氧化锂这种非挥发性强碱还有一个缺点,即当冷却剂泡核沸腾时的局部浓缩会造成结构材料苛性腐蚀。实验证明,冷却剂 pH 为 10 时,LiOH 在燃料组件缝隙处的浓缩会加速锆-2 合金的腐蚀。

在苏联和东欧国家的压水堆大多采用氢氧化铵作为缓蚀剂。而我国多采用氢氧化锂，受条件选择限制，缓蚀剂的采用一般不能轻易更改。

9.3.3 核电站二回路水处理用缓蚀剂

(1) 核电站二回路水处理的重要性

压水堆核电站运行经验表明，蒸汽发生器(SG)二次侧U形传热管的断裂事故在核电站事故中居首要地位。检查中发现，传热管板上常会堆积大量的腐蚀产物，这些腐蚀产物来自供水系统和SG本身结构材料的腐蚀。腐蚀产物的沉积将加速下管板上的均匀腐蚀、传热管的应力腐蚀(SCC)和点蚀。因此，二回路水化学工况对于减轻或防止金属腐蚀至关重要，通常二回路水化学处理的方法是加入缓蚀剂。

(2) 国外二回路缓蚀剂应用发展历程

美国核电站二回路水处理方式大致经过了以下三个阶段：

1) 磷酸盐水化学处理

1974年前，美国压水堆核电站广泛采用协调磷酸盐水化学处理(Congruent Phosphate Treatment, CPT)的方法。磷酸盐起到缓蚀剂的作用，对酸或碱起调节作用，而不会显著改变氢离子浓度。表9-3-1为西屋公司磷酸盐处理时水化学指标。然而，磷酸盐只能处理少量杂质，且易引起传热管支撑板的耗蚀(Wastage)，从1975年开始改为氨与联氨的全挥发处理(All Volatile Treatment, AVT)。

表9-3-1 西屋公司磷酸盐处理时水化学指标

参数	给水	炉水
pH	8.8～9.2	8.5～10.6
氧/(mg/kg)	0(<0.005)	0(<0.005)
铁/(mg/kg)	<0.01	—
铜/(mg/kg)	<0.01	—
N_2H_4/(mg/kg)	0.01～0.02	—
氯/(mg/kg)	—	≤75
Na_3PO_4/(mg/kg)	—	2.3～2.6
二氧化硅/(mg/kg)	—	5
		10～80(淡水冷却凝汽器)
PO_4^{-3}/(mg/kg)		25～80(海水冷却凝汽器)
OH^{-1}/(mg/kg)		0
总含盐量/(mg/kg)		<125(总可溶物)

2) 全挥发性水化学处理(AVT)

1975年后，SG水工况改为氨+联氨的全挥发水工况(All Volatile Treatment, AVT)。氨是一种挥发性碱化剂，使用过程中不存在残留固体物，可以分布在整个水汽系统中。但由于氨的汽-液分配系数大及湿蒸汽系统流动加速腐蚀(Flow-Accelerated Corrosion, FAC)问题以及碳钢的凹陷腐蚀(Dent Corrosion)问题，后改用吗啉水工况(Morpholine, MPH)。

3) 吗啉水化学处理(MPH)

吗啉(Morpholine, MPH)是一种碱性强(pK_b=5.5, 25 ℃)、分配系数低的替代物，

它除了可以克服氨分配系数高的缺点外，还使水汽系统中铜合金部件的腐蚀速率大幅度下降，其安全性、有效性得到广泛认可，美国于1986年正式使用MPH作为二回路pH调节剂，Beavet Valley和Praivie Island电站使用结果表明：用MPH控制pH，给水腐蚀产物的转移比使用氨时降低了$\frac{2}{3}$，MPH的使用效果逐步得到世界的认可。目前，全世界有15％压水堆核电站采用吗啉调节，如美国2005年有25％、法国有90％的压水堆核电站采用吗啉调节。但由于吗啉的高温热分解问题，国外仍在继续寻找可以替代氨、吗啉的pH缓蚀剂。

4）低挥发性水化学工况（ETA）

1992年美国在Catawba 1号进行了用ETA替代MPH的现场试验，试验获得圆满成功，由此大力推广以ETA为代表的先进胺水工况，到2005年美国有超过50％的核电站采用ETA作为二回路的pH调节剂。ETA（$NH_2CH_2CH_2OH$）又称2-氨基乙醇，是一种无色强吸湿性黏稠液体，有氨气味和强碱性（$pK_b=4.5$，25 ℃）、分配系数低。应用经验表明：ETA可以预防汽轮机初凝区的酸腐蚀问题；可以有效地防止MSR及其他有蒸汽存在的水汽管线的腐蚀问题；可以降低给水系统铁含量；又可以使给水系统转移到SG中的腐蚀产物的量减少；ETA工况是一种可靠的、值得推广的水化学工况。

5）复合胺水化学工况

为减少SG换热管镍基材料的IGA/SCC，必须保证SG水体呈还原气氛，要求彻底去除给水中溶解氧。美国EPRI最新推荐联胺（N_2H_4）加入量为水中溶解氧的8倍，即$[N_2H_4]=8\times[O_2]$，过量N_2H_4在水汽系统中分解出氨，其他有机胺如ETA、MPH构成了复合胺水化学工况。现场试验表明：ETA＋DDA（Dodecylamine，十二烷基胺）可以使SG污垢生长率比单独采用ETA、MPH降低$\frac{5}{6}\sim\frac{10}{11}$，是目前控制SG中淤渣沉积量的最佳方案之一。

（3）我国核电站二回路的水处理方式和存在的问题

我国以秦山核电站为代表的核电站从20世纪70年代末到80年代末，PWRSG二次侧水处理工艺的演变过程为：磷酸盐处理-氨/联氨全挥发处理-氨/联氨全挥发和全流量凝水净化。逐步克服了SG传热管的耗蚀和凹痕。秦山一期采用的就是这种全挥发性水处理（AVT），将氨和联氨注入二回路系统中。氨用以保持pH呈碱性，能降低总的腐蚀速率和腐蚀产物，确保无游离的苛性碱，消除苛性应力腐蚀。添加联氨以除去溶解氧，也有助于降低总的腐蚀速率。大亚湾核电站也采用类似全挥发性水处理。

20世纪80年代后期SG传热管损坏主要的形式为应力腐蚀开裂和点蚀。其原因仍为沉积物下的腐蚀，氨/联氨全挥发处理不能使SG二次侧汽水两相流区凝结水保持高pH的运行标准。因为氨的挥发性大，在汽相中的分压远远大于在液相中的分压，所以凝水的pH下降。作为二回路腐蚀防护的重要措施之一的水化学处理技术的提高是减缓传热管腐蚀破损急需解决的技术。

（4）缓蚀剂的最新技术

硼酸处理最初用来控制SG传热管凹陷问题，后来发现硼酸对于控制二次侧IGA/IGSCC也有益处，缓蚀机理还不确切。目前美国近30％的PWR核电站在使用硼酸处理，SG主体水中维持5～10 μg/L的硼酸浓度，主要是为了控制IGSCC，虽然硼酸处理的效果不十分明显，许多电站仍然觉得使用硼酸处理的风险和费用与潜在的收益相比是相当低的。

(5) 总结

随着科学技术和核电行业的发展，缓蚀剂在核电行业中的科研及应用也得到了越来越多的重视。缓蚀剂技术与其他防腐蚀技术相比，具有不增加设备投资、不改变腐蚀环境就可达到防锈的目的；不受设备形状的影响等特点。随着环境保护和安全意识的加强，一些有害有毒的缓蚀剂将被限制和禁止使用。研究和开发对环境不构成破坏作用的环境友好型核电行业用缓蚀剂，是未来的发展方向。

复习思考题

1. 定义缓蚀剂及其特点有哪些?
2. 缓蚀剂的分类有哪些?
3. 概述缓蚀剂的缓蚀作用机理。
4. 概述核电站闭式冷却水系统腐蚀状况。
5. 概述核电站闭式冷却水系统用缓蚀剂现状。
6. 概述我国闭式冷却水系统使用的缓蚀剂种类。
7. 一回路可供选择的缓蚀剂种类有哪些?
8. 一回路使用缓蚀剂目的是什么?
9. 核电站二回路水处理的重要性是什么?
10. 概述我国核电站二回路的水处理方式和存在的问题。

第十章 常温淡水对系统的腐蚀

核电厂中涉及常温淡水的腐蚀情况，其代表系统为生活饮用水和消防水系统。如 SEP、JPP 系统等。实践表明，在内部介质为不除盐、不除氧，并加入一定量的次氯酸钠溶液防止微生物孳生的常温水的情况下，大量使用裸露碳钢管道的生活饮用水和消防水系统，会发生腐蚀穿孔。

10.1 受常温淡水腐蚀的系统的特点

（1）服务的用户分布全电厂，系统分布广，管道众多，长达数十公里；

（2）水源多来自河水，只经简单处理，无额外化学水处理设计；

（3）管道和设备材料多为碳钢，内部无防腐措施，无清除污垢设计。由于在设计和运行过程中对腐蚀问题（特别是细菌腐蚀，管结瘤等）考虑不够，腐蚀问题往往过早发生，而且无预防性维修措施；

（4）腐蚀潜伏期较长，腐蚀泄漏问题可能在开始的很长一段时间内不会发生（隐蔽性），但是一旦发生，由于共模，腐蚀问题就会变得相当普遍；

（5）通常这些系统负责消防（核安全设计的重要组成部分）和一些重要泵的轴封水供应，当它们失效时，会威胁机组的生产，并且当管道失效，内部介质喷溅，会影响相邻设备的可用性。

表 10-1-1 所示为由 SEP 系统供水的厂房一览表。图 10-1-1 所示为与 SEP 系统功能相连系统的示意图。

表 10-1-1 由 SEP 系统供水的厂房一览表

BX	PX	AC	AA1	AA2	AB	AD	EG	BD	EF3	EF4	EF6	EF8	EF1	EW1	EW3
EW2	ZC	HX	UD1	UD2	EH	ZB	YA	EI	EW7	AH	EY1	EY2	EY3	EW5	EW6
TC	QS	QA	QT	QF	AS	SA	CC	AN	EF2	EW8	AL	DF	BD1	生产楼	

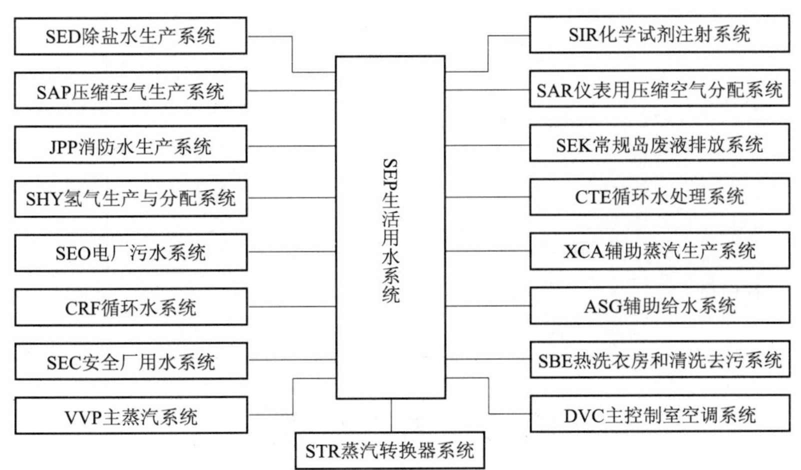

图 10-1-1 与 SEP 系统功能相连系统示意图

在这些系统中，由于管道覆盖面积非常多，从实际情况看来，最普遍的失效形式为管道的穿孔、堵塞，所以着重于管道的介绍。

10.2 常用材质(SEP)

防腐蚀设计中选材应满足饮用水环境的要求，而且不能污染饮用水。总体上讲，SEP系统主要用到了球墨铸铁、碳钢、玻璃钢、紫铜、不锈钢（主要是 304 和 316）等金属材料，玻璃钢、聚四氟乙烯、PVC 等非金属材料，并采用了衬胶、衬塑等防腐措施。SEP 系统各设备具体的防腐蚀设计和选材见表 10-2-1 和表 10-2-2。

表 10-2-1 SEP 系统管道和阀门材料一览表

序号	位 置	管 道		阀门	连接件
1	核岛	镀锌钢管		铸铁	卫生设备连接件为铜制； 工业设备连接件为镀锌或碳钢制
2	BOP 室内	镀锌钢管		铸铁	—
3	GB 沟内管道	碳钢管		碳钢	—
4	GB 沟外管道	DN≤65 mm	镀锌钢管	铸铁	—
		DN>65 mm	球墨铸铁管	铸铁	—

表 10-2-2 SEP 系统管材普查(区域：GB、PX、MX)

位置	名 称	规 格	长度/m	材 料
GB	无缝钢管	ϕ325×8	2 872	20 号钢
		ϕ273×7	125	20 号钢
		ϕ219×7	1 092	20 号钢
		ϕ168×4.5	80	20 号钢
		ϕ114×4	687	20 号钢
PX	钢管	DN200ϕ219.1×6.35	283	20 号钢
		DN150ϕ168.3×4.37	226	20 号钢
		DN100ϕ114.3×3.58	168	20 号钢
		DN65ϕ73×3.18	61	20 号钢
		DN50ϕ60.3×3.18	155	20 号钢
		DN25ϕ33.4×3.38	106	20 号钢
MX	镀锌钢管	DN150δ=5.50	15	Q235A
		DN100δ=4.00	180	Q235A
		DN70δ=3.75	80	Q235A

10.3 内部介质

表 10-3-1 示出了 SEP 系统水质的检测报告。

表 10-3-1　SEP 系统水质检测报告

取样日期	监测点	监测项目	监测值	数据类型
2007－7－2	5 生活水池	COD	2.56	实验室分析
2007－7－2	5 生活水池	肉眼可见物	无	实验室分析
2007－7－2	5 生活水池	色度	7.5	实验室分析
2007－7－2	5 生活水池	余氯	0.28	实验室分析
2007－7－2	5 生活水池	浊度	0.63	实验室分析
2007－7－3	5 生活水池	pH	7.43	实验室分析
2007－7－3	5 生活水池	肉眼可见物	无	实验室分析
2007－7－3	5 生活水池	余氯	0.36	实验室分析
2007－7－3	5 生活水池	浊度	0.62	实验室分析
2007－7－4	5 生活水池	COD	3.04	实验室分析
2007－7－4	5 生活水池	肉眼可见物	无	实验室分析
2007－7－4	5 生活水池	色度	12.5	实验室分析
2007－7－4	5 生活水池	余氯	0.36	实验室分析
2007－7－4	5 生活水池	浊度	0.6	实验室分析
2007－7－5	5 生活水池	肉眼可见物	无	实验室分析
2007－7－5	5 生活水池	余氯	0.4	实验室分析
2007－7－5	5 生活水池	浊度	0.63	实验室分析

10.4　腐蚀机理

10.4.1　饮用和消防的外部腐蚀

管道外部发生的腐蚀形式有：管道涂层破损和丝扣渗水后的大气腐蚀，埋地管道外表腐蚀（分别见大气腐蚀篇和土壤腐蚀篇，此处不详细介绍）。

10.4.2　消防水系统的内部腐蚀

内部腐蚀形式有：管瘤腐蚀，空泡腐蚀，焊缝腐蚀，缝隙腐蚀（法兰密封面），电偶腐蚀等。

总体来说，管道内均匀腐蚀由水中含氧量决定，而水中含氧量又会随着腐蚀发生或者微生物的生长而消耗，所以封闭和静止的常温水对管道的腐蚀经历“腐蚀发生→氧气消耗→腐蚀停滞”的过程，一旦有新鲜的补水进入，将重复这一过程。比如 JPP 消防水泵，JPD 补压泵由于频繁启动，管道有新鲜水流动，这使管道内部水质富有氧气、淤泥、微生物以及微生物生长所需的营养物质，这些系统管道腐蚀发展很快。当管道中出现臭水、黑水、黄水时表明，镀锌铁管、碳钢管的腐蚀物铁锈在管网中已大量出现。其中管结瘤是最常见的腐蚀形貌，其机理描述如下。

由于饮用水和消防系统多采用碳钢管道，而碳钢一般不可避免地会因金属表面层或界面处介质的物理化学性质的微观不均匀性发生局部均匀腐蚀，腐蚀反应为：

阳极反应：
$$Fe = Fe^{2+} + 2e \tag{10-1}$$

阴极反应：
$$\frac{1}{2}O_2 + H_2O + 2e = 2OH^- \tag{10-2}$$

总反应：
$$Fe + \frac{1}{2}O_2 + H_2O = Fe(OH)_2 \tag{10-3}$$

在有氧条件下，$Fe(OH)_2$ 会进一步氧化成 $Fe(OH)_3$，为橘黄色或红褐色腐蚀产物。

$$Fe(OH)_2 + \frac{1}{4}O_2 + \frac{1}{2}H_2O = Fe(OH)_3 \tag{10-4}$$

随着 $Fe(OH)_2$ 量的增加，氧向腐蚀产物内部传输的途径受阻，导致在腐蚀产物内外形成了氧的浓度差异：腐蚀产物内氧的浓度低，腐蚀产物外氧的浓度高。这种氧的浓度差异引起了腐蚀产物下金属的"氧浓差"腐蚀，导致金属进一步遭受腐蚀，并形成了"腐蚀瘤"，即管结瘤。

一般来说 SEP 饮用水是从附近河流取水，水中会含有较多的 HCO_3^- 离子。随着 $Fe(OH)_3$ 量的增加，氧分子向 $Fe(OH)_3$ 内部扩散的障碍增加，生成的 $Fe(OH)_2$ 可以分别和 $Fe(OH)_3$、HCO_3^{2-} 离子反应，生成 Fe_3O_4 和 $FeCO_3$。

$$2Fe(OH)_3 + Fe(OH)_2 = Fe_3O_4 + 2H_2O \tag{10-5}$$

$$Fe(OH)_2 + HCO_3^- + H^+ = FeCO_3 + 2H_2O \tag{10-6}$$

沉积在金属表面的 $FeCO_3$ 对管线的腐蚀有抑制作用。然而，从现场腐蚀产物 X 射线衍射分析结果可知，紧贴管线内壁的物质中 $FeCO_3$ 只占少部分位置，不能完全覆盖住饮用水管线的内壁，其余还有 Fe_3C、FeOOH、$Fe_{1.56}O_{2.3}(OH)_{0.08}$ 和 $CuSiO_3H_2O$ 等晶体物质。$FeCO_3$ 不但不能起到防治腐蚀的作用，反而可能促进其余部位的局部腐蚀，为管结瘤的形成提供有利条件。另一方面，SEP 饮用水中可能含有相当数量的 Cl^- 和 SO_4^{2-}，它们的存在可以显著增加饮用水的电导率（测试结果显示为 515 μS/cm），影响局部腐蚀的穿透速率。在管结瘤内部，这些阴离子会加速瘤下腐蚀的进程。

综合管结瘤的形成过程和腐蚀产物的 X 射线衍射分析结果，可以描绘出管结瘤的结构。图 10-4-1 是最为简单的管结瘤结构。典型的结瘤形貌如图 10-4-2 所示。

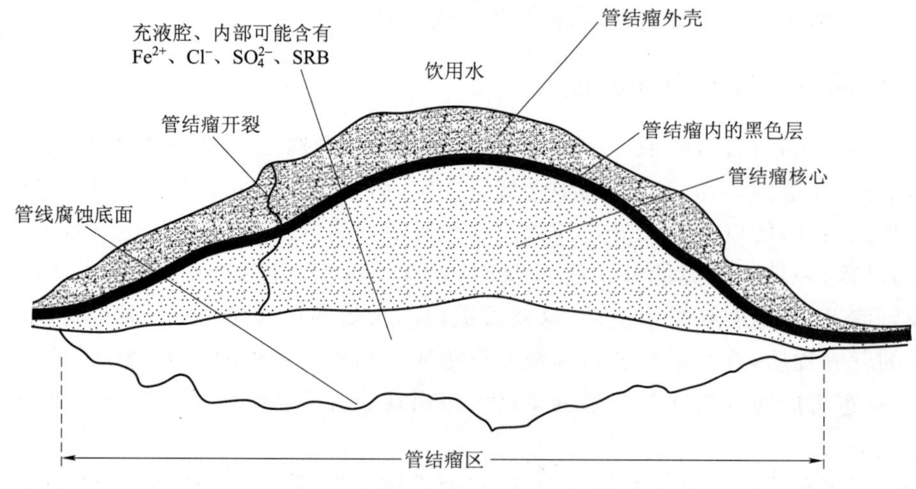

图 10-4-1　最简单的管结瘤结构

图 10-4-2　典型管结瘤形貌

随着管结瘤的发展，会演变成多层结构，一般有如下三种形式：

- 管结瘤的多层结构中，FeOOH 和 Fe_3O_4 呈交替层叠；
- 管结瘤的多层结构完全是由 FeOOH 构成的；
- 瘤上生瘤，即由多个结构相似的小管结瘤堆积而成的更大的管结瘤。

管结瘤中的多层结构是其本身形成和长大过程的痕迹。对于 FeOOH 和 Fe_3O_4 交替出现的管结瘤多层结构，有理论认为，管结瘤在生长过程中，瘤体会发生开裂，瘤中的 Fe^{2+} 离子将沿着开裂部位流出管结瘤本体，并与管结瘤外的 OH^- 离子结合，生成 $Fe(OH)_2$。由于管结瘤表面氧分子充足，因此，部分 $Fe(OH)_2$ 可以进一步的转化成 $Fe(OH)_3$，脱水后形成 FeOOH。而按照反应方程式(10-5)所示，还有部分 $Fe(OH)_2$ 将和 $Fe(OH)_3$ 反应生成 Fe_3O_4，从而形成了从内向外三层结构。上述过程重复进行，管结瘤不断长大，便形成了黑色腐蚀产物和橘黄色腐蚀产物交替层叠出现的管结瘤多层结构。对于瘤上生瘤的管结瘤结构的形成可以认为同上述过程相似。而那些完全由 FeOOH 构成的管结瘤多层结构可能是由于管结瘤相对疏松，氧分子容易透过管结瘤外壳深入管结瘤内部，使得 $Fe(OH)_2$ 可以全部转变成 $Fe(OH)_3$，进而生成了 FeOOH。

管结瘤在形成、生长过程中不断消耗其下金属中的 Fe 元素，而管结瘤内外氧的浓度差异为这一过程提供了动力源，导致金属基体不断的遭受“氧浓差”腐蚀，直至管线发生蚀穿为止。如结瘤下存在硫酸盐还原菌，铁细菌等厌氧细菌或好氧细菌，还会加速管道的锈蚀、结垢。因为这些微生物以水中的有机物为能源进行新陈代谢所需要的各项活动，其产物反过来又会促进金属表面的恶化，形成对管道的腐蚀。

复习思考题

1. 核电厂常温淡水系统有哪些？
2. 核电厂常温淡水系统的特点是什么？
3. 本厂常温淡水系统选用什么材料？
4. 常温淡水的腐蚀机理是什么？

第十一章 阴极保护技术在核电厂中的应用

通常，核电厂BOP厂房的饮用水供水管网大部分都是镀锌钢管。镀锌钢管在使用初期，由于其表面有充当牺牲阳极作用的镀锌层，管道一般不会发生腐蚀问题，但是随着时间的延长，镀锌层会慢慢消耗，这时作为基体的碳钢管道就会发生腐蚀，因此镀锌钢管也有腐蚀的风险。正因为如此，我国建设部部分文件中明确规定了禁止对饮用水管道使用镀锌管。对于热浸镀锌管道，焊缝区域镀锌层遭到破坏也是焊缝腐蚀的原因。所以，这些管道可以使用碳钢管代替，通过预防性更换来保证寿命。

目前我国城市供水埋地管网首推材料依然是强度高、耐腐蚀能力强的球墨铸铁管（见建设部公告第218号《建设部推广应用和限制禁止使用技术》）。球墨铸铁管的使用年限能够保持在50～100年，其优异的性能已经得到证实并在一段时间内将继续保持其主导地位。因此，对于埋地管线球墨铸铁管应该是一个比较好的选择。

需要说明的是，碳钢管和镀锌碳钢管直接作为埋地管道是不合适的，因为其很难在土壤腐蚀环境下保持完整。一些大管径管道，可以采用涂塑钢管。BOP室内的小管径管道也可选择无规共聚聚丙烯管(PPR)。

阴极保护方法作为一种有效的腐蚀防护手段，被广泛应用于核电站海水系统的设备、地上管道和埋地管道系统中。近十年的经验表明，阴极保护方案在保护海水系统设备和管道方面取得了较好的防腐效果，减轻了海水和土壤对设备和管道的腐蚀作用，降低了维修费用，节约了成本。

为了防止设备遭受海水腐蚀，秦山第二核电厂每台机组都设置了阴极保护系统——CPA。它们主要应用于SEC、CRF、SEN、JPP系统。阴极保护有两种工作方式：外加电流阴极保护和牺牲阳极保护。这两种保护在每个核电厂的应用范围并不一样，秦山第二核电厂外加电流阴极保护应用于GA沟内的SEC管道。而在海水系统的取水头部、隔栅、输水隧道、进水闸板、导槽、鼓型旋转滤网、碳钢管道、连通管道、GD沟内钢筋混凝土管道和滤网前后碳钢管道内均安装有铝合金牺牲阳极。

11.1 阴极保护原理和主要参数

11.1.1 阴极保护原理

对被保护金属施加负电流，通过阴极极化使其电极电位负移至金属的平衡电位，从而达到抑制金属腐蚀的保护方法称为阴极保护。

阴极保护是一种抑制金属电化学腐蚀的保护方法。在阴极保护系统构成的电池中，氧化反应集中发生在阳极上，从而抑制了作为阴极的被保护金属的腐蚀。

阴极保护的原理可从腐蚀电池和热力学方面进行阐述。腐蚀电池的极化图如图 11-1-1 所示。

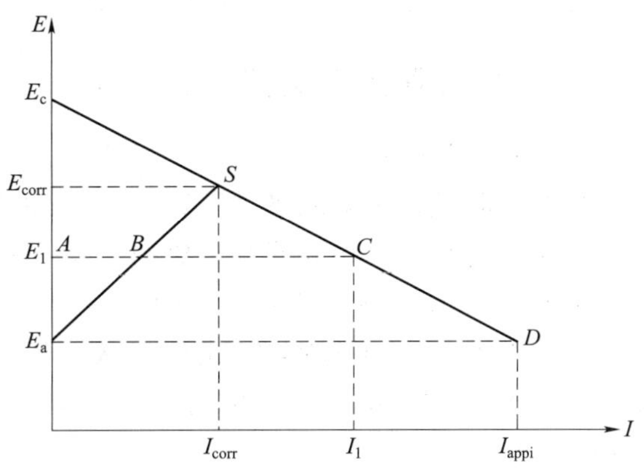

图 11-1-1　阴极保护原理极化图

任意两种金属或合金的组合，都可以构成电化学电池。低电位者为电池的阳极，主要发生氧化反应；高电位者为电池的阴极，主要发生还原反应。由图 11-1-1 看出，金属表面阳极和阴极的初始电位分别为 E_a 和 E_c。金属腐蚀时，由于极化作用，阳极和阴极的电位都接近于交点 S 所对应的腐蚀电位 E_{corr}，与此相对应的腐蚀电流为 I_{corr}。在腐蚀电流作用下，金属上的阳极区不断发生溶解，导致腐蚀破坏。当对该金属进行阴极保护时，在阴极电流作用下金属的电位从 E_{corr} 向更负的方向移动，阴极极化曲线 E_c—S 从 S 点向 C 点方向延长。

当金属电位极化到 E_1 时，所需的极化电流为 I_1，相当于 AC 线段。AC 线段由两个部分组成，其中 BC 线段这部分是外加的，而 AB 线段这部分电流是阳极溶解所提供的，表明金属腐蚀速度有所减少。当外加阴极电流继续增大时，金属的电位将变得更负。当金属的极化电位达到阳极的初始电位 E_a 时，金属表面各个部分的电位都等于 E_a，腐蚀电流就为零，金属达到了完全的保护。此时，金属表面上只发生阴极还原反应。外加的电流 I_{appi} 即为达到完全保护所需的电流。

图 11-1-2 从热力学说明阴极保护的理论基础。

图 11-1-2 是根据热力学计算获得的 Fe-H_2O 系电位- pH 图。可以看出，在 pH＝6～7 的中性水中，铁呈活化腐蚀状态，通过外加负电流的阴极极化，可使铁的电极电位从腐蚀区

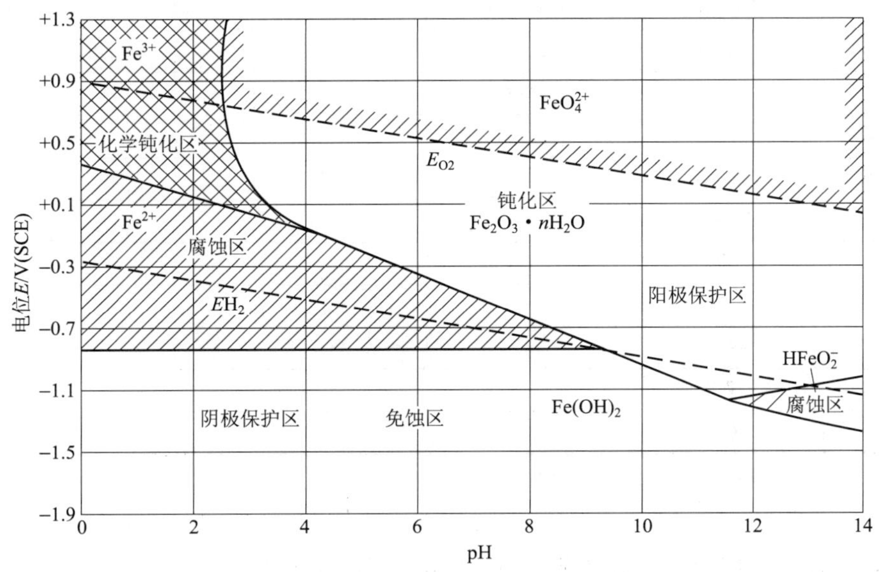

图 11-1-2　电位- pH 图上的阴极保护

进入免蚀区。对于铁，这是一个热力学稳定区，金属腐蚀停止，即此时铁获得了阴极保护。

11.1.2 阴极保护方法和主要参数

(1) 阴极保护方法

阴极保护是最有效的腐蚀控制措施，它是使被保护金属成为电化学电池的阴极而达到减小其腐蚀速率甚至消除腐蚀现象的一项技术。

阴极保护有两种保护方法：牺牲阳极法和外加电流法。牺牲阳极系统是利用比被保护金属活泼性更强的金属，形成电偶效应而提供阴极保护所需要的电流；外加电流系统是通过阴极保护电源和辅助阳极将电流施加到被保护结构上，如用整流器输出阴极保护电流。

(2) 阴极保护主要参数

阴极保护的主要参数为参比电极、最小保护电位和保护电位范围、最小保护电流密度、保护度和保护效率等。

1) 参比电极

参比电极用于电位测量，来确定被保护金属满足保护电位，参比电极通常是金属/金属离子电极。表 11-1-1 列出了参比电极的数据。

表 11-1-1 常用参比电极的数据和应用领域

参比电极	Me/Me^{2+}	电解质	电位 E_H (25 ℃)/V	温度系数/(mV/℃)	应用领域
$Cu-CuSO_4$	Cu/Cu^{2+}	饱和硫酸铜	+0.32	0.97	土壤、水
Ag-AgCl	Ag/Ag^+	饱和氯化钾	+0.20	1.0	盐水和淡水
饱和甘汞电极	Hg/Hg_2^{2+}	饱和氯化钾	+0.24	0.65	水、实验室
1 mol/L 甘汞电极	Hg/Hg_2^{2+}	1 mol/L 氯化钾	+0.29	0.24	实验室
Hg_2SO_4	Hg/Hg_2^{2+}	饱和硫酸钾	+0.71		无氯化物的水
氧化汞	Hg/Hg_2^{2+}	1 mol/L 氢氧化钠	+0.17		稀苛性苏打
氧化汞	Hg/Hg_2^{2+}	35%氢氧化钠	+0.05		浓苛性苏打
铊电极	Tl/Tl^+	3.5 mol/L 氯化钾	−0.57	<0.1	温热介质
Ag-盐水	Ag/Ag^+	—	+0.25		海水、盐水①
$Pb-H_2SO_4$	$Pb-Pb^{2+}$	—	−0.28		浓硫酸
Zn-盐水	静电位	—	−0.79②		海水、盐水
		—	−0.77±0.01		
Zn-土壤	静电位	—	−0.8±0.1		土壤
Fe-土壤	静电位	—	−0.4±0.1		土壤
不锈钢-土壤	静电位	—	约−0.4～+0.4		土壤

注①：用于其他含有 Cl^- 的溶液时，必须标定参比电极；

②：用 Hg 活化。

实际上，根据不同的介质和功能，人们采用不同的参比电极，特别要关注以下各项：

- 参比电极电位随时间推移的稳定性；

- 接地电阻和电流负载能力；
- 对抗介质组分与环境影响的耐受力及与被测量系统的相容性。

上述第一项只关注普通金属电极，并且每种情况都要进行试验。第二项对于要用的测量仪表是很重要的。在这方面，参比电极的极化导致误差小于隔膜电阻电压降。对于第三项，每一系统必须进行试验才能确定哪些电极系统不适合哪些介质，而需要采取特别措施。

2）最小保护电位和保护电位范围

最小保护电位是被保护金属获得完全阴极保护的起始电位，它是阴极保护技术中判断金属保护效果的最关键的控制参数之一，是测量和调整阴极保护运行过程、监视和控制阴极保护效果的一个重要参数。

对于给定腐蚀体系，最小保护电位的影响因素众多，如金属种类、介质成分、环境条件和工况条件等，这些因素都会影响到附面层溶液的组成、pH 及附面层厚度等，从而影响到最小保护电位值。

表 11-1-2 给出了英国标准 BS 7361—1991 中列述的一些金属的最小保护电位值。

表 11-1-2 英国标准 BS 7361—1991 中规定的一些金属的最小保护电位

金属或合金		参比电极			
		铜/饱和硫酸铜/V	银/氯化银/饱和氯化银/V	银/氯化银/海水/V	锌/海水/V
铁和钢	有氧环境	−0.85	−0.75	−0.8	+0.25
	缺氧环境	−0.95	−0.85	−0.9	+0.15
铅		−0.6	−0.5	−0.55	+0.5
铜合金		−0.65～−0.5	−0.55～−0.4	−0.6～−0.45	+0.45～+0.6
铝	正极限	−0.95	−0.85	−0.9	+0.15
	负极限	−1.2	−1.1	−1.15	−0.1

3）过保护

根据腐蚀电化学理论，只要控制金属电极电位比最小保护电位更负，就可以使腐蚀原电池的阳极氧化过程停止，即金属停止腐蚀。但是，当阴极保护电位过负且达到析氢电位时，将发生析氢反应：

$$H^+ + e \longrightarrow H \tag{11-1}$$

$$H + H \longrightarrow H_2 \tag{11-2}$$

式(11-1)产生的氢原子渗入金属将导致氢脆破坏，这对于高强钢和对氢脆和氢致应力腐蚀开裂敏感的其他金属将是很危险的，应予避免。按式(11-2)产生的氢分子在涂覆层下积聚，可建立起很高的氢分压，从而破坏涂覆层的粘结力和降低与金属表面的附着强度，最终使涂覆层产生氢鼓泡或开裂，导致涂覆层从被保护金属表面剥离。实施阴极保护必须防止这些破坏，即保护电位不可过负，否则将产生过保护的破坏。因此，对任何指定的被保护结构物，均存在一个容许的保护电位范围。

英国标准列述了在海水体系中一些金属的电位范围，如表 11-1-3 所示。表 11-1-4 则列出了一些重要体系的保护电位范围。

表 11-1-3　材料在海水中的阴极保护电位范围(对于 Ag/AgCl/海水体系参比电极)

材料		保护电位上限/V	保护电位下限/V
铁和钢	有氧环境	−0.80	−1.10
	缺氧环境	−0.90	−1.10
高强钢①		−0.80	−0.95
铝合金(铝镁合金和铝镁硅合金)		−0.80(波动 0.10)	−1.10
不锈钢	奥氏体(PREN≥40)	−0.30	不限
	奥氏体(PREN<40)	−0.60②	不限
	双相	−0.60②	−1.05 或更正③
铜合金	不含铝	−0.45～−0.60	不限
	含铝	−0.45～−0.60	−1.10
镍基合金		−0.20	−0.8～−1.0④

注①:对氢致应力开裂敏感的高强钢,保护电位下限应正于−0.83 V;

②:虽然可采用更高的电位,但对大多数情况而言,此电位对防止腐蚀开裂足够;

③:考虑到腐蚀开裂的敏感性,比表中数据更负的电位应避免;

④:高强度铜镍合金和镍铬铁合金易产生氢致应力开裂,析氢电位应该避免。

表 11-1-4　一些重要体系的保护电位范围

组	系统材料	系统介质	保护电位或区域/V		注　解
			E_H	$E_{Cu\text{-}CuSO_4}$	
Ⅰ	普通碳钢和低合金铁类材料	中性水、盐水和土壤溶液(25 ℃)	<−0.53	<−0.85	防止失重腐蚀(有膜,形成 E_s 更正)
		沸腾中性水、弱酸性水和无氧介质(25 ℃)	<−0.63	<−0.95	
			<−0.63	<−0.95	
		高阻抗砂质土	<−0.43	<−0.75	
			(<−0.33)	(<−0.65)	
	高合金钢 16%Cr(如 1.4301、AISI304)	中性水和土壤(25 ℃)	<0.2	<−0.1	防止点蚀和裂隙腐蚀
		沸腾中性水	<0.0	<−0.3	加热表面比冷却表面更敏感
	CrNiMo 不锈钢和富铬特种合金	海水(25 ℃)含 Cl^- 介质	<0.0	<−0.3	随 Cl^- 浓度增加和温度升高,E_s 变得更负
			(一般更正,U_{PC} 值决定)		
	CrNi 不锈钢	含 Cl^- 热水	<0.0	<−0.3	防止应力腐蚀
	普通碳钢和低合金钢	温热的水溶液			防止应力腐蚀
		硝酸盐	<−0.15	<−0.47	
		苛性苏打	<−0.98	<−1.30	
		Na_2CO_3	<−0.68	<−1.00	防止“应变诱导的”应力腐蚀
		$NaHCO_3$	<−0.43	<−0.75	
		$(NH_4)_2CO_3$	<−0.35	<−0.67	
	Cu、CuNi 合金	中性水和土壤(25 ℃)	<+0.14	<−0.18	防止失重腐蚀
	Sn	中性水(25 ℃)	<−0.33	<−0.65	

续表

组	系统材料	系统介质	保护电位或区域/V		注 解
			E_H	$E_{Cu\text{-}CuSO_4}$	
Ⅱ	普通碳钢和低合金铁类材料	海水	−0.53/−0.78	−0.85/−1.10	保护薄膜，防止负荷波动时应力腐蚀
		水泥、混凝土	−0.43/−0.98	−0.75/−1.3	防止碳化作用和氯离子渗透，活化引起腐蚀
	高合金热处理铬钢(R_m>1 200 N·mm^{-2})	海水(25 ℃)	−0.5/−0.0	−0.82/−0.32	防止氢致应力腐蚀和点蚀
	Pb 铅	中性水和土壤(25 ℃)	−1.4/−0.33	−1.7/−0.65	防止氢化物形成和失重腐蚀
	Zn 锌	中性水和土壤(25 ℃)	−1.3/−0.96	−1.6/−1.3	同样应用于锌镀层
	铝、铝合金	冷水			防止失重腐蚀和点蚀
	Al Zn 4.5 Mg 1	淡水	−1.0/−0.3	−1.3/−0.62	随着 Na^+ 浓度降低 U_s 变得更负
		海水	−1.0/−0.5	−1.3/−0.82	
		海水	−1.0/−0.7	−1.3/−1.02	
Ⅲ	钛、钛合金	无卤化物酸	>0.0	>−0.32	防止失重腐蚀
		增加浓度和温度升高	U_s 变得更正		
Ⅳ	普通碳钢和低合金钢(R_P<600 N·mm^{-2})硬化区	温热苛性苏打	−0.6/+0.2	−0.9/−0.1	防止应力腐蚀与失重腐蚀
		(R_m>1 000 N·mm^{-2})	−0.4/+0.2	−0.7/−0.1	防止应力腐蚀
	铁、普通碳钢	0.5 mol/L H_2SO_4(25 ℃)	0.8/1.6	0.5/1.3	防止活化腐蚀和过钝化腐蚀
	高合金钢 16%Cr	无卤化物酸	0.2/1.1	−0.1/0.8	防止活化腐蚀和过钝化腐蚀
		沸腾浓硫酸	1.2/1.6	0.9/1.3	防止活化腐蚀和过钝化腐蚀
		含有 Cl^- 和 NO_3^- 的水(25℃)	0.5/1.1	0.2/0.8	防止点蚀和过钝化腐蚀

4）最小保护电流密度

为了达到最小保护电位所需施加的阴极极化电流密度称为最小保护电流密度。保护电流密度决定了金属保护电位的实现，是阴极保护技术中降低金属腐蚀、调整和控制保护电位的关键参数，是阴极保护设计中必不可少的一个重要参数。阴极保护时，对金属结构物施加的电流密度不能小于最小保护电流密度，否则金属将得不到完全保护；如果施加的电流密度远远超出该值，则不仅会消耗过量电能和增大设备容量（提高了阴极保护的经济成本），而且可能发生所谓过保护的现象，使保护作用反而有所降低。

影响最小保护电流密度的因素主要有：被保护金属的种类、腐蚀介质的种类与性质、保护系统中电路总电阻、金属表面是否有涂覆层、涂覆层的种类和质量（见表 11-1-5）以及环境条件等。相对而言，不同腐蚀体系的保护电位只在一个非常有限的电位范围内变化，而最小保护电流密度的大小差异则可达5～6个数量级。

对一些主要的腐蚀体系，已有许多标准和技术规范给出了明确的最小保护电位和保护电位范围的判据。而对最小保护电流密度虽然也有一些相应的参考值，但尚未形成权威性的公认的判据。在阴极保护设计时，通常由设计人员根据手册中的参考值和以往的经验，针对被保护金属结构物的环境和工况条件来选择最小保护电流密度，然后通过馈电试验进行验证和调整。阴极保护电流密度的设计选择和调整是否正确合理，最终仍是取决于所产生的保护电位是否符合最小保护电位和保护电位范围的判据。

表 11-1-5 埋地钢管道防腐涂层最小保护电流密度

涂层种类	保护电流密度/(mA/m^2)
三层PE厚3 mm	0.001～0.007
二层聚乙烯(PE)	0.005～0.010
环氧粉末层	0.01～0.02
聚乙烯胶带	0.02～0.05
环氧煤沥青	0.03～0.05
石油沥青玻璃布厚4 mm	0.05～0.25
旧沥青层	0.5～3.5
无覆盖层	10～100
混凝土钢筋	<2

5）保护度和保护效率

保护度和保护效率是评价阴极保护效果的两个重要参数。保护度是被保护金属结构物在实施阴极保护后金属腐蚀速率下降的相对保护程度。保护度 P 可由下式计算：

$$P=\frac{V_0-V'}{V_0}\times 100\%=\left(1-\frac{V'}{V_0}\right)\times 100\% \tag{11-3}$$

或

$$P=\frac{i_{corr}-i'_a}{i_{corr}}\times 100\%=\left(1-\frac{i'_a}{i_{corr}}\right)\times 100\% \tag{11-4}$$

式中，V_0 和 V' 分别为未加阴极保护和施加阴极保护时的金属腐蚀速率；i_{corr} 和 i'_a 分别为相应的金属腐蚀电流密度。

保护效率是在阴极保护时施加单位极化电流量所获得的金属腐蚀速度减小值，即阴极保护产出收益与投入(阴极保护电流消耗量)的相对比率。保护效率 Z 可用下式表示：

$$Z=\frac{i_{corr}-i'_a}{i_p}\times 100\%=\frac{P}{i_p/i_{corr}} \tag{11-5}$$

式中，i_p 为阴极保护电流密度，即阴极保护时的外加电流密度。

11.2 阴极保护的判据和有效性

11.2.1 阴极保护判据

研究和实践证明，对于同一环境介质中的不同金属合金以及同一金属合金在不同环境介质中服役的体系，其最小保护电位是不一样的。可以参考的标准有：

(1) 美国腐蚀工程师协会(NACE)编制颁布的标准《埋地或水下金属管道系统的外部腐蚀控制》(NACE RP0169—96);

(2) 我国建设部标准 CJJ 95—2003 和石油行业标准 SY/T 0036—2000 也对钢铁结构物(尤其是埋地管道)指定了相应的阴极保护判据。

11.2.2　阴极保护应用的有效性

阴极保护判据是根据阴极保护的参数以及实际工况下阴极保护的有效性来确定的。因此,阴极保护判据是在各种实践条件下可测量、可调整、可控制,并可对之进行判断和管理的标准参数。

基于标准《埋地或水下金属管道系统的外部腐蚀控制》(NACE RP0169—96),可以知道,通常用于埋地或浸于海水的钢铁结构物的－850 mV(CSE)是一种应用最广泛的保护判据。而阴极极化 100 mV 的判据是一种比较经济的保护判据,适用于各种金属材料。－850 mV(CSE) 判据的实际测量技术和需用设备比 100 mV 判据的更为简单,测试周期也短得多。

实际环境条件和工况条件的多样性表明,各种情况都可能存在,用于评价阴极保护有效性的某一判据不可能对所有情况都适用。不可能提出一个普遍适用于所有金属、所有环境介质和所有工况条件的单一判据。通常,对一个单独的金属结构物往往需要多个判据联合使用。图 11-2-1 说明前三项阴极保护判据的电位关系,以及 100 mV 极化判据所用的两种测量方法。金属结构物的断电电位并不一定要达到如－850 mV(CSE)那样负,只要达到阴极极化 100 mV 即可。

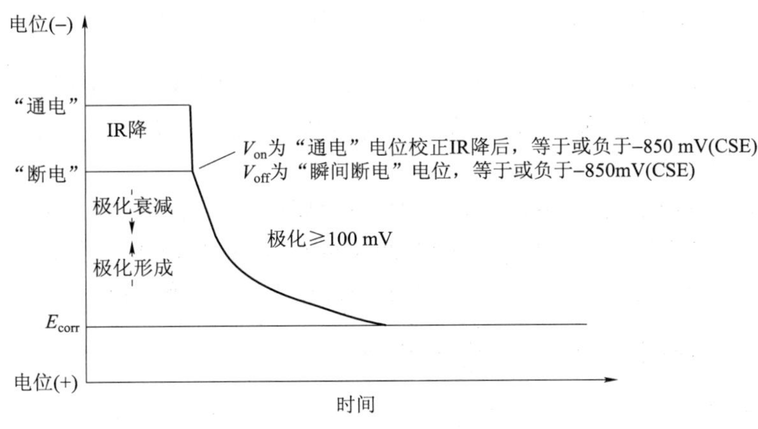

图 11-2-1　三项阴极保护判据的电位关系及 100 mV 极化判据的测量方法示意说明

任何一个阴极保护判据都应具有良好的工程实用价值。在多金属组合使用的结构物系统中,只要被保护金属中最活泼金属的电位可以测量,就仍然可采用阴极极化 100 mV 的判据。但是,在有杂散电流影响的地区采用 100 mV 极化判据就受到了限制,因为当存在杂散电流作用时,金属的瞬间断电电位可能并不代表真实的极化电位。这一判据也不能用于对应力腐蚀开裂敏感的金属腐蚀体系。

11.3 外加电流法阴极保护技术

在核电站，外加电流法阴极保护技术主要应用于埋地管道和海水系统设备的保护。

11.3.1 外加电流法阴极保护系统

外加电流阴极保护系统包括三个主要组成部分：直流电源、辅助阳极、被保护金属结构物（阴极）。此外还有参比电极、检测站、阳极屏、电缆和绝缘装置等。图 11-3-1 给出了对于土壤应用的埋地管道外加电流法阴极保护系统的构成图。

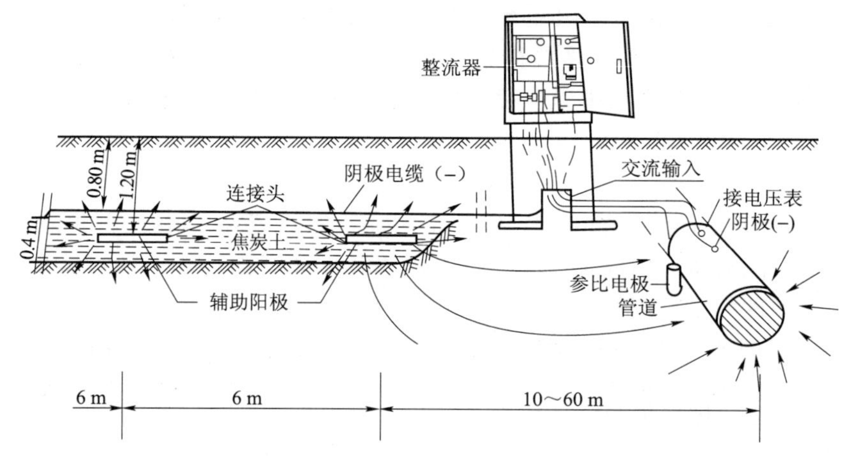

图 11-3-1 埋地管道的外加电流法阴极保护系统构成图

直流电源通过辅助阳极（阳极床）、被保护金属结构物及环境介质构成了一个完整的电流回路。直流电源正极连接辅助阳极，负极连接被保护金属结构物。该电流回路的功能就是向被保护结构物提供阴极保护电流。

参比电极和被保护金属结构物构成了一个电位回路。其功能就是监测和控制结构物的阴极保护电位。把结构物电位信号反馈到检测站或恒电位仪，就可以人工或者自动地调整直流电源的输出电流，从而达到调节至规定的阴极保护电位范围的目的。

11.3.2 外加电流法阴极保护的电源设备

外加电流法阴极保护系统需要用一个稳定可靠的直流电源。通常，采用整流器或者恒电位仪。

11.3.3 外加电流法阴极保护的辅助阳极

辅助阳极是外加电流法阴极保护系统中构成完整电流回路的基本组件。它的基本作用是长寿命、可靠地承载电流以及向被保护结构物供给和分配电流。

外加电流法阴极保护系统实质是一个电解电池。作为该电解电池阳极的辅助阳极应耐受环境电解质的腐蚀、电解溶解和阳极氧化的电化学作用。

目前辅助阳极的材料种类很多，一般根据阳极消耗率（溶解性能）可分为：可溶性阳极、低溶性阳极和难溶性阳极。表 11-3-1 列出了几种常用辅助阳极的材料和性能。

表 11-3-1　几种常用辅助阳极的材料和性能

阳极材料	使用环境	容许电流密度/(A/dm^2)	消耗率
碳钢	水中、土中	—	9
铸铁	水中、土中	—	2～9
铝	淡水	0.1	2.4～4
硅铸铁	海水	0.5	0.3～1.0
	淡水、土中	0.1	0.05～0.2
石墨	海水	0.1	0.16
	淡水	0.025	0.04
磁性氧化铁	海水	4	约 0.1
	土中	0.1	约 0.1
铅银合金	海水	0.3～3	0.03
镀铂钛	海水、淡水	10	0.000 006
	土中	4	0.000 006

11.3.4　外加电流法阴极保护设计

(1) 外加电流法阴极保护的设计原则

为实施阴极保护并能获得良好的保护效果，设计时需具备以下几个原则：

• 根据工艺计算对保护范围宜增加 10%的余量。对于埋地管道的阴极保护工艺设计，一般对管道保护长度留有 10%的余量；

• 辅助阳极的设计寿命应与被保护结构物相匹配，对不同的结构物应同时考虑辅助阳极的可更换性。对于埋地管道的外加电流法阴极保护，其辅助阳极设计寿命一般不小于 20 年；

• 应充分注意保护系统与外部金属结构物之间的相互干扰问题，以及外部电信号对保护系统的干扰问题；

• 应使电源的最大输出电压与最大输出电流之比大于阴极保护回路的总电阻。

(2) 埋地管道工艺计算

对不同环境介质中的不同结构物进行外加电流法阴极保护设计和工艺计算时，它们的设计原则、计算步骤和工艺计算要求等都是相同的。但由于环境介质性能差别、结构物的金属种类和表面状态不同、工况条件不同以及结构物的构型、尺寸不同等，在设计要求和工艺计算方面，仍有一些明显的具体差异。

• 确定系统的设计参数

阴极保护设计和工艺计算之初，应先确定系统的一些设计参数，埋地钢管道主要有：

—管道自腐蚀电位：−0.55 V(CSE)；

—最小保护电位：−0.85 V(CSE)；

—最大保护电位：−1.25 V(CSE)；

—涂覆层面电阻率：按涂覆层种类选定；

—钢管电阻率：按钢种选定；

—保护电流密度：按涂覆层面电阻率选取；

—辅助阳极消耗率：根据阳极材料及工作条件选定；

—土壤电阻率：非常重要，必须现场实测确定；

—管道保护长度(保护范围)。

对于实施阴极保护的埋地管道而言，为达到良好保护效果，应要求管道纵向电阻越小越有利，而涂覆层管道对地电阻越大越有利。这两个参数决定了管道阴极保护范围和所需电流大小。它们之间的关系如式(11-6)所示。

$$\alpha=\sqrt{\frac{R}{G}} \tag{11-6}$$

式中，R——单位长度管道纵向电阻，Ω/m；

G——单位长度涂覆层管道对地电阻，Ω/m。

管道保护长度按式(11-7)计算：

$$2L=\sqrt{\frac{8\Delta U}{\pi\cdot D\cdot J_S\cdot R}} \tag{11-7}$$

$$\text{其中}\quad R=\frac{\rho_S}{\pi\cdot D'\cdot\delta} \tag{11-8}$$

式中，L——单侧保护长度，m；

ΔU——最大保护电位与最小保护电位之差，V；

D——管道外径，m；

J_S——保护电流密度，A/m^2；

ρ_S——钢管电阻率，$\Omega\cdot mm^2/m$；

D'——管道外径和内径的平均值，且 $D'=D-\delta$，mm；

δ——管道壁厚，mm。

• 保护电流需用量

保护电流需用量按式(11-9)计算：

$$2I_O=\pi\cdot D\cdot J_S\cdot 2L=\sqrt{\frac{8\Delta U\cdot\pi\cdot D\cdot J_S}{R}} \tag{11-9}$$

式中，I_O——管道单侧保护电流，A。

此处所计算的保护电流需用量只是正常条件下的需用值，而在实际应用条件下，还应考虑结构物的埋设状态、土壤电阻率、阳极与管道的距离、管径差异的影响。因此，还应针对特定的管道/环境介质条件，具体地选择校正系数，以求设计更符合实际情况。

• 辅助阳极接地电阻

辅助阳极的接地电阻因埋设方式和阳极床结构不同而有所区别。下面是三种常用埋设方式的辅助阳极接地电阻计算公式。

— 单支立式阳极接地电阻 R_{V1} 的计算：

$$R_{V1}=\frac{\rho}{2\pi L}\cdot\ln\frac{2L}{d}\cdot\sqrt{\frac{4t+3L}{4t+L}}\quad(t\gg d) \tag{11-10}$$

— 深埋式阳极接地电阻 R_{V2} 的计算：

$$R_{V2}=\frac{\rho}{2\pi L}\cdot\ln\frac{2L}{d}\quad (t\gg L) \tag{11-11}$$

— 单支水平式阳极接地电阻 R_H 的计算：

$$R_H=\frac{\rho}{2\pi L}\cdot\ln\frac{L^2}{td}\quad (t\ll L) \tag{11-12}$$

式中，L——阳极长度（含填料），m；

d——阳极直径（含填料），m；

t——埋深（填料顶部距地表面），m；

ρ——阳极区的土壤电阻率，Ω·m。

— 阳极组的接地电阻 R_g 的计算：

$$R_g=F\cdot\frac{R_V}{n} \tag{11-13}$$

式中，R_V——单支阳极接地电阻，Ω；

n——阳极支数；

F——接地电阻修正因子，如图 11-3-2 所示。

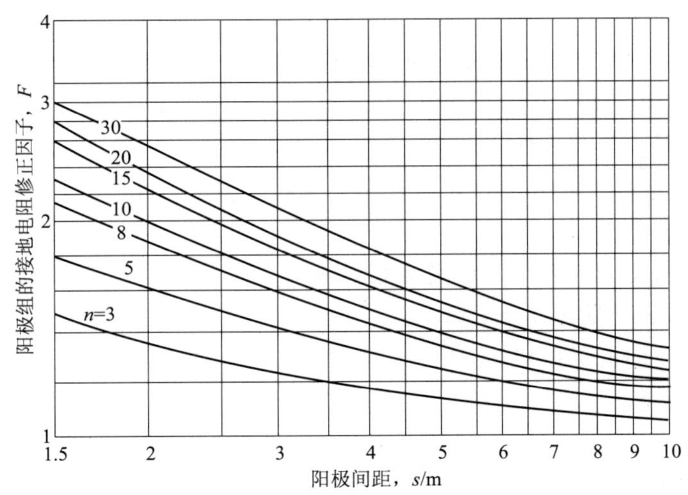

图 11-3-2　阳极组的接地电阻修正系数 F 与阳极间距 s 的关系

• 辅助阳极总质量

根据规划、设计确定的阳极寿命，可按式(11-14)计算辅助阳极总质量 G_t(kg)：

$$G_t=\frac{T\cdot g\cdot I}{K} \tag{11-14}$$

式中，T——阳极设计寿命，a；

g——阳极消耗率，kg/(A·a)；

I——阳极工作电流，A；

K——阳极利用因子，常取 0.7～0.85。

• 辅助阳极支数

一个阴极保护系统所需用辅助阳极支数是由阳极设计寿命及阳极消耗率所决定的。根据式(11-14)计算得到阳极总质量 G_t，再从阳极接地电阻和规格型号选取单支阳极质量 G_0，由式(11-15)计算辅助阳极支数 n：

$$n=\frac{G_t}{G_0} \tag{11-15}$$

• 阴极保护系统的电源功率

按式(11-16)计算保护系统得电源功率 P(W)：

$$P=\frac{IV}{\eta} \tag{11-16}$$

$$V=I(R_a+R_L+R_C)+V_r \tag{11-17}$$

$$R_C=\frac{\sqrt{R_T r_T}}{2th(\alpha L)} \tag{11-18}$$

$$\alpha=\sqrt{\frac{r_T}{R_T}} \tag{11-19}$$

$$I=2I_0 \tag{11-20}$$

式中，V——电源设备的输出电压，V；

R_a——阳极地床接地电阻，Ω；

R_L——导线电阻，Ω；

R_C——阴极(管道)/土壤界面过渡电阻，Ω；

α——管道衰减系数，m^{-1}；

r_T——单位长度管道电阻，Ω/m；

R_T——涂覆层过渡电阻，Ω · m；

L—— 被保护管道长度，m；

V_r——地床的反电动势，V；焦炭填充时取 $V_r=2$ V；

I——电源设备的输出电流，A；

I_0——单侧方向的保护电流，A；

η——电源设备效率，一般取 0.7。

(3) 海水设备工艺计算

• 保护电流的计算

结构物所需的保护电流按公式(11-21)计算：

$$I=\sum I_i S_i \tag{11-21}$$

式中，I——被保护结构物所需要的保护电流，mA；

I_i——被保护结构物内各种材质在不同涂装下的保护电流密度，mA/m^2，它的选取如表 11-3-2 所示；

S_i——被保护结构物内各种材质在不同涂装下的浸水面积，m^2。

表 11-3-2 不同材质在不同涂装下的保护电流密度(mA/m^2)

结构物类型 \ 材质	钢及铸钢		铜合金	钛合金	不锈钢	
	涂漆	裸露			涂漆	裸露
冷凝器	10～30	80～100	150～200	50～60	70～80	150～200
泵	10～80	100～250	—	—	300～1 000	

续表

结构物类型＼材质	钢及铸钢		铜合金	钛合金	不锈钢	
	涂漆	裸露			涂漆	裸露
管道	20～40	30～100	—	—	—	—
滤网	—	—	—	—	70～80	150～200

• 阳极尺寸、数量及布置

所需阳极总的有效表面积按公式(11-22)计算：

$$S_a=\frac{I}{i_a} \tag{11-22}$$

式中，S_a——阳极总的有效表面积，m^2；

I——所需的保护电流，A；

i_a——阳极的工作电流密度，A/m^2，常用阳极的电流密度如表 11-3-3 所示。

表 11-3-3　常用阳极类型及其在海水中的主要性能

阳极类型	电流密度/(A/m^2)		消耗率/[g/(A·a)]	使用寿命/a
	最大	通常		
铅-银合金	250～350	50～180	100	10～20
铅-银微铂	600	150～450	8	20～30
铂/铌复合丝、板	2 000	500～1 000	0.006	20～30
铂/钛复合丝、板	2 000	500	0.006	20～30

阳极的数量按式(11-23)计算：

$$n=\frac{S_a}{S_a'} \tag{11-23}$$

式中，S_a'——单支阳极的有效表面积，m^2；根据选取得阳极类型可得到其有效表面积；

n——阳极支数。

阳极的布置应根据阳极的数量和以保护电流分布均匀为原则，进行合理的分布。

• 直流电源容量

直流电源额定输出电流是最大保护电流量加上适当的裕量，并取一个整数值；

电源额定输出电压为整个回路的电阻与额定输出电流的乘积加上适当的裕量，并取一个整数值；

整个回路的电阻 R 如式(11-24)计算：

$$R=nR_a+nR_a'+R_L \tag{11-24}$$

式中，R_a——单个阳极接水电阻，Ω；

R_a'——单支阳极电阻，Ω；可按单支阳极接水电阻的 5%计算，即 $R_a'=5\%R_a$；

n——阳极支数；

R_L——整个回路的电缆电阻，Ω。

R_a 计算如下：

圆盘状阳极：

$$R_a=\frac{\rho}{2d} \tag{11-25}$$

半球状阳极：
$$R_a=\frac{\rho}{\pi \cdot d} \tag{11-26}$$

圆柱状阳极：
$$R_a=\frac{\rho[\ln(4L/d)-1]}{\pi \cdot L} \tag{11-27}$$

长条状阳极：
$$R_a=\frac{\rho\ln(4L/b)}{\pi \cdot L} \quad (L \gg b) \tag{11-28}$$

式中，R_a——单支阳极的接水电阻，Ω；

ρ——介质的电阻率，Ω·m；

d——阳极直径，cm；

L——阳极长度，cm；

b——阳极宽度，cm。

• 参比电极

一般海水系统中选取银/氯化银电极和铜/饱和硫酸铜电极。另外，参比电极的位置应安装在原电池作用最大的一些点的附近，同时应注意远离阳极。

11.3.5 安装与施工

(1) 海水系统的阳极安装

海水系统设备和管道内部的阳极主要采取镶嵌式、支架式和悬臂式三种安装方式（见图11-3-3至图11-3-5）。

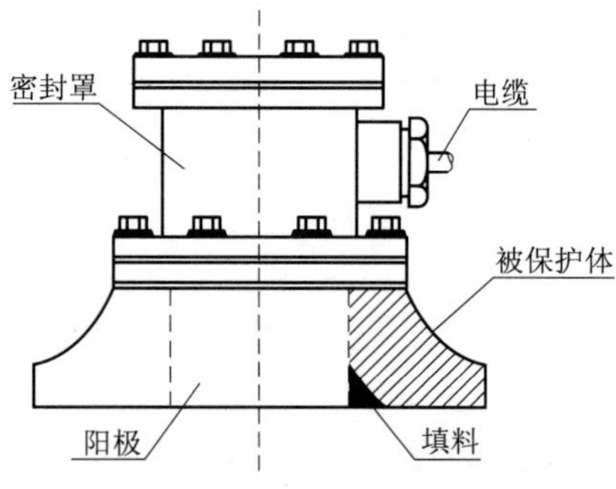

图 11-3-3　镶嵌式阳极安装示意图

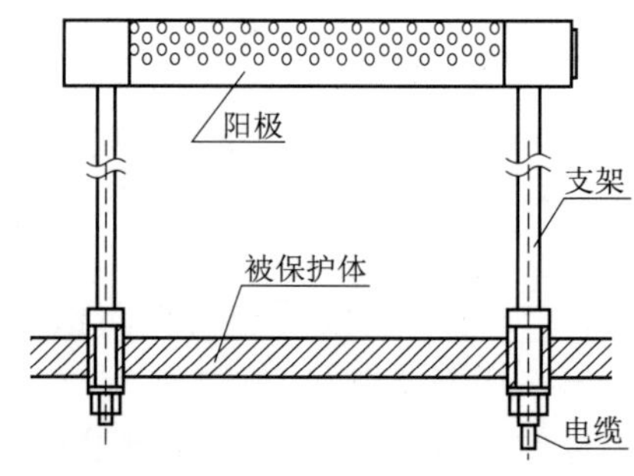

图 11-3-4　支架式阳极安装示意图

(2) 导线敷设与接头处理

• 导线敷设

外加电流法阴极保护系统中，所有连接的导线（包括阴极、阳极的连接导线、均压线、参比电极连接线和检测站连接线等）一般应采用电缆直接埋地铺设，也可以采用架空线。

电缆与管道的连接应采用焊接方式。电焊会产生大量的热量，对于高强度钢管应考虑电焊热量形成的热影响及由此带来的潜在危害，目前国内外广泛采用铝热焊法。应确保电缆与管道的焊接处机械牢固可靠，导电性能良好。

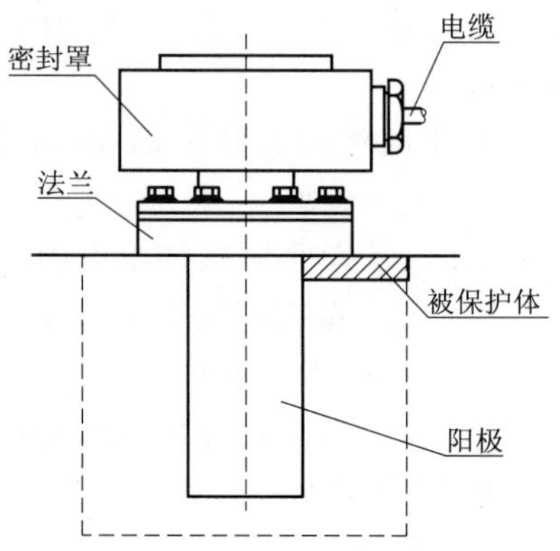

图 11-3-5　悬臂式阳极安装示意图

• 接头处理

为确保阴极保护系统运行的长期有效性，安装过程中关键点之一是必须保证阴极保护施工中所有接头均有可靠的连接和优良的绝缘密封。这些接头应严格保障其绝缘密封性，防止土壤腐蚀和各种损伤对阴极保护系统的危害。

对各种焊接接头，在确认焊接牢固后，需用环氧树脂涂封填充，外部再包覆与整体涂覆层相容的防腐蚀绝缘材料。

11.3.6 小结

目前，阴极保护系统在现役核电站中得到广泛的应用，并且取得了很好的防腐效果。特别是在与海水系统相关的设备和管道，以及埋地管道。但是，在设计及运行过程中也暴露出了一些问题，例如设计过程中的不合理导致运行中防腐效果不佳反而加速腐蚀（如析氢腐蚀、电偶腐蚀），牺牲阳极消耗过快导致设备得不到很好保护，接头断裂导致保护系统实效，检测数据没有得到很好管理而对后续工作帮助不大，工作人员对阴极保护系统认识不够等。为此，阴极保护系统需要在设计过程中进行全方位综合考虑，规范设计程序，加强设计理念，消除设计盲点，选择合理方案，控制施工过程，减少由于设计和施工过程所带来的隐患。同时在运行过程中需加强管理和及时总结，提高工作人员的专业知识，采用更加先进的检测和监测仪器，强化数据管理和分析手段，使核电站的阴极保护系统切实有效地运行。

11.4 牺牲阳极法阴极保护技术

在核电站，牺牲阳极法阴极保护技术广泛应用于海水设备中，如拦污栅、旋转滤网、二次滤网等。

11.4.1 牺牲阳极法阴极保护系统

电偶序是实际腐蚀体系（金属/介质）按自腐蚀电位的排序集合。电偶序中任意两种金属在电解质溶液中直接接触或通过外部金属构件形成电连接，就构成了一组电偶对。这是一种宏观电化学电池。其中位于电偶序负电位端的金属成为电池中的阳极；正电位端的金属则成为阴极。

在电偶电池中，阳极金属由于与自腐蚀电位更正的阴极金属在电解质中偶接，发生阳极极化，使其阳极溶解的腐蚀速率显著增大。阳极金属在溶解过程中转变成为金属离子进入电解质，同时释放的电子则通过金属导体传输至阴极，由此使阴极金属发生阴极极化，使其电位负移，并使阴极金属的腐蚀速率显著降低，甚至低至可予忽略的程度，这就是所谓的阴极保护现象。由于这种阴极保护是通过与电偶序中电位更负的阳极金属偶接，以加速阳极金属腐蚀溶解、消耗（牺牲）阳极材料为代价而实现的，故称为牺牲阳极法阴极保护，简称牺牲阳极保护。

（1）牺牲阳极阴极保护系统的构成

土壤中牺牲阳极阴极保护系统中牺牲阳极和被保护金属通过电缆组成了一个完整的电流回路（海水中一般是牺牲阳极通过螺栓连接或焊接在被保护设备本体上）。在此回路中，牺牲阳极向被保护金属输出电流，即阴极保护电流，同时可在此回路中测量牺牲阳极的有效输出电流。

通过在电解质环境中在被保护金属邻近处设置一个永久性参比电极，与被保护金属通过电缆组成了一个完整的电位回路，以测定被保护金属的保护电位。保护电流和保护电位的测量系统，再加上阳极接地电阻、阳极电位、管道或设备上实际流过的电流等测量系统，就组成了阴极保护检测站(测试桩)。

(2) 牺牲阳极阴极保护系统的应用

1) 牺牲阳极法阴极保护技术有其独特的优点：

- 不需要任何外部电源，增强了其广泛的应用性；
- 作为用电装置对邻近构筑物产生的杂散电流干扰很小，甚至无干扰；
- 对小型工程而言，这种阴极保护成本很低；
- 输出电流具有一定的自调节能力，保护电流分布均匀，利用率高；
- 施工安装简单，运行期间的维护管理强度很低，甚至无需维护；
- 在低电阻率环境中运行工作很好。

2) 牺牲阳极法阴极保护技术也有其自身的局限性：

- 由于输出功率小，在高电阻率环境中应慎用，过高电阻率环境中则不宜使用；
- 系统保护电流小，可调节范围很小或几乎不可调；
- 为获得很好保护效果，要求被保护构筑物表面应涂敷优质防腐涂覆层；
- 消耗有色金属的质量大，且工作寿命较短，但若干年后可更换。

11.4.2 牺牲阳极材料

作为阴极保护用的牺牲阳极，其基本功能就是在阴极保护系统中，通过自身材料的腐蚀溶解而向被保护金属输出稳定的、足够强度的阴极保护电流。由此对牺牲阳极材料提出了各种性能要求：

- 牺牲阳极须有足够负的稳定电位；
- 牺牲阳极在工作过程中发生的阳极极化要小，即其电位朝正方向移动不大。牺牲阳极的闭路电位(工作时的阳极电位)足够负，就可保证阴极保护系统有足够大的驱动电压；
- 牺牲阳极材料的理论电容量要大。理论电容量是根据库仑定律计算的消耗单位质量金属所产生的电量。这一参数决定了牺牲阳极的保护效果、使用寿命和经济性；
- 牺牲阳极在工作时的自腐蚀速率(不做功的自溶解量)要小，即电流效率要高，也就是实际电容量与理论电容量的百分比率要大。实际电容量是实际测得的消耗单位质量金属所产生的电量；
- 牺牲阳极在工作时呈均匀的活化溶解，表面上不沉积难溶的腐蚀产物，使阳极能够长期持续的稳定工作；
- 牺牲阳极工作时产生的腐蚀产物应无毒无害，不污染环境，无公害之虞。

(1) 合金元素和杂质

工程中常用的牺牲阳极材料主要有镁和镁合金、锌和锌合金、铝合金三大类。在个别工程中，由于特殊情况而采用了铁阳极或锰阳极进行牺牲阳极法阴极保护。例如在秦山第二核电厂，凝汽器水室就采用铁阳极保护凝汽器管板，它装在凝汽器人孔盖板上。

铝是自钝化金属。未经合金化的工业纯铝和普通铝合金表面极易钝化，钝化后的铝电位较正，且易于极化。所以未合金化的铝不可能用作牺牲阳极，必须添加合金元素。

(2) 合金元素的作用分析

1) 合金元素锌

Zn是铝合金阳极中主要的合金元素。在Al-Zn合金中，Zn含量小于40%时，合金易活化；Zn含量小于10%时，合金的电流效率较高。Zn作为铝合金阳极的合金元素有如下特点：

- 易合金化，成分均匀；
- 可使铝阳极的电位负移0.1～0.3 V；
- 易使材料活化，腐蚀产物易脱落。

通常认为，铝合金牺牲阳极中Zn含量以5%为宜。含Zn含量过大会导致Al合金阳极电流效率降低。从化学分析报告上看，Zn的最大含量为4.53%，是一个基本合适范围。

2) 合金元素铟

在铝中单独添加Zn或Mg元素，可以使铝合金的电位变负0.1～0.3 V。但是如果添加In元素，只要很少量就可以使铝合金的电位负移0.3～0.9 V。In含量在0.01%～0.04%范围内，随In含量增加，阳极性能显著改善。而且In与Zn有协同作用，Zn含量大于2.5%和In含量为0.02%～0.04%之间的铝阳极性能优越。

另外，可以通过向铝合金中添加In来抵消Si和杂质Fe的有害作用。但In含量大于0.1%后，它将以新相形式发生偏析，会加快铝的自腐蚀，降低阳极的电流效率。所以合金中In含量要适度。

从化学分析数据中可见，所用牺牲阳极中In含量在0.021%～0.047%之间，符合国标要求，并且与Zn的配比关系也较好。

3) 合金元素镁

Al-Zn-In系合金中，如果添加0.5%～4%的Mg将显著提高铝合金阳极的电流效率，尤其存在微量Sn时，效果更为明显，因为Sn与Mg之间具有匹配作用。

该合金中不含Sn元素。从化学检验报告上看，Mg的含量依然在国标范围内，符合要求。

4) 合金元素钛

加入少量Ti，可以促进Zn的均匀分布，减少Zn、Cu和In的偏析，进而改善阳极电化学性能。

该合金中Ti的含量在0.032%～0.050%之间，没有超出国标的规定。

5) 杂质元素铁

一般认为，Fe是铝合金牺牲阳极中的有害杂质，其在铝中的溶解度很小，但却可以促使铝阳极的自腐蚀，降低阳极电流效率。所以在牺牲阳极的原料铝锭中要对Fe含量加以严格控制。

根据检验数据表明，铝合金阳极中Fe含量在0.054%～0.098%之间，低于国标中0.16%的要求，说明杂质Fe含量控制合格。

（3）合金显微结构

由于Al-Zn-In系合金阳极中合金元素的量相对较少，所以金相结构相对简单，基本为α-Al固溶体，多呈胞状或树枝状，经常出现金属间化合物。铝合金在凝固过程中，常形成晶内偏析，即低熔点杂质和合金元素浓集在晶胞或枝晶间。

1）含锌相

常温下，Zn在Al中的最大溶解度约为2%。根据厂商提供的牺牲阳极化学成分报告显示，Zn含量在3.92%～4.53%之间，说明铸态铝合金组织中除了Zn固溶在Al晶格中形成固溶体外，还有Al和Zn形成的第二相AlZnFe相，这种第二相主要以离异共晶形式分布在Al合金固溶体晶粒的边界上。另外，还会有微量含锌相弥散在晶粒内部。

2）含铟相

铟在铝中的溶解度极微，主要在晶内以单质形式存在于弥散相中。

3）含镁相

镁在铝中溶解度约为2%，但与其他元素共存时，溶解度下降。含镁量小于1%时，完全固溶于铝基体中，只有极少量分布在晶内弥散相中；当含镁量≥1.0%时，晶界将出现含镁化合物。

从厂家出厂化学分析报告可知，Mg含量在0.55%～1.15%之间，说明一些Mg含量≥1.0%的铸态铝合金晶界处含有Mg的第二相。

4）含铁相

铁是铝合金阳极的有害杂质，易与铝形成金属间化合物$FeAl_3$相，主要分布在合金晶界上。

综上所述，Al-Zn-In-Mg-Ti合金牺牲阳极可能的金相组织是以α-Al固溶体为主，在晶内是一种含有Al、Zn、In、Mg、Ti的复杂化合物弥散相，其中In以单质形式存在其中；晶界分布的是AlZnFe、$FeAl_3$相和Mg的第二相等。

（4）填包料

阳极的接地电阻与土壤电阻率之间有关联关系，为避免这关系的变化并减小接地电阻，土壤中的阳极周围要有填包料。填包料除了限制表面膜的形成和防止电渗脱水外，还可确保电流均匀地输出，使材料均匀地消耗。后者主要是因为填包料中含有石膏成分，而膨润土和硅藻土能保持水分。加入硫酸钠可以降低填包料的电阻率。通过改变各种成分的含量，特别是硫酸钠的含量，就能控制渗出，由此降低阳极附近土壤的电阻率。填包料的组成如表11-4-1所示。

表11-4-1 填包料的组成（质量分数/%）

土壤电阻率/(Ω·m)	填包料						
	用于镁阳极				用于锌阳极		
	石膏粉	膨润土	硅藻土	Na_2SO_4	石膏粉	膨润土	Na_2SO_4
小于20	65	15	15	5	25	75	—
	25	75	—	—	50	45	5
20～100	70	10	15	5	75	20	5
	75	20	—	5	—	—	—
	50	40	—	10	—	—	—

续表

土壤电阻率/(Ω·m)	填包料						
	用于镁阳极				用于锌阳极		
	石膏粉	膨润土	硅藻土	Na_2SO_4	石膏粉	膨润土	Na_2SO_4
大于 100	65	10	10	15	—	—	—
	25	50	—	25	—	—	—

如果填包料中膨润土的比例很大,那么填包料的体积会随着周围土壤含水量的变化而改变,会在填包料中形成空穴,显著减少电流输出量。

施工时,可以将填包料倒进预先钻好的孔洞中,也可以将阳极预先装进用可透水布料做成的内有填包料的袋子里,再将装有阳极的袋子放进钻孔里,浇水并回填细土。如此安装的阳极几天后即能达到其最大电流输出量。

11.4.3 牺牲阳极法阴极保护设计

牺牲阳极法阴极保护设计之前,应先进行被保护结构物、环境介质的基本参数和各项原始资料的调查取值。一般而言,牺牲阳极的保护范围取决于被保护结构物的防腐层、环境条件及单支牺牲阳极的输出电流。而单支阳极的输出电流是非常有限的,要获得足够的保护电流则必然要采用多支阳极的串并联运行,这又将受到材料成本、安装费用及阳极间屏蔽因素等多项因素的制约,使牺牲阳极的使用受到条件限制。因此,牺牲阳极法阴极保护设计的要点应是:根据被保护结构物和环境介质的实际状况,确定有效、经济、合理的保护方案,选择适用的牺牲阳极材料和规定合理的保护方案。

(1) 环境的调研

牺牲阳极的选取首先要根据环境的特征来确定。通常牺牲阳极法阴极保护用于土壤或水中。在核电站,牺牲阳极法主要应用于海水介质系统的设备中。目前我国在运行核电站的海水介质主要分为一般性海水和含泥沙低盐分海水两种,它们的水质状况如表 11-4-2 所示。

表 11-4-2 核电站海水水质特征(杭州湾海水水质主要参数)

参数项	Mg^{2+}	K^+	Na^+	Ca^{2+}	HCO_3^-	Cl^-	SO_4^{2-}	DO	CO	总硬度 德国度	总碱度 CaO	固体含量	溶解固体	悬浮物	pH 年均值
单位	Mg/L	Mg/L	Mg/L	Mg/L	Mg/L	Mg/L	Mg/L	Mg/L	Mg/L	℃	Mg/L	10^3 mg/L	10^3 mg/L	10^3 mg/L	
值	370	47	2 865	144	101.68	5 677.87	871.9	10.65	3.58	4.07	46.72	10.6	9.44	1.20	8.02

(2) 牺牲阳极种类的选择

通常根据环境介质(土壤或水)的电阻率选择牺牲阳极的种类。表 11-4-3 为土壤和水介质中按环境电阻率选择牺牲阳极的原则。

表 11-4-3 牺牲阳极种类的应用选择

水中		土壤中	
可选阳极种类	电阻率/(Ω·m)	可选阳极种类	电阻率/(Ω·m)
铝合金	<100	带状镁阳极	>100
		镁(−1.7 V)	60~100
锌合金或铝合金	100~200	镁	40~60
		镁(−1.5 V)	<40
镁合金或铝合金	>200	镁(−1.5 V),锌	<15
		锌或 Al-Zn-In-Si	<5(含 Cl^-)

注:在土壤潮湿情况下,锌阳极范围可扩大到 30 Ω·m;表中电位均相对于饱和的 $Cu/CuSO_4$ 参比电极。

在土壤中,镁合金阳极是常用的阳极,锌合金阳极适用于土壤中电阻率较低且比较潮湿的土壤环境中,铝合金阳极一般不能用于普通土壤环境,但在极低电阻率、潮湿和含氯化物的环境中仍可推荐使用。

在海水中,三类牺牲阳极都获得了较广泛的应用。锌合金阳极是海水中十分常用的阳极。近些年来,铝合金阳极的应用越来越多,其中应用较为成熟的是 Galvalum Ⅲ阳极。

(3) 牺牲阳极规格的确定

阳极的规格应根据设备、部件、管道的结构、检修间隔的时间、需要保护的年限来确定。在海水中一般采用块状和梯形状阳极。

(4) 牺牲阳极发生电流量计算

牺牲阳极发生电流量按公式(11-29)计算:

$$I_f = \Delta E / R \tag{11-29}$$

式中,I_f——单支阳极发生的电流量,A;

ΔE——阳极驱动电位,V;锌合金阳极取 ΔE=0.25 V,铝合金阳极取 ΔE=0.30 V,镁合金阳极取 ΔE=0.65 V;

R——阳极接水电阻,Ω。

阳极接水电阻根据阳极安装方式,按公式(11-30)和公式(11-31)计算:

平贴阳极:
$$R = \frac{\rho}{L + B + 2H} \tag{11-30}$$

支架阳极:
$$R = \frac{\rho}{2\pi L}\left(\ln \frac{4L}{r} - 1\right) \tag{11-31}$$

式中,R——阳极接水电阻,Ω;

ρ——海水电阻率,Ω·cm;

L——阳极长度,cm;

B——阳极宽度,cm;

H——阳极厚度,cm;

r——阳极截面当量半径,cm,按公式(11-32)计算:

$$r = C / 2\pi \tag{11-32}$$

式中,C——阳极截面周长,cm。

(5) 阳极使用寿命核算

阳极使用寿命应能达到设备检修间隔时间的整数倍，按公式(11-33)计算：

$$t=\frac{G \cdot Q}{8\ 760 \times I_m} \cdot \frac{1}{K} \tag{11-33}$$

式中，t——阳极使用寿命，a；

G——每块阳极重量，kg；

Q——阳极实际电容量，A·h/kg；锌合金阳极取 $Q=780$ A·h/kg，铝合金阳极取 $Q\geqslant$ 2 400 A·h/kg，镁合金阳极取 $Q=1\ 100$ A·h/kg；

$1/K$——阳极利用系数，取值 0.85；

I_m——每块阳极平均发生电流，A；按公式(11-34)计算：

$$I_m=(0.6\sim0.8)I_t \tag{11-34}$$

式中，I_t——每块阳极发生电流，A。

(6) 保护电流密度的选取

保护电流密度按表 11-4-4 选取。

表 11-4-4　不同设备、部件、管道的保护电流密度　(单位：mA/m^2)

设备名称＼材质表面状态	钢、铸铁		铜合金	钛合金	不锈钢		钢筋混凝土
	涂漆	裸露			涂漆	裸露	
取水头部及引水钢管	40～50	80～100	—	—	—	—	—
格栅除污机	40～50	80～100	—	—	—	—	4～6
旋转滤网	70～80	80～100	—	—	70～80	—	4～6
二次滤网	20～30	—	—	—	—	150～200	—
凝汽器	10～30	—	150～200	50～60	—	—	—
冷却器	5～15	—	120～150	—	—	—	—
管道	25～35	—	—	—	—	—	—

(7) 保护电流的计算

被保护设备、部件、管道所需要的保护电流按公式(11-35)计算：

$$I=\sum I_i \cdot S_i \tag{11-35}$$

式中，I——保护电流，mA；

I_i——被保护设备、部件、管道内各种材质及不同表面状态下的保护电流密度，mA/m^2；

S_i——被保护设备、部件、管道内各种材质及不同表面状态浸水面积，m^2。

(8) 牺牲阳极数量计算

被保护设备、部件、管道所需用的阳极数量按公式(11-36)计算：

$$N=I/I_f \tag{11-36}$$

式中，N——阳极数量；

I——保护电流，A；

I_f——每块阳极发生电流量，A。

(9) 牺牲阳极的布置

阳极采用均匀、对称布置,阳极安装的位置应考虑到电流屏蔽作用。

11.4.4 牺牲阳极安装

牺牲阳极使用之前,应先抽验,取样分析,镁阳极和锌阳极化学成分应满足(SY/T 0019—1997)标准要求,测阳极开路电位必须达到要求才可确定阳极是否使用。

应对表面进行处理,清除表面的氧化膜及油污,使其无氧化皮、无油污、施工前应用钢丝刷或砂纸打磨,使呈金属光泽。阳极导线与阳极钢芯可采用铜焊或锡焊连接,检查是否做好防腐绝缘,焊接后未剥皮的电缆端应与钢芯用尼龙绳捆扎结实,阳极焊接端和底端两个面应采用环氧树脂绝缘,以减轻阳极的端部效应。

(1) 阳极溶解过程

1) 活化溶解

活化溶解是牺牲阳极发挥其自身保护作用的一种正面溶解方式。

在使用过程中,相对于铝为阴极的阳离子和铝发生电化学交换反应而沉积到铝表面,这个交换反应部分剥离掉铝表面的氧化膜,从而使铝的电位向很负的方向移动。这个过程具体分成如下三步进行:

- 最初的阳极腐蚀发生在氧化膜的薄弱点。在这里 Al 和固溶或弥散在 Al 晶格中的合金元素也同时氧化成阳离子,以 In 为例,反应式如下:

$$\text{Al}+\text{In}(\text{以单质形式存在于晶内弥散相中})\rightarrow \text{Al}^{3+}+\text{In}^{3+}+6\text{e}$$

- 第一步产生的 In^{3+} 阳离子由化学置换反应重新沉积到铝的表面,反应式为:

$$\text{Al}+\text{In}^{3+}\rightarrow \text{Al}^{3+}+\text{In}$$

- 铝的氧化膜局部分离,这和第二步几乎同时进行。

上述三步是一个自催化过程。

2) 自腐蚀溶解

自腐蚀溶解是阳极块的自我消耗,起不到保护作用。

由于电位更负的第二相物质如 $FeAl_3$ 相或者 Mg 的某些第二相分布在铝合金阳极晶界上,使铝合金晶粒与这些第二相之间形成电化学电池。在这个电池中,铝晶粒作为阴极受到保护,第二相作为阳极优先溶解。当这种溶解达到一定程度时会导致被第二相包围的晶粒脱落。这种脱落造成了合金的额外损失,使阳极的电流效率下降。

(2) 阳极腐蚀产物

1) 腐蚀产物组成

海水为中偏碱性环境,其内含有一定量的溶解氧。在这种环境下,铝合金阳极和被保护体上将分别发生如下电化学反应:

- 阳极反应(铝阳极表面)

$$\text{Al}+\text{In}(\text{单质})\rightarrow \text{Al}^{3+}+\text{In}(\text{沉积})+3\text{e}$$

$$\text{Al}^{3+}+3\text{H}_2\text{O}\rightarrow \text{Al(OH)}_3+3\text{H}^+$$

- 阴极反应(被保护体表面)

$$\frac{3}{4}\text{O}_2+\frac{3}{2}\text{H}_2\text{O}+3\text{e}\rightarrow 3\text{OH}^-$$

氢氧化铝呈白色絮状或凝胶状,失水后形成氧化铝,这两种物质是铝合金阳极的主要腐蚀产物(见图 11-4-1)。

(a)

(b)

图 11-4-1 二次滤网附近阳极边缘消耗明显

(a)下游;(b)上游

2) 结论和建议

秦山第二核电厂用 Al-Zn-In-Mg-Ti 牺牲阳极为高效铝合金阳极,综合性能在同类阳极中基本是最好的。且从其保护效果来说,到目前为止仍然符合电站运行需要。

表 11-4-5 所示为 1 号和 2 号机组阴极保护系统汇总表。

表 11-4-5 1 号和 2 号机组阴极保护系统汇总表(适用于 CRF、SEN、SEC 和 JPP 系统)

序号	设备编码	设备名称	部 件	阴极保护系统			
				数量	型号	规格:本体长×(上底+下底)×高	安装方式
1	1/2CRF 循环水系统:该系统的取水头部、输水隧道、格栅、闸门、鼓形滤网、钢管及钢筋混凝土排水暗渠上均加了阴极保护						
1.1	1/2CRF001GG 或 9SEC001/002GG	CA 取水头部×2	喇叭口内壁(10CrMoAl)×2	28 块×2=56 块	AI-7	1 000×(115,135)×130	焊接
			喇叭口外壁(10CrMoAl)×2	10 块×2=20 块			
			喇叭口附近 CRF 管段×2	18 块×2=36 块			
			喇叭口附近 SEC 管段×2	6 块×2=12 块			
1.2	1/2CRF000BU	CB 输水隧道闸门×2	闸门(Q235-A)×2	4 块×2=8 块	AH-2	792×138×48(截面为矩形)	焊接
			导槽(镍铬合金铸铁)×2	6 块×2=12 块	AI-10	500×(115,135)×130	M14 螺栓固定

续表

序号	设备编码	设备名称	部件	阴极保护系统			
				数量	型号	规格:本体长×(上底,下底)×高	安装方式
1.3	1/2CRF001～004BU	泵房进水闸门×8	闸门(Q235-A)×8	4块×8=32块	AH-2	792×138×48(截面为矩形)	焊接
			导槽(镍铬合金铸铁)×8	6块×8=48块	AI-10	500×(115,135)×130	M14螺栓固定
1.4	1/2CRF101～104DG	固定式拦污栅×8	格栅(10CrMoAl)×8	未知			
			导槽(镍铬合金铸铁)×8	6块×8=48块	AI-10	500×(115,135)×130	焊接在钢板上,钢板固定墙壁
1.5	1/2CRF201/202TF	鼓型旋转滤网×4	主辐条(碳钢)20条×4	120块×4=480块	AI-5	800×(56,78)×65	焊接
			小辐条(碳钢)40条×4	80块×4=320块			
			主横梁(碳钢)20条×4	20块×4=80块			
			小横梁(碳钢)40条×4	160块×4=640块			
1.6	1/2CEX101～103CS	凝汽器水室×24	水室人孔	每个人孔上1块			
1.7	1/2CRF006BU和四期	CC跌落井闸门×4	闸门(Q235-A)×4	4块×4=16块	AH-2	792×138×48(截面为矩形)	焊接
			导槽(镍铬合金铸铁)×4	4块×4=16块	AI-10	500×(115,135)×130	M14螺栓固定
1.8	1/2CRF007BU和四期	排出口闸门×4	闸门(Q235-A)×4	4块×4=16块	AH-2	792×138×48(截面为矩形)	焊接
			导槽(镍铬合金铸铁)×4	6块×4=24块	AI-10	500×(115,135)×130	M14螺栓固定
			防护格栅(数目不详)	5块	AI-10	500×(115,135)×130	
1.9		输水隧道(DN4 200 mm和DN2 800 mm,钢筋混凝土)		有			
1.10		循泵出水管(泵房内碳钢管段)×4		10块×4=40块	AI-7	1 000×(115,135)×130	焊接
		循泵出水管连接管(10CrMoAl)×2		10块×2=20块			

续表

序号	设备编码	设备名称	部件	阴极保护系统			
				数量	型号	规格:本体长×(上底,下底)×高	安装方式
1.11		MX与PX之间管道(钢筋混凝土)		有			
1.12		凝汽器水室入口碳钢管道(10CrMoAl)×12		5块×12=60块	AI-8	750×(115,135)×130	焊接
		凝汽器水室出口碳钢管道(10CrMoAl)×12		2块×12=24块			
1.13		GD排水暗渠	跌落井前(钢筋混凝土)×4	70块×4=280块	AZI-MgTi-H8	750×(115,135)×130	焊接在混凝土预埋Φ22螺纹钢上
			跌落井后(钢筋混凝土)×2	38块×2=72块			
2	1/2SEN辅助冷却水系统						
2.1		自清洗过滤器之前管道		未知			
2.2		自清洗滤水器到海升泵集管(10CrMoAl)×2		5块×2=10块	AI-8	750×(115,135)×130	焊接,间距4 m
2.3		板式热交换器出口母管至循环水母管(10CrMoAl)×2		15块×2=30块			
3	1/2SEC安全厂用水系统:牺牲阳极阴极保护和外加电流阴极保护						
3.1	9SEC001/002GG	CA取水头部×2	取水头部×2	见CRF			
3.2	9SEC001/002BU	CB输水隧道闸板×2	闸板(Q235-A)×2	2块×2=4块	AH2	792×138×48(截面为矩形)	焊接
			导槽(镍铬合金铸铁)×2	6块×2=12块	AI-10	500×(115,135)×130	M14螺栓固定
3.3	1/2SEC001/002BU	泵房进水闸板×4	闸板(Q235-A)×4	2块×4=8块	AH-2	792×138×48(截面为矩形)	焊接
			导槽(镍铬合金铸铁)×4	6块×4=24块	AI-10	500×(115,135)×130	M14螺栓固定
3.4	1/2SEC101～104DG	格栅除污机×8	格栅(10CrMoAl)×8	未知			
			格栅除污机导槽(合金铸铁)×8	6块×8=48块	AI-10	500×(115,135)×130	焊接在钢板上,钢板固定墙壁

续表

序号	设备编码	设备名称	部　件	阴极保护系统			
				数量	型号	规格：本体长×(上底，下底)×高	安装方式
3.5	1/2SEC301/302TF	鼓形滤网×4	主辐条(Q235-A)20条×4	60块×4=240块	AI-5	800×(56，78)×65	焊接
			副辐条(Q235-A)40条×4	40块×4=160块			
			副横梁(Q235-A)40条×4	40块×4=160块			
3.6		SEC鼓网出水管×4		2块×4=8块	AI-10	500×(115，135)×130	焊接
3.7		SEC泵吸水暗渠联通管×1		2块×1=2块	AI-10	500×(115，135)×130	焊接
3.8		PX泵房内SEC泵进出水管(10CrMoAl)		阳极 34 只	ACR-01(Pt/Nb)		间距 12 m
				参比电极 4 只	RCR-01(Ag/AgCl)		
				恒电位仪 4 台	DC100A/48V		
3.9		PX～NX厂房(GA沟内)SEC管道×4		阳极 78 只	ACR-01(Pt/Nb)		间距 12 m
				参比电极 13 只	RCR-01(Ag/AgCl)		
				恒电位仪	DC100A/48V(与上面共用)		
4	1/2JPP消防水生产系统						
4.1		JPP海水备用吸水管×4		共2块	AI-8	750×(115，135)×130	焊接
4.2		其他管道		未知			

需要注意的是，在合金选取过程中，可能更多地考虑了阳极的保护效果，而忽略了腐蚀产物可能对设备构成的影响。

复习思考题

1. 阴极保护的原理是什么？
2. 阴极保护方法和主要参数有哪些？
3. 什么是外加电流法阴极保护技术？
4. 什么是牺牲阳极法阴极保护技术？

第十二章 混凝土腐蚀

混凝土是核电厂在建筑和基础设施上使用最广泛的材料之一，对它的性能的了解是极其重要的。混凝土腐蚀会带来严重的经济后果和安全隐患。掌握混凝土的特性对提高核电厂的安全保障和老化寿命有重要的意义。

12.1 混凝土中的钢筋腐蚀

12.1.1 腐蚀原理

由于混凝土的多孔性，水分与氧气可以沿着空隙和裂纹迁移，这恰好是低碳钢或高强度合金钢腐蚀的必要条件。但是在大多数情形下没有发生腐蚀的原因是这些空隙中有高浓度的钙、钠和钾的氢氧化物，从而保持了 pH 在 12～13 之间。这一高碱度环境使钢材钝化，形成了致密的 r 型氧化铁防止了钢材的快速腐蚀。

在许多情况下，钢筋混凝土的损伤都从混凝土开始。然而，有两类化学物质不需要损伤混凝土就可直接穿透它而损伤钢材，它们就是氯化物和二氧化碳，而这又是主要的大气环境组成物质。它们不需要引起大的损伤即可穿透混凝土，通过除去钢材表面保护性氧化层而加速钢材的腐蚀。

图 12-1-1 表示的是通常氯化物及碳酸盐引起的腐蚀电化学机理。将阳极与阴极分开是研究、测量以及控制混凝土中钢筋的腐蚀非常重要的一项措施。混凝土中钢的腐蚀基本上是水溶液腐蚀过程，腐蚀产物从阳极部位迁移。这通常会引起大量腐蚀产物的形成和混凝土的开裂与粉化，进而使混凝土沿钢筋面剥落。阳极区氧不足时，铁离子会留在溶液中或者迁移并沉积在水泥微孔及裂口处，并且引起由于水泥开裂剥落而产生的无任何前兆的严重的材料损失。

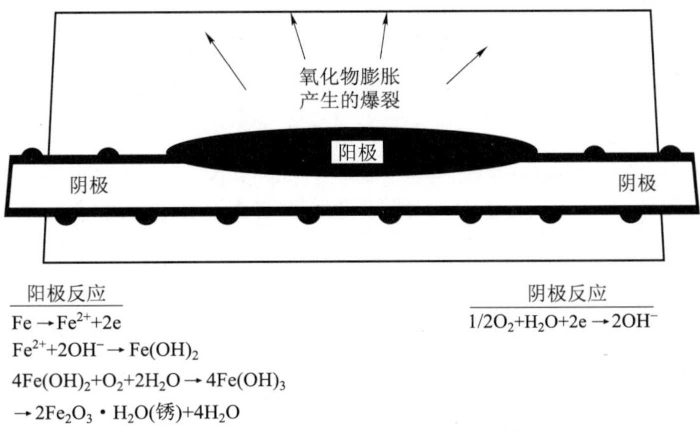

图 12-1-1 钢在混凝土中的腐蚀过程

(1) 氯化物的侵入与腐蚀

氯离子由于以下几种原因可以存在于混凝土中。

1) 污染

- 多余的氯化钙添加剂；
- 水泥拌和时使用海水；
- 偶尔由于冲洗不足导致的海水等的聚集。

2) 侵入

- 融雪盐的侵入；
- 海盐侵袭；
- 化学等过程的氯离子侵袭。

直到20世纪70年代后期，氯化铝作为添加剂被广泛用于水泥的浇注过程，而且它被认为是不会引起腐蚀的。后来发现许多加入氯化物的水泥结构件由于腐蚀而产生损坏，这一添加剂并没有预期想象的有效。ACI报告222R—1996评估了国家标准与实验室数据。普遍认为0.4%(对水泥质量分数)的氯化物是发生腐蚀的必要但不充分的条件。有些状况严重的腐蚀发生在较低的氯化物水平，有时低至约0.2%(对水泥质量分数)。

氯化物对混凝土的侵入通常遵循Fick第二扩散定律，形成深入混凝土的氯离子浓度梯度。

$$\mathrm{d}[\mathrm{Cl}^-]/\mathrm{d}t = D_c \mathrm{d}^2[\mathrm{Cl}^-]/\mathrm{d}x^2$$

式中，$[\mathrm{Cl}^-]$为氯离子浓度；x为深度；t为时间；D_c为扩散常数(通常在$10^{-8}\ \mathrm{cm}^2/\mathrm{s}$数量级)。氯离子从表面扩散的微分方程的解是

$$(c_{\max} - c_{x,t})/(c_{\max} - c_{\min}) = \mathrm{erf}[x/(4D_c t)^{1/2}]$$

式中，$c_{\max}$——表面或近表面的浓度；$c_{x,t}$——在深度x和时间t时氯离子的浓度；$c_{\min}$——背景氯离子浓度；erf——误差函数。

参数$c_{\max}$必须是稳定的常数，这就是为什么采用近表层测试以避免干态及湿态表面的波动。

对误差函数计算的另一种方法是将氯化物的临界浓度作为时间的抛物线函数。类似地，用这样的函数来描述碳酸盐导致腐蚀的临界浓度。

(2) 水泥的碳化作用及后果

碳化作用要比氯化物侵蚀简单。大气中的二氧化碳与孔隙中的水反应形成碳酸，然后再与钙等氢氧化物反应形成固态碳酸盐。因而pH会从12降至8左右，而钢在pH大约11左右即开始腐蚀。

碳酸盐的形成导致水泥的覆盖性变差、品质下降、固化不足以及在缺少氯化物状态下发生老化。碳化的水泥不再对混凝土中的钢筋起保护作用。碳化的速率通常遵循抛物线动力学：

$$d = At^{0.5}$$

式中，d——碳化的深度；t——时间；A——常数，通常在0.25～1.0 $\mathrm{mm/a^{1/2}}$数量级。

碳化的速率是环境因素的函数。

12.1.2 钢筋混凝土腐蚀损伤的检测方法

对钢筋混凝土的腐蚀与腐蚀损伤的检测有许多种技术。这里就其主要的几种予以

描述。

(1) 目测法

在任何检测过程中，目测都是第一步。合适可用的检测包括对混凝土表面每一处看到的缺陷进行严格的记录。所用的主要设备就是人的大脑和肉眼，辅以记录本、电脑及照相机以记载损伤位置。目测法的主要缺点是受到目测者技能的影响，一些损伤常常被误认为是另一种。当怀疑有腐蚀时，必须确认锈蚀物不是来自于铁支撑物而是混凝土钢筋的腐蚀。不同的原因导致不同类型的裂缝。目测法必须用试验来验证以确认其损坏的原因。

(2) 剥层调查

随着腐蚀的进行，形成的腐蚀产物占据了比被蚀钢材更大的空间，围绕钢筋形成一张力。这一钢筋表面的腐蚀层将导致水泥与钢筋间的开裂。剥层调查的目的就是在开裂明显影响到表面前确定钢筋间裂开的量。同时也应注意那些活跃的点。

剥落调研常常使用榔头进行。沿着目测的部位通过敲击的回声即可判断内部剥离情况，然后在结构件的表面直接做上暂时的或长久的标记，并记录在目测报告中。使用榔头、拖链通常要比用雷达、超声及红外(IR)等要快捷、便宜和准确。这些技术被用在一些大规模调查上如桥面(超声和红外)、防水层及其他水泥损伤(超声和雷达)。

在混凝土修复时，剥层量远大于剥层调查所指示的量，这是由于所用技术应准确，以及调查与修复之间的时间间隔所致。一旦腐蚀开始，剥层就开始并且迅速发展。

(3) 水泥覆盖层测量

钢筋混凝土上混凝土层需要有足够的厚度才能达到设计要求。薄的混凝土层使钢筋腐蚀速率加快，腐蚀介质如氯化物，碳酸盐类更容易与钢接触，潮气、氧也使结构件更易被侵蚀。覆盖层探查可以确定钢筋的三维定位，即它们的相互位置(x，y)及距离表面的深度(z)。在不便获取结构图时，这也就是确立钢筋直径和位置的必要方式。

磁性涂层仪具有特性记录和数字输出。通过一些模型，一种定位架可以用来估测钢筋的直径。

涂层测试的主要问题就是钢筋密布而导致的错误信息。含铁的填料也会影响磁场从而引起错误的读数。不同的钢材也有不同的磁性。

(4) 碳(酸盐)化作用的深度

水泥有两类主要的腐蚀原因:氯化物污染和碳(酸盐)化。根据腐蚀原因才可以确定修复方法，所以这种区别是很重要的。由于碳(酸盐)化导致的孔隙中溶液的中性化形成一碳酸盐边界区域，这一区域的 pH 由 12 向 8 过渡。

将酚酞试剂喷于暴露的新鲜水泥上即可很容易地对碳(酸盐)化进行测试。测试可以在剖开的新鲜表面，也可在内心与裂开断面，或是对样品在实验室进行的剖割面。在碳(酸盐)化反应部位酚酞试剂无色，而依然保持碱性的部位则变为粉红色。最佳的具有最大粉红色对比度的酚酞指示剂是其醇和水溶液。如果水泥非常干燥，在测试前轻微喷一点水有助于显色。岩相学分析也可在光学显微镜下显示或部分显示碳(酸盐)化的区域。

取样可使之能计算碳(酸盐)化深度的平均与标准偏差。这样，如果将碳(酸盐)化深度与平均钢筋上混凝土层比较，钢筋具有腐蚀活性的量即可被估算出来。如果碳(酸盐)速率可以透过既往记录数据和实验室数据确定下来，那么随着时间推移的去钝化进程即可被计算出来。

(5) 氯化物量

氯化物可以是在混凝土拌和前引入水泥中,也可能是由环境引入的。氯离子侵蚀钝化层不会引起 pH 的严重下降。氯化物扮演着腐蚀反应的催化剂的角色。它在腐蚀过程中并不被消耗而帮助钢材上氧化钝化层被摧毁,致使腐蚀反应快速进行。氯化物的含量测试是通过采取水泥样品并对其抽提液进行分析获得的。通常是将酸混入钻探轧碎的水泥粉尘样品来进行。有时也通过挤压水泥或灰浆样品收集孔隙中水分来进行分析。挤压孔隙分水的方法经常被实验室试验所采用,而在野外这是很难获得液体样品的。还有一种方法就是碾碎混凝土并用水煮沸抽提出可溶性氯化物进行分析。

为了测定氯化物在混凝土中的分布量,采样应该通过表面的钻孔取样以及剖开取样相结合以获足够量。起初的 5 mm 样通常应予弃去,这是因为这些部位直接受环境的影响无代表性。然后再取适当增重的样品进行氯化物的量的测定。为了使结果更准确有代表性,应该采用多次相邻钻孔,并将不同孔位和同一孔的不同深度的样品进行混合。一旦获取样品,测试方法可以有多数种供选择。采用氯离子选择性电极对酸溶性氯化物进行现场测试。

氯化物的腐蚀临界值通常是水泥质量比的大约 0.4%,混凝土质量的 0.05%或 1.21 b/yd^3 (磅/立方码)。这仅仅是一大约的数据,原因有以下几点。

• 混凝土 pH[14−lg(OH$^-$浓度)]随水泥粉末与混凝土骨料的不同混合而不同。极小的 pH 变化即可导致巨大的 OH$^-$浓度变化,因此临界值的变化随 pH 成对数变化。

• 氯可以被化学(铝酸盐)及物理方式固定下来,这样就可将其从腐蚀反应中暂时或永久消除。

• 某些混凝土骨料含氯化物。这些氯化物不会进入孔隙水分中。它们不对腐蚀临界值起什么作用,但在酸溶性测试中显示出其含量。

• 在很干燥的混凝土中,由于缺乏水分,有时即使氯化物含量很高也不会发生腐蚀。

• 由于缺氧,在致密完整的混凝土中即使很高的氯化物含氯也不会发生腐蚀。

有时,氯化物在水泥中的质量比在 0.1%时即观察到腐蚀的发生,但未在高于 1.0%的状态下观察到。如果后两条是未观察到腐蚀的原因的话,那条件的变化即会引起腐蚀。

由含氯化物量的测试引起的重要疑问是多少钢筋被去钝化了?这一进程又是如何进行的?前三条评估了氯致腐蚀是如何改变的。如果氯化物从外部传质到内部,那么依照测试或计算出的扩散常数对其穿透速率与在钢筋中氯化物的深度分布即可有一个概括了解。

(6) 混凝土电阻率测试

四探头电阻率仪现在被用于对混凝土电阻率的现场测试。如果钢材被去钝化了,测试将显示可能的腐蚀活动。电阻率是孔隙中含水量、孔隙的系统尺寸大小和弯曲度的表征。电阻率受混凝土的质量影响非常强烈。

用于土壤电阻率测试的四探头电阻率仪需要加装入水泥的桩头以及增加水泥表面湿度或浆化来提高电接触,通过这样的改装用来对水泥电阻率进行测试。

另一种方法是用两电极法,即使用钢筋网为一电极,表面探头为另一电极来测试钢筋外表面覆盖的混凝土电阻率。

(7) 电化学电位测量

钢材相对于标准参比电极的电化学电位测量给出了钢材可能被腐蚀的参数。银/氯化银(Ag/AgCl)电极,汞/氧化汞(Hg/HgO),有时标准甘汞电极(SCE)等通常都被用来作为混凝土中钢材测试的标准电极。铜/硫酸铜(CSE)电极也可使用。最简单的方法就是使用记录式伏特计,以及使用含自动记录的电池排布或将参比电极连接到一个轮子上以进行快速数据收集。

(8) 腐蚀速率测定

腐蚀速率可能是工程师运用电流技术测定损坏程度的最捷径表征方式。尽管有不同的腐蚀速率测定方法,如交流阻抗法、电化学噪声法、线性极化法以及极化电阻法等。

钢溶解为氧化物的速度由电子在阳极释放的阳极反应产生的电流来确定。

$$Fe \longrightarrow Fe^{2+} + 2e$$

阴极上发生氧化还原反应:

$$H_2O + \frac{1}{2}O_2 + 2e \longrightarrow 2OH^-$$

依照法拉第定律,可计算出金属溶解量:

$$m = Mit/zF$$

式中,m——消耗钢的量;i——电流,A;t——时间,s;$F=96\ 500\ A \cdot s$;z——离子电荷;M——金属原子量。

因而得到 $1\ \mu A/cm^2 = 11.6\ \mu m/a$

一个典型的设备,基本系统有钢筋连接、参比电极或半电极以及辅助电极。透过这些设施,用蓄电池来供给小电流直流电以改变钢筋与参比电极间的电位。腐蚀电流方程式为:

$$I_{corr} = B/R_p$$

式中,I_{corr}——腐蚀电流;B——相对阴、阳极的 Tafel 斜率常数;R_p——极化电阻,即 dE/dI。这里,dI 为电流变化,dE 为电势变化。

相对参比电极或半电池的电势可被测量出来。电流 dI 从周围电极流到钢材,电位变化 dE 是测量出来的。通过增加 dI 的值,测量得 dE。整个测量期间电位必须是稳定的,这样 dE 才可被记录下来。

(9) 长期腐蚀监测

腐蚀监测技术在钢筋混凝土结构的阴极保护中得到应用。它将控制系统的微处理器通过调制解调器与远方的监测站连接起来。这样电位与电流数据就能及时被监测到。

长期监测的优点就是钢筋混凝土结构变化的过程可被监测到。阳极区域的增加、电位的变化、线性极化法或宏观电池法测出的腐蚀速率变化、混凝土随着时间的不同电阻率的变化等对预测长期耐用性比短时间抽样研究都要有用得多。

12.1.3 腐蚀损伤的修复方法

对于腐蚀损伤的修复几乎不使用单一的方法。打补丁的方法最为常见,但往往又需再加涂层。没有一种单一修复方法适合于所有结构部件,因此,修复结构件时,对采用正确的修复与处理以适应不同环境中不同的构件,总是有不同程度的各种方法的交叉与匹配。

(1) 补丁修复

几乎所有的腐蚀损伤修补都使用补丁方法。这是由于在真正的腐蚀被观察到之前,像阴极保护这类的保护措施是几乎不被使用的。例外的情形将在以下内容予以讨论。补丁修复的范围与程度取决于使用的其他处理方法。

采用补丁修复的目的通常是保证结构的安全、恢复外貌、延缓进一步的腐蚀。现代修补材料可使修补异常耐用,但是修补作用实质上在邻近区域引起新的如"起始阳极"作用的腐蚀(如图12-1-2所示)。如果进行修复,那么原阳极就会消失,这就会停止阴极发挥功能,在补丁附近就会发展出新的阳极。该现象在受氯化物致腐蚀的结构件上能观察到,这时的阳极是大而且确定的。

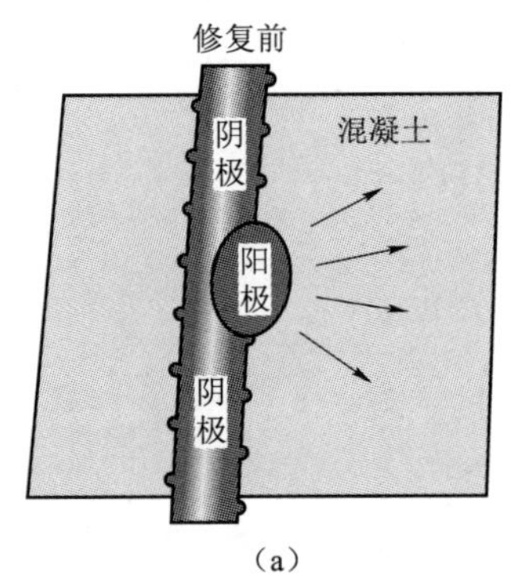

(a)

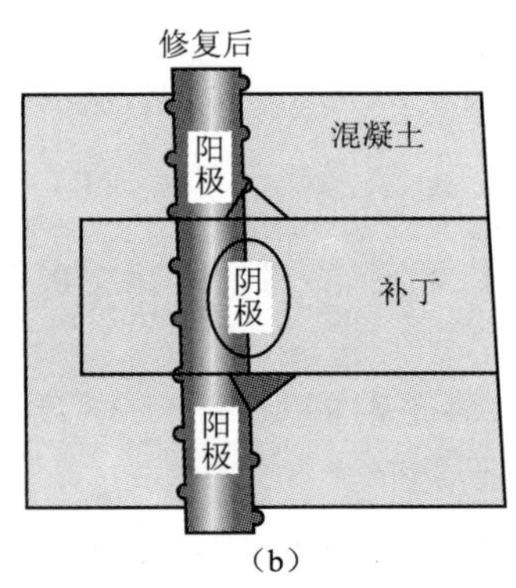

(b)

图12-1-2 补丁修复后起始阳极的形成

(a) 阳极发生腐蚀;(b) 原阳极不再发生腐蚀变成阴极

有了适当的材料和专业的操作员,补丁修复可用于大多数钢筋混凝土结构。业主补丁修复系统指导将材料按正确的比例配制应用。这可能包括涂覆于混凝土面的黏材料、钢筋上的底涂,也可能用手工施工,配成流动性浆料进行灌浆施工或喷涂施工。所有系统都需要切割腐蚀损坏的混凝土与钢筋,保留未损坏的部位。从平面未损伤表面的边缘到损伤部分,都需要进行良好的表面处理准备。材料必须是低收缩率的和容易固化的,这样才能将修复中开裂的风险降至最小。

钢筋的长度和暴露于受损部位区域的量依赖于腐蚀类型和程度以及处理的其他部件。如采用阴极保护、重新碱性化、或去氯化物进行保护,则修复只需做一些表面文章即可。而采用其他的技术将终止腐蚀。如果只采用补丁修复,那么应在各个部位扩大修复范围,而在沿钢筋延伸的部位可看到腐蚀损伤或锈蚀以外的部分,至少需要截掉100 mm。

补丁修复对腐蚀损伤而言是一种直接和快捷的解决方法。它可以改善结构件的状态,延长结构件的寿命或者赋予其合理的维护周期,抑或是赋予构件需要的寿命。可是补丁修复法不会停止结构件的腐蚀,甚至于上边提到的由于"起始阳极"作用而可能促进腐蚀的进行。而且除非特别的设计,补丁修复也不会减轻结构件的负担。

补丁也难与原结构件的表面匹配,通常由于新旧不一而产生不一致。所以,除非上边再罩一层透明涂料,否则补丁会十分明显。修补施工是非常嘈杂、肮脏而且有很多尘埃的工作。其他的处理方法也要求修补范围最小。

(2) 阻挡层防护

采用阻挡层防护材料可停止或明显延缓腐蚀性介质,如二氧化碳或氯离子的侵蚀,保持混凝土的干燥。

应用阻挡层材料的原则就是氯化物、碳酸盐及其水的侵蚀并减缓去钝化和腐蚀过程。在已开始发生腐蚀的构件上,施以涂层前都要仔细地分析以确定一旦涂层施工后,在钢筋材料上将会发生什么问题。如果氯化物含量明显高于临界值,或者说在混凝土钢筋附近碳酸盐化已经发生,那么腐蚀还会继续进行。可是,如果去钝化的面积较小而且可以被修补时,涂层将减缓甚至停止腐蚀的发展。

在无氯化物及二氧化碳的情况下使用涂层是有效的。它可以改善修补后结构件的外观,如使用得当,它也是非常有效而有价值的。在去钝化发生后,尤其在混凝土中有较高氯化物含量时,涂层、沙浆层以及覆膜对腐蚀速率很可能产生边界效应。另外,如氧被隔绝在涂层外,铁氧化生成的可溶性铁离子不能与阴极上产生的氢氧根离子反应形成固态的水合氧化铁,这样就不会导致水泥开裂。

(3) 外加电流阴极保护

外加电流阴极保护(ICCP)系统包括阴极系统、直流供电电源、监测探头、连接电缆及与之连接的其他阴极保护系统。对于混凝土中的钢材保护,最重要的就是选择阳极。阳极包括表面的导电涂层、混合金属氧化物的涂覆格栅或者是覆有水泥的阶梯、导电的灰浆涂覆层、在狭槽处涂有钛的带或导电陶瓷,或混合金属氧化物涂覆的钛棒或钛管。

使用的涂料有不同配比的含碳涂料、热喷涂金属,如锌、钛以及热喷涂钛后再应用催化性涂料。涂覆系统既可以是湿喷涂导电灰浆,也可以是钛格栅,或者将格栅及黏材料再固定于极板表面。探头或单个的阳极是在碳质回填料中涂钛的棒,涂钛的带或者是在黏结灰浆中的导电陶瓷管。

外加电流阴极保护可防止结构件浇铸过程中氯化物、海水以及防冻盐引起的腐蚀,也被用来对那些可能具有氯化物导致的腐蚀或使用了含氯化物的水的新的建筑进行保护。

外加电流阴极保护系统中与直流电源正极连接的电极称为阳极,其作用是使电流从阳极经过介质到被保护结构的表面上。只要将阳极置于一个适当的电解质中,阴极保护就能起作用。该方法是一个适用性强而且不受腐蚀的严重性和范围限制的防护手段。采用阴极保护可使修补的量最小,使修补时需要切割的钢筋量最少。只要混凝土是完好的,ICCP 就会提供保护。修补过程中,较小的切除量将减缓对结构维护需求。

外加电流阴极保护不能轻易地用于预应力钢件上。因为会有很大的可能发生碱性二氧化硅反应(ASR)。也就是说,钢构件导电的不连续性使得为了维持所有的钢件都有良好的电连接,保护费用变得非常昂贵。这种保护方法对有环氧涂层的混凝土钢筋是无效的,因为环氧涂层使得钢筋变为绝缘体。除此之外,电线短路或由杂钢接触阳极引起的短路也是个问题。电流难以流过绝缘体,所以涂层或膜必须铲去。另外,由于 ICCP 阳极产生气体,如果在阳极上使用了密封的膜,就要使用合适手段保证气体能逸出。

(4) 牺牲阳极阴极保护

牺牲阳极保护系统在控制方面比外加电流保护要简单。通常包括用于混凝土表面和直接连接到钢筋上的金属锌。除了锌和锌合金外,铝合金也是常用的牺牲阳极材料。牺牲阳极阴极保护的原理类似于外加电流阴极保护。所不同的是它采用的阳极是比被保护的金属更活泼的另一种材料。牺牲阳极在电解液中与被保护金属结构连接时，它被溶解，即产生阴极保护电流起到保护作用。阴阳极间的电位差是环境、相关阳极电极电位和阴极材料的函数。电流则是电位差跟电位的函数。由于电位与电流不能进行控制，其保护程度有时难以保证，而且要求环境电阻足够低。

牺牲阳极阴极保护的简单易行是很具吸引力的。它只需要安装阳极并直接连接到被保护钢件上即可。牺牲阳极阴极保护的电流与电压要比外加电流阴极保护小。因而析氢导致的氢脆作用也相应减小，从而使得它更适宜在预应力件的防护上。同时，不需要控制和产生有限的电流电压，这也使得牺牲阳极阴极保护主要用于飞溅与潮汐区。在潮汐飞溅区域，热喷锌阳极大约每5年到10年需要定期进行更换。研究发现，阳极在使用初期工作良好，然后电流下降。这可能是由于阳极与混凝土界面间内阻升高所致。

(5) 电化学除氯(化物)

氯化物的电化学提取法(ECE)亦被称为电化学除氯(化物)或脱盐。此技术使用一个临时阳极，通以高电流将氯化物从钢件中电解出来。通过大约50%～90%的氯化物可以从混凝土中除掉，钢筋附近氯化物将会更加彻底，同时钢材会被重新钝化。

ECE可被用于许多可使用阴极保护的场合。当钢材之间有合理的距离，氯化物尚未在混凝土的第一层钢筋以外穿透太多而且氯化物可进一步被去除时，该技术作用最佳。

(6) 复碱化

复碱化被描述成碳酸盐化水泥构件钢腐蚀的ECE(电化学除氯化物)的等效方法。这是一种较短期的处理方法，其专利系统使用碳酸钠电解质以帮助在混凝土中及钢条周围重新产生碱性环境。使用与ECE同样的阳极系统。该工艺最经常地应用于受碳酸盐化损伤的但至少是钢筋上覆盖有中等厚度(≥10 mm)水泥的建筑物。碳酸钠的pH并不比混凝土中钢材的临界腐蚀pH高很多。酚酞指示剂的变色pH在9.5，这比混凝土中钢材的临界腐蚀pH为11要低。

(7) 缓蚀剂

亚硝酸钙作为缓蚀剂被混入水泥中已经是一个很成熟的技术。可是在已发生腐蚀损伤的固化了的水泥件上的缓蚀剂处理实验则是很新的技术。尽管新的材料正被制造出来并试用，目前可得到的缓蚀剂的范围总结如下。

基于挥发性醇氨形成一分子层在钢铁表面而阻止腐蚀发生的几种配方的气相缓蚀剂：亚硝酸钙，一种阳极缓蚀添加剂；

一氟磷酸盐，它可能是在混凝土中水解产生碱性环境。

从原理上讲，缓蚀剂在任何情况下都可以使用。可是由于现有材料知识的限制和有限的野外试验，缓蚀剂仅可被用于以下场合：

- 碳酸盐化或低到中等氯化物浓度；
- 较低的覆盖层；
- 可渗透性水泥；
- 使用后再辅以阻挡层；
- 安装在混凝土中的腐蚀监测以评价随时间推移的有效性。
- 缓蚀剂在任何可接近表面的构件上使用都是简单和便宜的。

12.2 混凝土的耐久性

根据美国混凝土协会201委员会的定义，硅酸盐水泥混凝土的耐久性是指它抵抗风化、化学侵蚀、磨蚀或其他任何破坏形式的能力，即耐久性混凝土是在使用环境中，能够保持其原始形状、质量和耐用性。如果能够正确配比混凝土以及恰当地浇筑、固化和养护，混凝土可以在不用维护下使用很长时间，然而实际中很少有这种情形，伴随的是由于混凝土结构的过早破坏和必须投入大量的费用进行经常性的修复和维护。引起混凝土结构破坏的物理侵蚀是指冻融现象，化学侵蚀包括由硫酸盐、碱-集料反应、海水以及混凝土碳化引起的破坏。下面我们主要讨论由于硫酸盐腐蚀造成的破坏、混凝土在海水中的破坏以及混凝土的碳化作用。

12.2.1 硫酸盐腐蚀造成的破坏

(1) 硫酸盐腐蚀机理

存在于碱性土壤和水中的钠、钙和镁的硫酸盐与含有水合石灰、水合铝酸钙的混凝土的水相进行化学反应，分别生成硫酸钙和硫铝酸钙。反应后体积膨胀，导致混凝土的破坏。其化学反应如下：

1) 硫酸钠侵蚀 $Ca(OH)_2$：

$$Ca(OH)_2+Na_2SO_4\cdot 10H_2O\longrightarrow CaSO_4\cdot 10H_2O(\text{石膏})+2NaOH+8H_2O$$

2) 硫酸钠侵蚀水合铝酸钙：

$$2(3CaO\cdot Al_2O_3\cdot 12H_2O+3Na_2SO_4\cdot 10H_2O)\longrightarrow 3CaO\cdot Al_2O_3\cdot 3CaSO_4\cdot 31H_2O+Al(OH)_3+6NaOH+17H_2O$$

3) 硫酸钙侵蚀水合铝酸钙：

硫酸钙只与水合铝酸盐反应，形成硫铝酸钙($3\ CaO\cdot Al_2O_3\cdot 3\ CaSO_4\cdot 32H_2O$)。这就是所谓的钙钒石，造成混凝土内部产生裂纹。

4) 硫酸镁侵蚀 $Ca(OH)_2$、铝酸钙和水合硅酸钙，与硅酸钙的反应如下：

$$3CaO\cdot 2SiO_2\cdot (aq)+MgSO_4\cdot 7H_2O\longrightarrow CaSO_4\cdot 2H_2O+Mg(OH)_2+SiO_2\cdot (aq)$$

由硫酸镁造成的损害和膨胀要比硫酸钙或硫酸钠严重得多。

(2) 防止硫酸盐侵蚀的方法

防止硫酸盐腐蚀的最好方法是制作渗透率很低的混凝土。这可以通过使用低的水灰比，增加辅助水泥材料、超塑化剂和对混凝土进行恰当的固化和氧化来达到。当硫酸盐的浓度很高时，使用抗硫酸盐水泥也很有益处。

12.2.2 混凝土在海水中的破坏

(1) 腐蚀机理

图12-2-1是钢筋混凝土在海水中遭受破坏时的物理和化学过程。

水合硅酸盐水泥组分在海水中发生的分解反应，这些反应见表12-2-1。

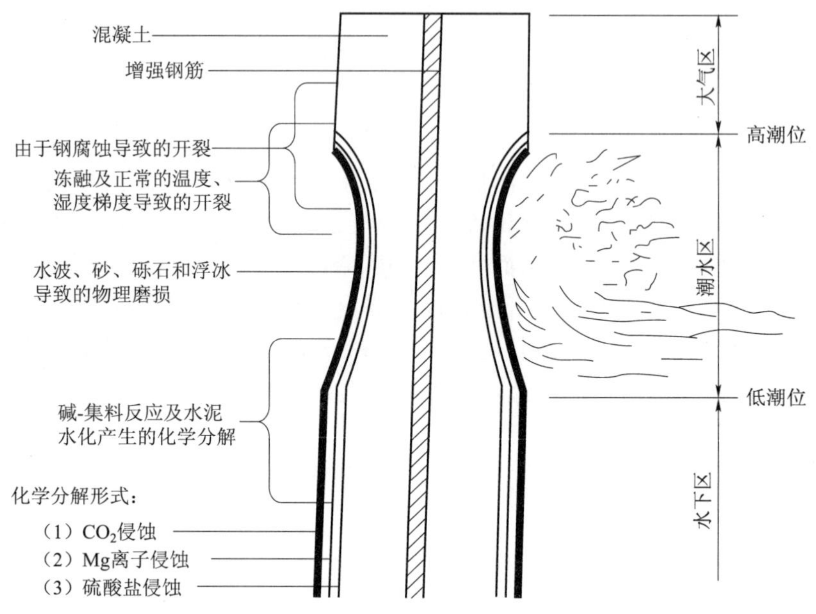

图 12-2-1　引起海水中的钢筋混凝土发生破坏的物理和化学过程

表 12-2-1　水合硅酸盐水泥组分在海水中发生的分解反应

与水泥水化物发生有害化学反应的海水成分	可能的反应	伴随化学反应的物理现象
CO_2 海水中溶解着少量的 CO_2，其主要来自于吸收大气中的 CO_2。然而，腐烂的植物体能产生大量和有害浓度的溶解性 CO_2，影响海水的 pH，使其小于 8	$CO_2+Ca(OH)_2 \longrightarrow CaCO_3+H_2O \xrightarrow{CO_2} Ca(HCO)_2$ $CO_2+[Ca(OH)_2+3CaO\cdot Al_2O_3\cdot CaSO_4\cdot 18H_2O] \longrightarrow 3CaO\cdot Al_2O_3\cdot CaCO_3\cdot xH_2O+CaSO_4\cdot 2H_2O$ $3CO_2+3CaO\cdot 2SiO_2\cdot 3H_2O \longrightarrow 3CaCO_3+2SiO_2\cdot H_2O$	碳酸氢钙和石膏都能溶于海水。形成这些化合物后，对硬化后的水泥来说，常伴随着物料损失、强度降低、性能下降。由于所有的硅酸盐水化物，包括硅酸钙水化物在内都会在 CO_2 含量比正常浓度高的海水中可渗的混凝土容易遭到破坏
镁盐 典型情况下，海水中含有 3 200×10^{-6} g/mL $MgCl_2$ 和 2 200×10^{-6} g/mL $MgSO_4$	$MgCl_2+Ca(OH)_2 \longrightarrow Mg(OH)_2+CaCl_2$ $MgSO_4+Ca(OH)_2 \longrightarrow Mg(OH)_2+CaSO_4\cdot 2H_2O$ $MgSO_4+[Ca(OH)_2+3CaO\cdot Al_2O_3\cdot CaSO_4\cdot 18H_2O] \longrightarrow Mg(OH)_2+3CaO\cdot Al_2O_3\cdot 3CaSO_4\cdot 32H_2O$	
对于水泥水化物，即使少量的镁盐也认为是有害的	$MgSO_4+[Ca(OH)_2+3CaO\cdot 2SiO_2\cdot 3H_2O] \longrightarrow 4MgO\cdot SiO_2\cdot 8H_2O+CaSO_4\cdot 2H_2O$	$CaCl_2$ 和石膏，在海水中可溶，引起材料损失和强度降低。钙钒石的形成与膨胀和开裂有关

海水中大量硫酸盐的存在，使人们联想到硫酸盐腐蚀的可能性。情况并不是如此，因为硫酸盐离子和 C2A 以及 C-S-H 反应形成的钙钒石在 Cl^- 存在时是可溶的，被溶解出来，因此不会产生有害的膨胀。这表面在海水环境中使用耐硫酸盐水泥并无充分依据。

(2) 对海水中使用的混凝土的要求

海水中使用的混凝土必须具有最低的水灰比或水胶比来保证很低的渗透率。只要可能,辅料,如粉煤灰、矿渣或硅粉以及化学外加剂,如超塑剂,也应该以合适比例掺入。对于海水中的混凝土只使用抗硫酸盐水泥是不够的,当硅酸盐水泥中的 SO_3 含量<3%时,C3A 的含量应<8%;当水泥中的 SO_3 含量不超过 2.5%时,可以使用的硅酸盐水泥中 C3A 的含量最高不超过 10%。

12.2.3 混凝土的碳化作用

碳化一词是指大气中的二氧化碳与混凝土中的水泥水合物之间的反应。如果混凝土没有制作好的话,此反应将对钢筋混凝土的耐久性产生重要影响。有关碳化的作用,包括机理、碳化速率、影响因素等将在下面讨论。

(1) 碳化机理

大气中 CO_2 的含量变化很大,从非工业区的 300×10^{-6},即 0.03%(体积),到大城市的 $3\,000\times10^{-6}$,即 0.3%(体积),即使浓度不很高的 CO_2 也会渗入到制造质量差的水灰比高的混凝土内部。这个过程往往伴随着水泥水合反应,尤其是与氢氧化钙反应生成碳酸钙。与其他水化物也能发生反应,生成硅、铝和铁的氧化物。

混凝土的碳化使水泥浆孔内水的 pH 约从 13 降到 9。如果全部的氢氧化钙被碳化,水泥浆的 pH 可降低到 8.3,当发生这种情况后,硅酸盐水泥的耐久性按照以下描述的方式遭到破坏。

钢筋混凝土中,钢筋处于碱性环境(pH=13)。这种情况下,在钢铁表面形成一层薄薄的很细小的铁的氧化物膜,这层膜使钢筋处于钝化状态,使钢筋得到了完全保护。钢筋钝态的维持依赖于钝化膜周围溶液的 pH。由于水泥的碳化作用,钢筋周围水泥浆的 pH 降低后,氧化膜的钝态遭到破坏。如果湿气和氧到达钢筋表面,钢筋便发生腐蚀。因此,尽管碳化本身不直接对钢筋产生破坏作用,但碳化会形成钢筋腐蚀的环境。

(2) 影响碳化的因素

影响混凝土碳化最主要的因素是混凝土硬化后的水泥浆的渗透性。而渗透性又依赖于混凝土的组成、水灰比以及使用的水泥的类型和养护情况。

(3) 碳化的速率

最常用的关于碳化深度和使用时间的关系为:

$$d=k\sqrt{t}$$

式中,d——碳化的深度,mm;t——使用时间,a;k——碳化系数,$mm\cdot a^{-1}$。

k 的取值:对于水灰比低的混凝土,$k<1$;对于水灰比高的混凝土,$k>5$。

• 含有填料的水泥材料混凝土的碳化

考虑到环境以及能源问题,混凝土中使用辅助水泥材料(SCM)的情况越来越多。这些 SCM 包括粉煤灰、高炉炉渣和硅粉。由于部分 $Ca(OH)_2$ 与 SCM 中的硅发生了反应,因此掺有 SCM 的混凝土水泥浆中的 $Ca(OH)_2$ 含量较低。这意味着要除去所有的 $Ca(OH)_2$ 需要的 CO_2 量较少。但是这常被由于使用 SCM 的水泥硬化后结构更致密、渗透性更低所抵消。只要混凝土中掺入 SCM 的比例合适,并加上恰当的养护,混凝土的碳化并不是问题。

（4）防止碳化的措施

由于碳化作用引起的混凝土的破坏问题并不是很严重，只要混凝土比例合适，水/水泥比低，并有恰当的固化和养护，在这样的混凝土中，50 年内混凝土碳化的深度不会超过 15～20 mm，因此钢筋外面有 35～50 mm 厚的混凝土足以防止因碳化导致的腐蚀问题。

（5）结论

质量好的混凝土是那些配比合适，输送、固化和养护合理，掺有辅助材料，水灰比低的混凝土，这样的混凝土如果所处的环境变化不大时就不会受到损害。不幸的是不像钢铁那样可以在工厂进行生产，混凝土通常是工地上进行浇筑的，因此，往往不能满足以上的条件，混凝土在使用期间肯定会发生破坏。当发生这种情形后，氧气和水分子更容易通过混凝土中的裂纹到达钢筋表面，导致钢筋腐蚀和混凝土结构的破坏。由于混凝土的裂纹很难控制，惟一的一种措施是使用不腐蚀的钢筋。

12.3 混凝土的微生物腐蚀

12.3.1 混凝土的微生物腐蚀

混凝土的腐蚀问题是一个复杂的现象，涉及化学、物理化学、电化学和生物过程。通过微生物代谢过程中产生的硫酸，最初鉴定出的主要元凶是硫杆菌属的细菌。其他参与腐蚀过程的微生物群包括有产硝酸的细菌、真菌和产胞外聚合物的细菌。

微生物在混凝土腐蚀中的作用主要与硫和/或氮的循环有关。在循环中，由微生物活动产生的无机酸，SO_4^{2-} 和 NO_3^-，是在微生物新陈代谢过程中产生的。在这些过程中，硫酸盐的还原、氧化和硝化是关键反应。据研究，硝化菌不仅促进了自然条件下混凝土和建筑材料的破坏，而且真菌也能腐蚀混凝土，它的破坏速度与硫氧化菌相当。

已经知道微生物分泌多糖化合物。这些微生物的胞外聚合物对混凝土的腐蚀作用也很重要，尤其是通过胞外聚合物与有机酸和有机官能团的络合作用。这些有机酸或多功能分子可以作为螯合剂，溶解表面的 Ca^{2+}。最近从遭受腐蚀的混凝土中分离出来一种真菌，镰孢菌，随后的实验证明了它们在混凝土腐蚀中的作用。腐蚀机理是由于真菌产生的有机代谢物络合了混凝土中的钙所致。

12.3.2 钢筋的腐蚀

为了各种目的，混凝土中使用了钢筋强化，但由于 SRB 的生长和 H_2S 的产生，使用钢筋混凝土可能会加速混凝土的腐蚀，SRB 的生长以及 H_2S 的产生都对钢材不利。腐蚀产物体积膨胀后，对周围的混凝土产生了应力，产生了裂纹。在此情形下，生物和物化过程发挥了协调作用。防止措施包括使用聚合物来防止潮气和盐分到达钢筋表面。在低湿度的环境中，微生物的活性明显降低。

细菌产生的氢气也会导致高强度钢材的应力开裂。据报道在有载荷情况下高强度钢筋开裂部位发现了细菌。可以认为这些细菌的代谢产物，尤其是分子氢的形式，渗入到钢材内部后，将显著降低钢材的强度。

12.3.3　防护措施

由于很难从材料中根除微生物，防止混凝土遭受生物破坏是比较困难的。在目前进行的研究中，提出了对污水系统充氧来控制 SRB 的繁殖，从而减缓了混凝土的破坏。也研究了很多其他的解决方法，如用 $FeCl_2$ 来沉淀微生物产生的 H_2S，通过异养菌的竞争来置换硫杆菌、使用杀菌剂等，然而，还没有任何一项措施被证明是成功的。

12.3.4　结论

腐蚀过程中关于微生物学和生态学的资料是很少的。对混凝土微生物腐蚀的描述也只是局限于那些从自然环境中成功分离出的微生物纯培养，特别是硫杆菌和硝化菌。其他微生物在混凝土失效过程中的作用还需要进一步的研究来增进了解。最近的研究结果表明一种霉菌——镰孢菌，能够导致混凝土的破坏。将来使用分子技术来检测参与混凝土破坏过程中的特定的微生物种群，将会对有关的微生物群体的组织结构获得更全面的了解。而且，对从暴露实验溶解下来的产物还需要进一步完全的表征。微生物产生的有机酸和细菌多糖在混凝土破坏过程中可能都起到很重要的作用。

复习思考题

1. 概述混凝土中的钢筋腐蚀原理。
2. 概述钢筋混凝土腐蚀损伤的检测方法。
3. 概述腐蚀损伤的修复方法。
4. 概述钢筋混凝土在海水中遭受破坏时的物理和化学过程。
5. 对海水中使用的混凝土的要求有哪些？
6. 混凝土的碳化作用是什么？
7. 影响混凝土碳化的因素有哪些？
8. 概述混凝土的微生物腐蚀。

第十三章　核电厂关键设备腐蚀检查和评估

为什么核电厂的腐蚀防护需要关注，因为核反应堆及其设备最少寿命为40年，在保证核安全的前提下，可以延长一定运行寿期，所以，腐蚀问题必须重视。

腐蚀防护是从绘图板开始的，腐蚀防护工作者的职责就在于：在设计阶段，保证防腐蚀设计、选材的合理性，避免先天不足；在工程建设和设备制造过程中，严格控制过程的实施质量；在机组运行和延寿过程中，强调防腐蚀管理的有效性；在核电站退役之后，继续实施防腐蚀管理，确保核安全。

13.1　腐蚀检查

13.1.1　腐蚀检查分类

核电站存在海水、大气、常规岛高温汽水、辐射控制区、常温水、埋地管道、酸碱盐、其他八类腐蚀环境。分布在这些环境中的设备具有不同的腐蚀特点，腐蚀检查就是根据核电站各类设备在这些环境下的不同的腐蚀管理要求，所开展的针对设备腐蚀状况、防腐措施有效性的活动。

电站设备的腐蚀检查根据数据的用途不同，可分为以下三类：

(1) A类腐蚀检查

- 定量数据为主；
- 检查数据是腐蚀评价的基础数据；
- 适用于壁厚测量、硬度测量、无损探伤；
- 由专业检测单位执行。

(2) B类腐蚀检查

- 以定性数据、半定量数据为主；
- 检查数据是腐蚀分析的依据；
- 适用于宏观检查，金相、涂层的测量；
- 由腐蚀专业技术人员执行。

(3) C类腐蚀检查

- 以定性数据为主；
- 检查数据作为防腐蚀施工的参考数据；
- 适用于防腐处理前的检查、施工自检；
- 由一般工作人员执行。

13.1.2　腐蚀检查的内容

（1）腐蚀状况检查

• 泵

主要腐蚀模式：为叶轮表面的汽蚀，叶轮、口环处的冲刷腐蚀，泵壳的微生物腐蚀。

主要检查部位：泵壳、叶轮、口环。

• 管道

主要腐蚀模式：管道内的冲刷腐蚀（减薄），细菌腐蚀（点蚀坑），FAC（高温水），管道外的点蚀（大气），缝隙腐蚀（积水）。

主要检查部位：管道弯头、支撑、法兰密封面、贯穿位置（墙面、地面）。

• 换热器

主要腐蚀模式：管口的冲刷腐蚀、开裂，封头的微生物腐蚀，端板的电偶腐蚀、微生物腐蚀，传热管的减薄、振动和磨损，支撑板的均匀减薄。

主要检查部位：封头、壳体、传热管、端板、支撑板。

• 风机

主要腐蚀模式：集流器、机壳的减薄，叶片的减薄、腐蚀疲劳。

主要检查部位：集流器、叶片、机壳。

• 承压容器

主要腐蚀模式：内部接管减薄，人孔附近的点蚀，容器下部减薄和点蚀，容器封头减薄。

主要检查部位：内部接管、人孔附近、容器下部、容器封头。

• 阀

主要腐蚀模式：阀体的冲刷腐蚀，阀瓣的点蚀、冲刷腐蚀、电偶腐蚀，螺栓的均匀锈蚀、应力腐蚀开裂、冲刷腐蚀。

主要检查部位：阀体、阀瓣、螺栓。

• 储罐

主要腐蚀模式：罐底板的细菌腐蚀、点蚀，罐壁板的锈蚀、开裂，罐顶的均匀减薄，罐外基础下的氧浓差腐蚀（土壤），罐外壁保温层下腐蚀。

主要检查部位：罐底板、罐壁板、罐顶、罐外基础、罐外保温层下部。

（2）防腐蚀有效性检查

• 阴极保护

主要存在问题：阳极块损耗，参比电极失效，阳极块、参比电极连接部位锈断，保护电位。

主要检查内容：阳极块消耗状况、表面状况，阴极和阳极、参比电极连接处是否保护完整，参比电极是否有效，两个保护区域之间的绝缘电阻。

• 保护层检查

主要存在问题：保护层破损，保护层屏蔽性能下降（老化）。

主要检查内容：保护层是否完整，保护层表面是否变色，保护层电压测试，保护层厚度、硬度检测。

13.1.3 腐蚀检查的方法

(1) 一般性检查

• 目视检查:用肉眼对设备表面腐蚀状况的检查;

• 望远镜、放大镜检查:通过一些放大装置(如放大镜、显微镜、望远镜等)来观察到的表面缺陷状况;

• 内窥镜检查:通过传感器对无法用肉眼直接观察到的表面状况进行检查。

(2) 金属无损检测

• 厚度测量:采用直尺、卡尺或超声波测厚仪测量设备壁厚;

• 超声 UT:采用超声探伤仪对金属的体积缺陷进行检查;

• 射线 RT:采用放射源(X射线、γ射线、中子射线)穿透材料时强度的衰减,检测其内部结构连续的技术;

• 涡流 ET:涡流检查是运用电磁感应原理,遇到缺陷或材质、尺寸等变化时,涡流磁场对线圈的反作用改变,引起线圈阻抗变化,从而实现鉴别金属材料缺陷或物理性质的变化;

• 磁粉 MT:利用导磁金属在磁场中磁化,以检测缺陷的方法;

• 渗透 PT:利用润湿作用和毛细作用,渗透液进入表面开口的缺陷后被吸附和显像;

• 金相:由二维金相试样磨面或薄膜的金相显微组织的测量和计算来确定合金组织的三维空间形貌,从而建立合金成分、组织和性能间的定量关系。

(3) 保护层检查

• 厚度测量:采用磁性、非磁性测厚仪,卡尺、湿膜测仪等多种手段测量保护层厚度。保护层厚度是决定其具有耐蚀性的重要指标;

• 硬度测量:采用硬度计对保护层表面硬度进行测量;

• 附着力测量:对保护层进行划割或拉扯,测定其与金属基体的粘接强度;

• 漏电检测:对保护层施加一定电压,通过分析检测回路中的漏电信号,获得保护层是否破损和满足相应的指标要求。

13.1.4 腐蚀检查的要求

(1) 海水环境

海水对碳钢和不锈钢具有较强的腐蚀性,这种腐蚀除了由于海水本身的性质如:高的腐蚀性离子含量、含砂量造成,还会由于海生物在金属表面滋生生成具有较强腐蚀性的代谢产物有关。实海试验表明:碳钢在全浸区海水中的腐蚀速率为70~250 μm/a,局部点蚀速率500 μm/a;不锈钢在全浸区海水中的腐蚀速率为0.23~44 μm/a,局部点蚀速率313 μm/a。

对于海水腐蚀,主要检查:设备内外表面腐蚀形貌,设备材料是否构成电偶对,不锈钢表面的锈点、腐蚀坑,不锈钢缝隙腐蚀,焊缝设备内外表面保护层的完整性、耐蚀有效性,碳钢厚度,碳钢表面的腐蚀坑,设备表面海生物附着情况,海水冲刷腐蚀。

(2) 大气环境

核电站大气腐蚀分为室内大气腐蚀和户外大气腐蚀,其区别在于,户外大气腐蚀存在紫外线照射的加速腐蚀作用。室内和户外大气腐蚀主要由大气潮腐蚀和湿腐蚀引起,它们分别与材料表面存在微观电解质膜或电解质层的腐蚀有关。潮湿水膜是在一定的临界湿度

(大多数由水分子的吸附)形成的,而湿膜与结露、海浪、雨水和其他形式的水溅落有关。

对于大气腐蚀,主要检查:设备表面腐蚀形貌,不锈钢表面锈点、腐蚀坑,不锈钢表面、焊缝处裂纹,碳钢表面保护层的完整性、锈点,保护层是否存在粉化、开裂,碳钢厚度,设备附属部件的腐蚀情况,设备所处大气环境的湿度和盐分,保温层下设备表面的腐蚀检查。

(3) 常规岛高温汽水环境

二回路管道工况复杂,既有高温高压的蒸汽管道,也有温度是常温但压力接近真空的管道、汽液两相疏水管道、高温高压的给水管道等。主要表现为流体加速腐蚀(Flow Accelerated Corrosion, FAC)、冲蚀(Erosion)和汽蚀(Cavitation)三种形态。

对于二回路腐蚀,主要检查:设备内表面腐蚀形貌,管道局部减薄,泵叶轮汽蚀。

(4) 辐射控制区环境

设备在辐射控制区内,外部环境严格控制湿度、腐蚀性离子(Cl^-、SO_4^{2-})含量。设备内介质对材料的腐蚀性较弱,但存在腐蚀产物活化的问题。设备外表面涂层破损后,影响电站核安全功能。

对于辐射控制区腐蚀,主要检查:设备外表面保护层完整性,碳钢、不锈钢表面锈点,冷却水、消防水管道的减薄,核岛风机的腐蚀状况。

(5) 常温水环境

指生活淡水、除盐水、脱氧除盐水等由于水中的腐蚀性离子和氧在常温条件下对碳钢的腐蚀作用。

通常要检查设备内部的腐蚀,设备附属部件的腐蚀。

(6) 埋地管道

土壤对钢制管道、储罐具有较强的腐蚀性,因此埋地管道一般采取涂层+阴极保护的防腐方案。

要检查涂层的状况,阴极保护效果,目视检查管道外表面土壤腐蚀情况。

(7) 酸碱盐环境

酸、盐对碳钢具有较强的腐蚀性,一般采取衬橡胶、贴玻璃钢进行防护。碱对不锈钢材料有应力腐蚀风险,对设备混凝土基础腐蚀性很强。

着重检查橡胶、玻璃钢保护层的有效性检查。

(8) 其他环境

主要指核电站 CO_2、H_2、NH_3 气体环境和油环境,气体对设备的腐蚀性很弱,只考虑气体中有水存在时的腐蚀情况。油环境指变压器油、应急柴油机用油对设备的腐蚀。一般来说,润滑油对钢的腐蚀性很弱,但对油品品质要求很高;柴油对钢有一定的腐蚀性。

需要检查气体储存容器及其附属部件的腐蚀,润滑油、柴油容器内部涂层,润滑油、柴油容器外部及附属部件的腐蚀状况。

13.1.5　核电站设备腐蚀的评估

(1) 均匀腐蚀、局部减薄的评估

均匀腐蚀的特点是腐蚀体系内,材料的腐蚀速率完全相同。在局部减薄的腐蚀系统也可以近似为均匀腐蚀。

均匀腐蚀寿命公式:

$$T_t=(t_t-\lambda_0)/V_t$$

式中，T_t——预测使用寿命，a；t_t、λ_0——钢板的测定厚度、钢板劣化极限值，mm；V_t——环境平均腐蚀速率，mm/a。

（2）点蚀及最大腐蚀深度评估

核电站海水系统、埋地管道、消防水管道中大量存在点腐蚀，情况较为复杂，点腐蚀寿命公式一般为：

$$T_t=(t_t/x)^{1/n}\times T$$

式中，T_t——预测使用寿命，a；t_t——钢板的测定厚度，mm；x——测定的最大腐蚀坑深度，mm；n——与点蚀体系有关的时间常数；T——测量时已使用的时间，a。

对设备腐蚀点的评估，基本方法是通过抽样测定每一个样本的极大值，然后再运用概率论的方法进行点蚀极值分析。Cumbel极值分布正是关于小块区域极值的概率分布，其成立的充分必要条件是：1）统计数据个体之间不相关或仅极小范围内相关；2）数据个体发展呈指数分布。

由水引起的碳钢设备，指数分布是关于个体寿命的分布，显然条件2）是完全满足要求的；条件1）要求所有统计数据个体存在的腐蚀环境应尽可能一致，所以对点蚀数据的评定只适用于具有相同腐蚀环境条件下的同一设备，如埋地管道的点蚀评估。

Cumbel概率分布函数

$$f(x)=e^{-x}\exp(-e^{-x}),(-\infty<x<\infty)$$

其累积分布函数表示最深腐蚀孔深度不超过d_m的概率

$$F(x\leqslant d_m)=\exp\left[-\exp\left(-\frac{d_m-x_m}{x^*}\right)\right]$$

式中，x——腐蚀孔深度变化的随机变量；d_m——最大腐蚀孔深度；x^*——所有腐蚀孔深度的统计参量。

（3）腐蚀疲劳和应力腐蚀评估

应力腐蚀和腐蚀疲劳裂纹的扩展寿命与劣化极限值无关，腐蚀寿命取决于循环次数及材料、载荷强度等。核电站腐蚀疲劳主要是风机、给水管道支管；应力腐蚀主要发生在海水环境中的不锈钢焊缝、大气环境中不锈钢承压件、核岛环境中的不锈钢。

腐蚀疲劳寿命N可用Paris公式确定：

$$N=\int dN/(C(\Delta K)^n)$$

式中，N——达到破裂时的循环次数；

C、n——与材料、应力比等有关的常数；

ΔK——（荷载变化过程中）裂纹尖端的应力强度因子幅，$MPa\cdot m^{0.5}$。

应力腐蚀的评估需要进行材料分析、应力分析、环境交互作用评价、安全系数等多方面的因素进行评价，见图13-1-1。设备的最大工作压力与设备运行时间、材质、某种具体的工作环境和工作介质下的腐蚀速率存在以下关系：

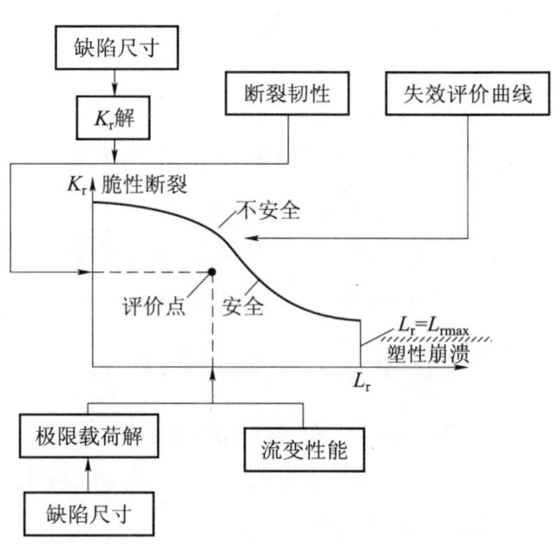

图13-1-1 应力腐蚀失效评价示意图

$$P_c=\frac{2\delta}{\left(\frac{D_0}{y-vt}-1\right)}$$

式中，P_c——最大工作压力；δ——强度；D_0——内径；y——原始壁厚；v——腐蚀速率；t——设备运行时间。

13.2　关键敏感设备

根据帕累托法则(80—20 原理)：在原因和结果、投入和产出、努力和报酬之间存在着不平衡关系，可以分为两种不同类型：多数(80%)，它们只能造成次要的、少许的影响；少数(20%)，它们造成主要的、重大的影响。同样，在核电站，约 80%的重要功能是由 20%的设备完成的，约 80%的跳机跳堆事件是由 20%的设备导致的。

当然，根据每个核电厂选址不同，它们所接触的腐蚀环境也不同，设备腐蚀问题随着运行时间的不断增加，腐蚀对设备可靠性影响愈加显著。为此，腐蚀工作必须开展腐蚀关键敏感设备管理，以实现在确保核安全的前提下，最大限度发挥设备在寿期内的功能并降低设备的管理费用。

13.2.1　核电站腐蚀关键敏感设备筛选

关键敏感设备通常包括三类：

- 后撤时间制约设备，例如第一组 I0 相关设备；
- 红区剂量制约设备；
- 不能隔离且有最终停机停堆后果的设备。

腐蚀敏感设备指材料和环境组合下，构成材料腐蚀倾向较大或材料保护措施易于出现失效的设备。核电站腐蚀敏感设备包含以下类型：

- 暴露于海洋大气环境中的碳钢、不锈钢；
- 处于腐蚀性气体、潮湿大气环境、海水飞溅区的碳钢材料；
- 海水泵及过滤器；
- 蒸汽给水系统中低铬碳钢材料；
- 存在外部液体渗入的保温层管道和设备；
- 与析出硼酸接触的碳钢材料；
- 无阴极保护埋地管道。

13.2.2　核电站材料腐蚀模式

核电厂设备部件的腐蚀模式可归纳为如下四类：

- 减薄(内部、外部)；
- 应力腐蚀、腐蚀疲劳；
- 金相和环境；
- 机械外部损伤。

其中第一类腐蚀模式包括了材料表面的均匀腐蚀、点蚀、溃疡腐蚀特征，是电站设备腐蚀管理最主要的工作内容;第三类腐蚀模式,指存在腐蚀倾向的环境材料组合。

13.2.3 腐蚀关键敏感设备管理

在找到腐蚀关键敏感设备后,应编制防腐大纲来进行有效管理。编制防腐大纲过程中应当关注以下方面:

- 识别出关键敏感设备(CCM 设备);
- 建立 CCM 设备基础数据库(设计、材料、功能、运行工况、经验反馈等);
- 识别出 CCM 设备的老化因素(机械的、化学的、电化学的、热的、核辐射、紫外线照射等);
- 识别出 CCM 设备的老化模式(各种各样的腐蚀、断裂、磨损、疲劳、辐照脆化等);
- 制定合理的 CCM 设备管理方法(检查、评估、维修、改造、备件等)。

复习思考题

1. 电站设备的腐蚀检查有哪些?
2. 腐蚀检查的内容有哪些? 主要腐蚀模式有哪些?
3. 腐蚀检查的方法有哪些?
4. 针对不同的环境有哪些腐蚀检查要求?
5. 怎么评估核电站设备的腐蚀?
6. 关键敏感设备通常包括哪几类?
7. 核电站腐蚀敏感设备具体有哪些?
8. 核电厂设备部件的腐蚀模式有哪几类?
9. 腐蚀关键敏感设备管理方法有哪些?

第十四章　防腐施工介绍及验收标准

14.1　防腐蚀方法概述

14.1.1　常用涂料

（1）概述

涂覆于物体表面能形成具有一定功能的（耐腐蚀、装饰或特殊功能）膜层的有机材料称为有机涂料，该膜层称为有机膜层。早期大多以植物油为主要原料，俗称油漆。

（2）涂料的组成

有机涂料一般都是由主要成膜物质，次要成膜物质和辅助成膜物质三大部分组成的，见图 14-1-1～图 14-1-3。

- 涂料
  - 主要成膜物质
    - 植物油
      - 干性油
      - 半干性油
      - 不干性油
    - 树脂
      - 天然树脂
      - 人造树脂
      - 合成树脂
  - 次要成膜物质
    - 颜料
      - 着色颜料
      - 防锈颜料
      - 体质颜料
    - 功能材料增塑剂
  - 辅助成膜物质
    - 稀料
      - 稀释剂
      - 溶剂
      - 助熔剂
    - 辅助材料
      - 催干剂
      - 乳化剂、稳定剂、固化剂
      - 其他助剂：流平剂、消光剂、防沉淀剂等

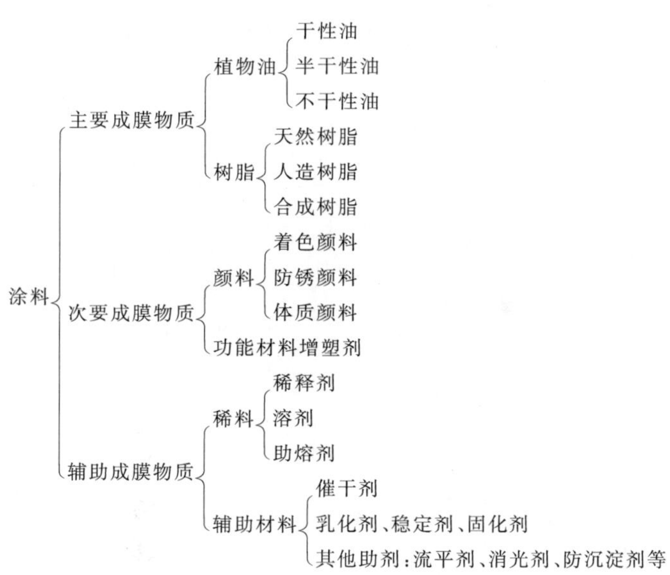

图 14-1-1　涂料的组成

- 植物油
  - 干性油——亚麻油、苏籽油、梓油和大麻油
  - 半干性油——豆油、桐油、嗒油
  - 不干油——蓖麻油

图 14-1-2　涂料常用植物油

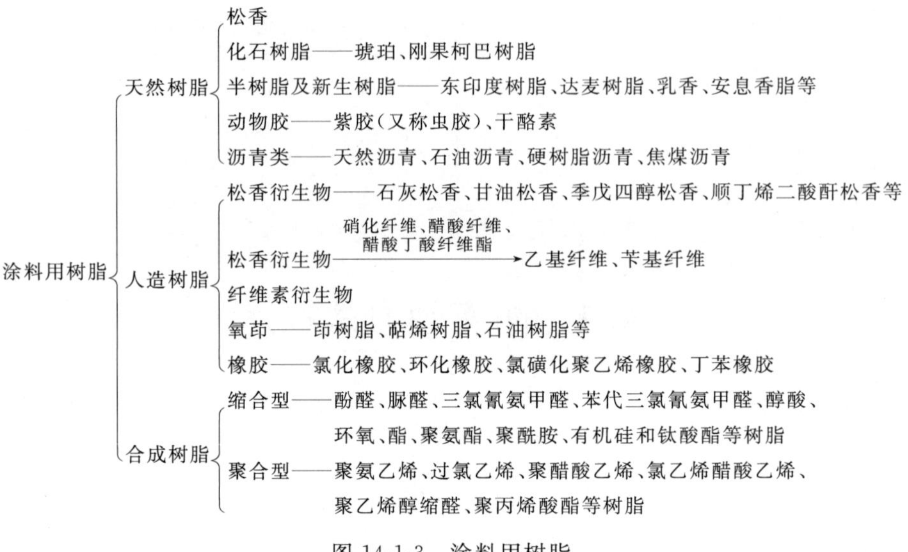

图 14-1-3 涂料用树脂

(3) 涂料的分类

涂料分类有着各种分类方法，见表 14-1-1。其中以成膜物质的主要成分——漆料进行的分类最为普遍，它能阐明涂料的本质，见表 14-1-2。

表 14-1-1 涂料的分类

按漆料分	按用途分	按涂装方法分	按干燥方法分
油性漆	建筑涂料	刷涂漆	自干燥
油性磁漆	桥梁漆	喷涂漆	双组分或单组分
醇酸涂料	船舶漆	辊涂漆	涂料
酚醛涂料	车辆漆	流涂漆	烤漆
氨基醇酸漆	木家具漆	浸涂漆	紫外线固化漆
氨基漆	机械涂料	静电涂喷漆	电子束固化漆
酒精涂料	标志漆	电泳漆	
硝基喷漆	导电、半导电漆	粉末涂料	
乙烯类涂料	耐化学涂料		
丙烯酸漆	防锈漆		
聚酯涂料	耐热涂料		
环氧漆	防火阻燃涂料		
聚氨酯漆 有机硅涂料 氟树脂涂料 （乳胶漆）	示温涂料 荧光涂料 防霉涂料 杀虫涂料		
（水性树脂漆） （粉末涂料）等	隔音涂料		

表 14-1-2　有机涂料的类别、代号与主要成膜物质

序号	涂料类别	主要成膜物质
1	油脂类	天然植物油、合成油、鱼油等
2	天然树脂类	松香及其衍生物、虫胶、乳酪素、动物胶、大漆及其衍生物
3	酚醛树脂类	酚醛树脂，改型酚醛树脂，二甲苯树脂
4	沥青类	天然沥青、石油沥青、硬脂酸沥青、煤焦沥青
5	醇酸树脂类	甘油醇酸树脂、季戊四醇醇酸树脂、改性醇酸树脂
6	氨基树脂类	脲醛树脂、三聚氰氨甲醛树脂
7	硝化纤维素类	硝化纤维素、改性硝化纤维素
8	纤维酯、纤维醚类	羟甲基纤维、乙基纤维、苄基纤维、醋酸纤维、醋酸丁酸纤维、其他纤维酯及醚类
9	过氯乙烯树脂类	过氯乙烯树脂、改性过氯乙烯树脂
10	乙烯树脂类	聚二乙烯基乙炔树脂、氯乙烯共聚树脂、聚酯酸乙烯及其共聚物、聚苯乙烯树脂、聚乙烯醇缩醛树脂、含氟树脂、氯磺化聚乙烯树脂、氯化聚丙烯树脂、石油树脂等
11	丙烯酸树脂类	丙烯酸树脂、丙烯酸共聚树脂及其改性树脂基
12	聚酯树脂类	饱和与不饱和聚酯树脂
13	环氧树脂类	环氧树脂、改型环氧树脂
14	聚氨酯甲酸酯类	聚氨酯树脂，改性聚氨酯树脂、缩二脲及异氰尿酸酯多异氰酸酯
15	元素有机聚合物类	有机硅、有机铝、有机钛等元素有机聚合物
16	橡胶类	天然橡胶、合成橡胶及它们的衍生物
17	其他类	上述 16 种以外的成膜物质，如无机高聚物、聚酰亚胺树脂
18	氟树脂	热塑性氟树脂、热固性氟树脂
19	辅助材料	溶剂和稀释剂(松香水、二甲苯)、防潮剂、催干剂、固化剂、表面脱漆剂

按照涂装目的，涂料还可以分为：

- 防护性涂料：防锈、防水等；
- 装饰性涂料：给物体表面以漂亮外观、标识；
- 功能性涂料：耐热、隔热、导电、防霉、杀虫、示温、防火阻燃等。

按照涂装体系中的作用可以分为：

- 底漆；
- 中间漆；
- 面漆。

按照国家标准 GB 2705 成膜物质分类，涂料成膜物质可以分为 17 大类，另将稀释剂等辅助材料作为一大类，按照这个分类方法，我国涂料产品共分为 18 大类，见表 14-1-2。

一般讲，涂料都应具有以下性能：

- 高浓度、低黏度，涂一道可得到较厚的涂膜层，并有一定的丰满度；
- 具有快干性能或常温固化性能；
- 能形成平整光滑的膜层表面；
- 膜层具有一定的硬度，并具有很好的柔韧性；
- 能牢固的附着于基体表面；

• 膜层耐候性好，耐化学性能好。

(4) 涂料的命名与编号

1) 涂料命名原则

涂料全名＝颜色或颜料名称＋成膜物质名称＋基体名称。

例如，白色红色丙烯酸磁漆；铁红环氧底漆。

对于某些有专业用途或特性的涂料，必要时可在成膜物质后面加以说明。例如，浅色聚氨酯防静电磁漆；铝色有机硅耐热磁漆。

2) 涂料编号原则

• 涂料　有三部分组成：第一部分是成膜物质，用汉语拼音字母表示；第二部分为基本名称，用两位数字表示，见表14-1-3；第三部分是序号。

例如：H06－2(2号环氧树脂底漆)

H——成膜物质(成膜物质)；

06——基本名称(底漆)；

2——序号。

表14-1-3　涂料基本名称与代号

代号	基本名称	代号	基本名称	代号	基本名称
00	清油	22	木器漆	53	防锈漆
01	清漆	23	罐头漆	54	耐油漆
02	厚漆	30	(浸渍)绝缘漆	55	耐水漆
03	调和漆	31	(覆盖)绝缘漆	60	耐火漆
04	磁漆	32	(绝缘)磁漆	61	耐热漆
05	粉末涂料	33	(黏合)绝缘漆	62	示温漆
06	底漆	34	漆包线漆	63	涂布漆
07	腻子	35	硅钢片漆	64	可剥漆
09	大漆	36	电容器漆	66	感光涂料
11	电泳漆	37	电阻漆电位器漆	67	隔热涂料
12	乳胶漆	38	半导体漆	80	地板漆
13	其他水溶性漆	40	防污漆、防蛀漆	81	鱼网漆
14	透明漆	41	水线漆	82	锅炉漆
15	斑纹漆	42	甲板及其防滑漆	83	烟窗漆
16	锤纹漆	43	船壳漆	84	黑板漆
17	皱纹漆	44	船底漆	85	调色漆
18	裂纹漆	50	耐酸漆	86	标志漆、马路画线漆
19	晶纹漆	51	耐碱漆	98	胶漆
20	铅笔漆	52	防腐漆		

• 辅助材料 有两部分组成：第一部分为辅助材料种类；第二部分为序号。辅助材料名称、分类和代号见表14-1-4；

例如：X－5(5号稀料)

X——辅助材料种类(稀释剂)；

5——序号。

表 14-1-4　辅助材料名称、分类和代号

序　号	代　号	辅助材料种类
1	X	稀释剂
2	F	防潮剂
3	G	催干剂
4	T	脱漆剂
5	H	固化剂

3）基本名称编号

采用00～99两位数字表示，其中基本名称代号划分如下：

00～13 涂料基本品名；

14～19 美术漆；

20～29 轻工用漆；

30～39 绝缘漆；

40～49 船舶漆；

50～59 防腐漆；

60～79 特种漆；

80～99 其他用漆。

(5) 防锈涂料

1）防锈涂料的品种

防锈涂料又名防腐蚀底漆，它依靠牢固的地附着在底材上起防锈蚀作用，其主要成分由成膜物质、防锈颜料、助剂和溶剂组成。通常以防锈颜料的名称命名，如铁红防锈漆、云母防锈漆等。如果以其防腐作用机理区分，可以分为物理作用、化学作用、电化学作用和综合作用四类防锈漆。

2）防锈涂料的组成

• 基料　基料也称漆基、展色剂，由树脂和溶剂组成，底漆基料的功能是黏结颜料和填料，同时牢固的将底材和面漆结合成一体，起保护作用。

选择基料，除要满足前述的附着力，减少水和氧的渗透率和对介质稳定等性能要求外，还要与防锈颜料匹配性好和具有一定的物理机械性能。

• 防锈颜料　防锈颜料在防锈漆中能减少水和氧渗透而起到防锈作用外，还可以改进防锈漆的流变性，耐热性，对漆膜有补强作用。

• 助剂、溶剂　为了提高防锈性能，防锈漆中往往添加少量缓蚀剂，如铬酸二苯胍、四盐基锌黄、铬酸叔戊酯、黄血盐等，多在修面材料中使用。

3）常用防锈涂料

• 物理防锈涂料　由物理防锈颜料如氧化铁红、云母氧化铁、铝粉氧化锌、石墨和不同基料、助剂及溶剂配制而成，这一类防锈漆化学稳定性较差，在较强酸碱性条件上使用不大适用。

• 化学防锈涂料　由丹红(又名铅丹)、锌铬黄、磷酸盐-铬酸盐、偏硼酸钡等化学防锈颜料和各种成膜物质配置化学防腐涂料，这类防锈涂料对减少渗透性作用不大，但化学防锈性强。

• 电化学防锈漆　该类防锈漆主要有金属粉颜料和基料、助剂组成。金属粉以锌粉颜料为主，其次是铝粉，它们的电极电位较负，在干膜中起阳极作用，对钢铁底材起电化学保护作用。一般锌粉在干膜中占很大比例，又称富锌底漆。

• 磷化底漆和锈面涂料　磷化底漆又称洗涤底漆，由聚乙烯醇缩丁醛、铬酸盐及辅助材料组成，用磷酸做处理剂。磷化底漆具有磷化处理的作用，其作用为：磷化-钝化-成膜的过程，增强金属的防锈作用，但不能替代底漆，只有和防锈底漆结合才能有较好的效果。

锈面涂料是指容许在未充分除锈清理的钢铁面上涂刷，而仍具有一定防锈功能的涂料。一般认为可以在带有一定铁锈的钢铁面上直接刷涂的防锈涂料，故习惯上称“带锈涂料”。

14.1.2　粉末喷涂

粉末喷涂与传统的喷漆不同，它是把粉末涂料用静电喷涂，火焰喷涂等方法喷涂到被涂物上面，经烘烤流平或固化成膜得到涂层的过程，粉末涂料是由树脂、固化剂(在热固性粉末涂料中)、颜料、填料和助剂等组成的没有溶剂的粉末状涂料。

粉末喷涂的基本原理是把粉末涂料用喷枪喷出以后，通过静电吸附作用或热熔融作用附着到被涂物表面，外加热或被预热的被涂物自身热量使粉末涂料充分熔融流平或固化成膜，然后冷却得到具有装饰性或者保护作用的涂层。粉末喷涂具有喷涂(涂装)、烘烤、冷却三个过程，而液体喷涂具有喷涂(涂装)、放置、烘烤、冷却四个过程。

粉末喷涂的施工通常采用空气喷涂、静电粉末喷涂、火焰喷涂、真空喷涂、流化床浸涂、静电流化床浸涂法。在这些喷涂方法中应用最多的是静电粉末喷涂法，其次是流化床浸涂法。

空气喷涂法是粉末涂料最原始的施工方法，一般要经过表面处理、预热、喷涂、烘烤流平(或固化)、冷却等工序；静电粉末喷涂法是当粉末涂料通过高压静电喷枪或者摩擦静电喷枪时，粉末涂料带静电并吸引到与粉末涂料带相反电荷的被涂物上面，经烘烤流平成膜，这种喷涂法的主要工艺流程为被涂物的表面处理、预热、粉末喷涂、烘烤流平(或固化)、冷却等；火焰喷涂法是粉末涂料通过高温气体火焰时，被熔融后喷涂到被涂物上面流平成膜；真空吸引法是预热的小口径金属管子抽空以后，从管子一端用真空吸引法把粉末涂料吸引进管道内部时，粉末涂料受热熔融附着到管子内壁，经流平(或固化)成膜；流化床浸涂法是把预热的被涂物浸入粉末涂料硫化床中，是粉末涂料熔融附着到被涂物上面，经熔融流平成膜；静电流化床浸涂法是流化床浸涂法和静电粉末喷涂法的粉末涂料带静电荷的原理相结合的方法。

粉末喷涂中的安全卫生问题不容忽视，例如粉尘污染、粉尘爆炸等问题，还有粉末涂料都是由有机、无机、高分子化合物组成，这些化合物本身也存在有无毒性和毒性大小问题。

14.1.3　热喷涂

热喷涂技术，是采用某种高温热源，将预涂覆的涂层材料熔化或至少软化，并用气体使之雾化成微细液滴或高温颗粒，高速喷射到经过预处理的表面形成涂层的技术。

当热源的比能量足以使基体表面发生薄层熔化，与喷射的熔融颗粒形成完全致密的冶金结构涂层时，称为热喷焊，简称喷焊。

不同的热喷涂工艺，所用的热源、设备、涂层材料、工艺参数和环境气氛等不同，但必须是要把涂层材料熔化（至少软化）、雾化，然后以一定速度喷射到基体上形成涂层。因此，各种工艺流程是大体上相同的，基本上包括：基体的制备、基体的预处理、喷涂施工、涂层后处理及精加工等。

热喷涂操作过程中，危及安全的主要因素有：爆炸危险及有害气体，粉尘，噪音，弧光和热辐射。所以，热喷涂施工的安全操作，按照 GB 11375—1989"热喷涂操作安全"的规定执行。相关的热喷涂设备的安全操作，应按照标准中的相关规定执行。

热喷涂操作人员，必须经过国家指定的有关部门培训，并取得相关证书，方可进行操作。

14.1.4 化学镀

化学镀是指溶液中的还原剂在具有催化活性的固体表面将金属离子还原形成金属覆盖层。化学镀液为水溶液，氧化剂可以是 Cu、Ni、CO、Mo 及贵金属离子，还原剂可能是甲醛、肼、磷化合物、硼化合物等。化学镀不同于电镀，无需外接电源；化学镀本身具有催化活性，化学镀过程可控。化学镀层，特别是化学镀镍层，具有优异的耐腐蚀、抗磨损、磁性能和其他物理化学综合特征。

化学镀镍层优越的耐腐蚀是其得到应用的主要原因之一。这种镀层依靠完全的连续的覆盖而防止基体腐蚀，并非像锌那种牺牲型镀层。因此化学镀层必须是完整的，仔细的表面处理、谨慎地施镀操作是这种镀层完整性的保证。

化学镀发生在水溶液与具有催化活性表面的固体表面，由还原剂将金属离子还原成为金属镀层。如同其他湿法表面处理一样，化学镀镍包括镀前处理、施镀操作、镀后处理各部分工艺序列组成。正确的实施工艺全过程才能获得合格的镀层质量。

化学镀镍层的性能取决于工件基体、前处理、施镀工艺、镀层成分、后处理和镀层组织结构等众多的因素。这种镀层性能与工艺、工艺材料的相互依赖关系，使得工艺过程质量控制成为化学镀镍的关键。然而，与电镀工艺相比，化学镀镍工艺全过程应格外仔细。化学镀取决于在工件表面均匀一致的、迅速的初始状态（成膜过程），化学镀并无外力启动和帮助克服任何表面缺陷。

化学镀镍设备设计、制造和使用过程中应充分细致地考虑操作人员安全，环境安全和设备安全等问题。

有关化学镀镍标准和规范，通常由需方提出化学镀镍层的技术要求，这些技术要求就会作为供需双方契约或者合同的重要内容之一，成为对供方的质量目标。世界各国和国际化标准组织都相继颁布了一系列化学镀镍标准和规范，对于化学镀镍质量具有重要的促进作用。

14.1.5 砖板衬里

耐腐蚀砖板衬里是在金属或者混凝土设备的内壁以防腐蚀胶泥衬砌耐腐蚀砖板，使腐蚀介质与设备基体隔离，从而达到设备免受腐蚀的目的。

耐腐蚀砖板是砖板衬里工程中的主要材料，其质量的优劣直接影响着砖板衬里的使用寿命，因此根据腐蚀介质的类型与衬里设备的生产工艺条件，正确的选择耐腐蚀砖板衬里设备设计与施工中的重要环节。砖板衬里中常用的耐腐蚀砖板主要有耐酸陶瓷、人造铸石、石墨和碳素材料、天然耐酸石材等，近年来出现了刚玉、碳化硅、氧化硅等有特殊用途的砖板材料。

砖板衬里设备结构复杂，施工程序较多，整个工程有许多环节组成：从确定方案、材料选用、结构设计到表面处理、隔离层施工、砖板衬砌，其中任何环节失控都会给整体设备的使用效果带来较大的影响。因此对砖板衬里的每一个环节进行全面质量控制，成为保证质量的关键。

14.1.6 橡胶衬里

橡胶衬里是选用一定厚度的片状耐蚀橡胶，复合在基体的给定表面，经过特殊的工艺处理，形成连续完整的保护覆盖层，借以隔离腐蚀介质对基体的作用，达到防腐蚀的目的。它是腐蚀控制领域中的一项经济实用的传统防腐蚀技术。

橡胶衬里是基体的表面用橡胶材料形成连续的保护覆盖层，它可使基体与环境介质隔离开来，起到屏蔽作用。橡胶衬里的耐腐蚀性能主要取决于橡胶的硫化、衬胶层的抗渗性和胶层与基体的粘合性等关键因素。

橡胶硫化是衬胶中最重要的一个工艺过程。在硫化过程中，橡胶分子进行着复杂的化学反应，由线型分子结构转变为三维网状结构。这种转变一般是通过硫化剂使橡胶分子键发生交联来实现的。橡胶交联的机理及交联键的性质随硫化体系的不同而异，常分硫黄硫化和非硫黄硫化的化学反应过程。通常，硫黄只能硫化不饱和橡胶，对于饱和橡胶、某些极性橡胶和特种橡胶，需用有机过氧化物、金属氧化物，胺类及其他物质来交联。在硫化的若干理论中，硫黄硫化机理是比较复杂的。在工业硫化条件下，化学交联键的形成是在生胶、硫黄、促进剂、活化剂及待硫化胶料的其他组分之间同时进行的一系列化学反应的结果。

硫化条件通常是指橡胶硫化的温度、时间和压力。正确制定和控制硫化条件尤其是硫化温度是保证橡胶衬里质量的关键因素。

高分子化合物的腐蚀主要取决于液体化学介质的渗透和蒸汽的扩散率。当化学介质渗入高分子结构时，就会产生液体的渗透作用；水蒸气的扩散过程会发生渗透扩散作用，尤其是低分子量和水蒸气的扩散更为明显。

橡胶衬里对蒸汽的扩散是敏感的。在潮湿的环境中，若衬胶层中存在着温度梯度，潮气或水蒸气就朝着温度低的方向渗透扩散，结果，就在金属基体（不透层）界面上积聚起来，其所产生的压力足以导致衬里层剥离，外观上就出现了鼓泡缺陷。

要延长衬里的寿命应使硫化胶对环境介质的渗透具有很强的抵抗能力；同时还应选用对水稳定而粘着强度很高的胶粘剂。在橡胶衬里设备的使用中应采取措施尽量避免衬胶层处于温度梯度场合应用。

粘合是用胶粘剂把两个物件粘合一起。胶粘剂是一类能形成一薄层并将一物件与另一物件的表面紧密地连接起来，起着传递应力的作用和具有一定的物理机械性能及化学性能的非金属物质。在与金属黏合方面，常采用氯化橡胶、盐酸橡胶、环比橡胶等。乳胶型黏合剂一般采用天然胶、氯丁胶、丁碃胶与酚醛树脂的混合物。

橡胶衬里施工方法的分类

橡胶衬里施工工艺过程是较复杂的，但施工工序基本上是相似的。在化工行业标准《设备防腐橡胶衬里》HG 2451—1993 中规定了设备防腐橡胶衬里的分类。按硫化胶板的硬度，分为硬质橡胶衬里和软质橡胶衬里两类。实际上，硫化胶板的硬度是取决于胶料的配方，而与衬里施工关系不大。

通常，橡胶衬里的分类依照施工场地可分为橡胶衬里厂（车间）和使用现场两类；按硫化方式可分为：常规硫化方式和特殊硫化方式两类共计六种硫化方法。

橡胶衬里的硫化应根据受衬设备的外形大小、结构特点、受压能力以及所选定胶料品种的硫化条件等因素来确定其硫化方法。一般硫化方法的选择原则有三点。

凡能进入硫化罐的橡胶衬里设备，应首先选用硫化罐内硫化的方法，并宜采取恒压法进行硫化操作，以保证橡胶衬里的最佳质量。

不能进入硫化罐的橡胶衬里设备，但金属壳体设计压力大于或等于 0.3 MPa 的密闭受压设备时，可选择本体硫化方法。

常压大型的橡胶衬里设备（无法采取上述两种方法进行硫化的），可采用热水硫化方法，常压蒸汽硫化方法、自然硫化方法和预硫化胶板常温硫化方法。

橡胶衬里的硫化过程按其工艺特点可分为热硫化和冷硫化两类。其中热硫化包括加压蒸汽硫化法（硫化罐硫化法和本体硫化法）、常压热水硫化法和常压蒸汽硫化法；冷硫化包括未硫化胶料自然硫化法和预硫化胶板常温硫化法。

橡胶衬里现行的有关标准规范和技术条件如下。

- GB 150 钢制压力容器；
- CD130A2 立式圆筒形钢制焊接贮罐设计技术规定；
- JB 2880 钢制焊接常压容器技术条件；
- HGJ 33 衬里钢壳设计规定；
- GB 8923 涂装前钢材表面锈蚀等级和除锈等级；
- HGT 2698 设备防腐衬里用橡胶板；
- HGT 2451 设备防腐橡胶衬里；
- HG 21501 衬胶钢管和管件；
- HGJ 32 橡胶衬里化工设备；
- HGJ 229 工业设备、管道防腐蚀工程施工及验收规范。

橡胶衬里的设计主要考虑衬胶制品的使用条件及施工可操作性，具体考虑内容如下：全面掌握衬胶制品的使用条件，橡胶材料的选择，衬胶层结构选择，硫化方法选择，衬胶衬里适用的温度和压力。

橡胶衬里施工现场应设在专门的车间内或密封性较好的临时的工作房中，保持室内干燥、无尘和具有良好的通风环境。由于衬胶所用的物料多为易燃易爆物品，厂房应符合一级防爆要求，不得使用明火加热。在设备内衬胶操作时，应保持良好的通风和安全照明。

橡胶衬里的施工主要采用手工作业。施工常用的设施有：表面喷砂处理系统、吊运装置、工作台、硫化装置。施工技术准备是基本建设前期工作的主要内容，也是施工过程的一个重要阶段。它关系着防腐工程的顺利连续地进行，保证工作质量和施工经济效益的重要因素。施工技术准备是贯穿于施工准备的全过程。

天然橡胶或天然橡胶与丁苯橡胶并用胶料，首先需经橡胶加工制得未硫化橡胶料及配套用胶浆，然后在除锈合格的金属表面进行贴衬，最后经热硫化而完成传统的橡胶衬里的全过程。其衬胶施工的基本工艺过程包括如下几个步骤：

设备表面处理：社交设备的质量除与橡胶的性能有关，也与受衬设备的材质、结构、加工和表面状态有密切的关系。为保证衬胶的质量，必须在施工前按照 HGJ 229《工业设备、管道防腐蚀工程施工及验收标准》中第 2、第 3 章有关规定进行严格的检验，合格后方可施工。

胶浆配置：将胶浆料溶解在定量的溶剂中可制成黏稠状的胶浆，目前最常用的溶剂为 120 号汽油。配制胶浆时胶料与汽油的比例选择，应与金属的材质、表面粗糙度、施工环境条件、刷胶次数以及涂刷方法有关。

胶料裁剪：衬里胶料在下料裁剪前应进行外观检查是否符合胶料的质量要求，如有气泡、针孔、较深的超标压痕等缺陷，其严重部位应剪除不用，超标的气泡可用针刺破、放气并用胶料填补、热烙压平。胶料表面出现硫磺、滑石粉、线头杂物时需要刷除干净；如有油污、水珠时应用干布蘸汽油擦洗。

涂刷胶料：涂刷胶料的遍数直接影响到胶料与金属的结合力。在金属的表面一般涂刷胶浆三遍，有时第一遍是刷涂底涂料，其余两遍是刷涂胶浆。在胶料的贴和表面常是刷涂胶浆两遍，这样衬贴经硫化后其粘结强度已达到 7.4 MPa 以上，满足了硫化法衬胶的技术要求。

胶料贴合：受衬设备的表面和胶料粘贴的表面分别涂刷胶浆并经充分晾干后就可以进行贴合操作。胶粘贴合的结果直接关系到衬胶层的最终质量。当衬胶贴合不规范时，通常会出现衬胶层的起泡，脱层、搭边不均、针孔和皱褶等缺陷。引起这些缺陷的主要原因是涂刷胶浆的干燥程度不够，环境湿度低、大气湿度高、涂刷胶浆不均、制件缺陷处理不当、贴合不平、烙胶不实等所致。

14.1.7 玻璃钢衬里

玻璃纤维增强的树脂复合材料，在国内俗称玻璃钢。由于纤维的增强，衬里层不易受热应力或固化收缩应力而开裂，或受外力而破坏。正像采用钢筋增强水泥混凝土的原理一样。

原材料及选用

(1) 纤维　玻璃钢衬里主要采用玻璃纤维及其制品，按衬里设备的介质条件不同，也选用棉、麻纤维，或合成纤维及其制品。

(2) 树脂　树脂把纤维粘结成一个整体，同时又粘附于基体表面，起着传递载荷的作用，同时又赋予了衬里设备的综合性能。玻璃钢衬里的设计关键在于树脂的选择，因为它承担着防止介质渗透与抵御侵蚀的双重任务。

衬里用的树脂，主要是四种热固性树脂：不饱和聚酯、环氧、酚醛和呋喃树脂。

14.1.8 塑料衬里

(1) 概述

塑料与金属比较，具有质量轻、耐腐蚀性能好、力学强度范围广、易加工、耐磨等特点。当塑料作为金属或混凝土等基体设备内部衬里时，则金属或混凝土赋予设备足够的刚性，而塑料则赋予设备抗渗透、抗腐蚀、耐磨等良好的生产使用条件。因此近些年来，由于优良性能的塑料品种不断开发，加工技术的不断进步，塑料衬里技术在防腐领域中得到了广泛的发展与应用。

塑料的品种较多，每种塑料都有其各自的性能特点。在防腐工程中作为设备的内部衬里常用的塑料品种有软、硬聚氯乙烯（软、硬 PVC）、聚乙烯（PE），聚丙烯（PP），聚四氯乙烯（PF_4）等。每种塑料又由于原料组成的不同而形成各自系列产品，性能亦略有差异。因此作为设备内部衬里应当根据设备的生产条件适当地选用塑料品种。

一般的，塑料能否满足设备生产条件的需要，主要决定于塑料的耐腐蚀性能、抗渗透性能与耐热性能。而衬里施工也是决定衬里质量的关键因素。

要重视塑料的抗渗透性能。即使一种塑料完全能抗介质腐蚀，由于介质会逐渐渗透穿过衬里层，使基体与塑料衬里层之间造成损伤，例如造成中空、气泡等。受到损坏后，介质就会透至基材上，造成腐蚀破坏。

介质分子大小、蒸汽压高低，以及不同种类的塑料对不同介质的抗渗透能力各异，决定了塑料衬里层的抗渗透性能不同。通常，介质在塑料里的渗透与厚度成反比，而与温度成正比。

为了得到良好的塑料衬里设备，还必须注意塑料的耐热性能，注意塑料与碳钢、混凝土的不同弹性模量和热膨胀系数以及塑料与基体的附着性能。

由于依赖于刚性材质的外壳，塑料衬里可抗冲击，避免塑料衬里层的外力损坏，塑料本身则提供了必需的耐蚀性能，由于它的施工工艺简便，可焊接维修，因而在国内外，至今仍有应用前景。

（2）衬里设备的结构要求

1）衬里层的结构设计

• 硬 PVC、软 PVC 的板材和管材的性能不同，设计和施工塑料衬里时，可以根据实际情况比照各种塑料的性质，选择适当的材料。

• 按介质选择软 PVC 塑料，基本上可参照硬 PVC 板。但由于软板中有大量增塑剂，在日光照射下，或长期浸没于溶液中及能萃取出增塑剂的介质中（例如碱等），增塑剂会逐渐被蒸发、溶析出来，从而失去了软板原有的柔软性，并逐渐退色、变硬而呈脆性。故其耐蚀性能次于硬 PVC。

2）衬里设备的使用范围

• 使用温度。硬 PVC 板衬里：松衬结构，常温。软 PVC 板衬里：95 ℃；粘结法，60 ℃。

• 使用压力。硬 PVC 板衬里：松衬结构，常压。软 PVC 板衬里：松衬结构，常压；粘结法，在壳体刚度与强度有保证的前提下，可参照橡胶衬里设备。

• 负压。松衬结构不推荐用于负压条件，除非衬里层与壳体的间隙与设备处于同等负压条件。粘贴法衬里不推荐用于负压条件。

3）衬里层厚度的确定

• 硬 PVC 板衬里。对全钢壳的松衬结构，衬里厚度应随设备尺寸的增大而增厚，多在 4～12 mm。

• 软 PVC 板衬里。加入了增塑剂的软 PVC 板，由于 PVC 分子上的极性基团被溶剂化了，分子之间的作用力削弱了，分子间距增大，因而同等厚度的软 PVC 板比硬板更易被介质所渗透。因此，对渗透性能强的介质，应选用较厚的软板衬里。

松衬结构通常选用4 mm厚板材，并可根据需要在第一层衬板上再衬焊或粘贴第二层板材。粘贴法结构，考虑到衬里设备的转角等部位的紧贴黏结困难，多用3 mm板材。

(3) 软PVC板衬里原材料的准备

- 软PVC板；
- 软PVC管；
- 软PVC焊条；
- 硬PVC管；
- 硬PVC焊条；
- 扁钢压条；
- 平端紧定螺钉；
- 六角螺母；
- 垫圈；
- 氯丁胶粘剂。

(4) 贮存注意事项

- 软PVC板、焊条、管材等均应贮存于避阳光、避雨以及干燥、清洁、温度为室温的库房内，高温会加速增塑剂的逸出，导致过早老化。
- 运输与贮存期间均应避免硬物堆压、避免损伤软板、管材等原材料。
- VC塑料均应与芳香烃类、酮类等化工原料分开贮存。
- 氯丁胶粘剂应与PVC塑料分开贮存，需避阳光、避雨、通风、防火，并与配套溶剂分开堆放，库房内需备灭火器材。

(5) 压条螺钉固定法衬里

压条螺钉固定法适用于钢制设备的衬里。

- 环境条件

温度过低会使软PVC板变硬，不利于衬里施工。要求环境温度在15 ℃以上，否则需用非明火加热板材或施工环境采取保温措施。现场需避水并避灰尘。

- 壳体表面处理

新制设备不需喷砂除锈处理，但应除去碳钢表面凸出的尖锐毛刺，磨去焊缝部位凸出的焊疤。

对旧设备应除去表面影响螺钉焊接的腐蚀生成物、油污、氧化皮等杂物。在冲洗干净后修补好有缺陷的部位。

(6) 空铺法衬里

空铺法衬里适用于钢制和混凝土制设备。

把软PVC板焊接成与贮槽类设备同等内壁尺寸和形状，然后套铺于设备内壁，但必须翻边于设备外壁，然后用扁铁抱箍固定。对立式设备，由于衬里层的重量靠法兰翻边和接管支撑，设备越高，衬里层自重蠕变就越大，软板就容易在使用期间因拉伸变薄，特别在顶端的法兰转角部分，会造成软板断裂。因此，空铺法衬里一般适用于$<\phi 1.2$ m的立式圆筒形设备。

衬里时应注意如下几点：

- 对立式圆筒形设备，用扁钢加固有利于衬里层与设备壳体的紧贴。采取环向加固方法，以取软 PVC 板的宽度作为立面的加固间距为宜。

• 对大型矩形设备，可按平面采用条状扁钢支撑。小型矩形设备平面衬里，可不用条状支撑，但底部与立面软板间的搭接仍需扁钢支撑。

• 设备的人孔与接管的衬里在筒体衬里完成后进行。

软 PVC 板衬里检验有如下几点：

• 软 PVC 衬里层外观无铁件露出，无深于 0.5 mm 的表面裂纹、刀痕或小孔等缺陷。

• 焊缝挤浆应连续均匀，无烧焦或未焊透现象。

• 做 24 h 的盛水试验，检测孔应无水渗出。

• 可用电火花检测仪进行针孔检测。对有火花释放的部位用小刀挖去后，用软 PVC 焊条修补，检测方法与衬胶工艺类同。

(7) 硬 PVC 板衬里

1) 原材料准备

采用 GB 4454—1984 标准生产的硬 PVC 板，系 PVC 树脂加入稳定剂、填料、润滑剂等经捏合、混炼后压延成薄片，然后再经热压而制得。化工用硬板的配方中不含增塑剂。

2) 圆筒形全钢壳衬里

由于底部转角部位最容易产生应力集中，因此，硬 PVC 板制作的底部转角结构就不宜采用焊接结构。

3) 环境条件

硬 PVC 塑料的下料、热成型和拼焊工序应在车间内进行。现场衬里施工应避雨和灰尘。

4) 表面处理

• 新制设备不需喷砂除锈，但应除去碳钢表面凸出的尖锐毛刺，磨去焊缝部位凸出的焊疤。

• 对旧设备应除去表面腐蚀生成物，干净后，修补好有缺陷部位。

5) 衬里施工

• 测量圆筒体底部圆周长度，按硬 PVC 板宽度分成若干等份，然后经下料、热成型圆筒形底部转角，在钢壳底部圆角处逐块衬紧后拼焊。最后把底部中间的平底用硬 PVC 板拼焊成圆筒体底部。硬 PVC 板材的下料、拼料可采用木工工具进行锯、刨、钻、铣等加工，亦可用机械方式，例如圆盘锯、带锯、刨、车、钻及铣床等进行加工，但使用时必须考虑到硬 PVC 的低导热性的缺点。硬 PVC 板的热成型是在电热或蒸汽烘箱内进行，热压成型温度控制在 135 ℃左右，对不同厚度板材的加热，要求加热均匀、一致软化。

• 按圆筒体高度使硬 PVC 弧形板成型，然后用泡沫塑料等软性填充物保护好已衬底部，逐块按环向紧贴圆筒体，注意板与板之间的间隙应越小越好，板与筒体之间的间隙亦应小。然后用撑条撑紧弧形板，进行 V 形缝焊接。

• 对直径在 2.5 m，高度大于 3 m 的圆筒体的钢壳内衬硬 PVC 板成型，必须设置补偿结构，这是由于硬 PVC 与碳钢有不同热膨胀系数的缘故。

• 内衬层硬 PVC 板块与板块之间的焊接均采用 V 形结构。焊接设备、工具及焊接工艺与全塑结构完全相同。

硬 PVC 板衬里检验有如下两点：

• 硬PVC板衬里表面外观无裂缝，焊缝饱满，焊条排列整齐，施焊部位无脱焊或烧焦现象。

• 作24 h盛水试验，壳体近底侧或底部预开的ϕ4～10 mm的检测孔（2～4个），无水渗出。

14.2 表面处理

黑色金属、有色金属或水泥、木材等非金属材料，在其表面进行涂装、衬里或镀覆等防腐施工之前，都必须对基体表面进行预处理。这种预处理对防腐蚀工程的质量是至关重要的。这里以金属表面涂装为例，如果不清除干净基体表面的水分、油污、尘垢、介质污染物，外来物以及铁锈和氧化皮，这些因素均会显著降低粘结剂对基体表面的浸润，从而严重影响界面粘结，影响到涂层的质量和使用效果。

14.2.1 表面特性

从清洁度、粗糙度、孔隙度三个方面，可以恰当地表达基体的表面状态，说明是否有利于确保防腐工程的施工质量。

（1）清洁度

钢铁表面经常有一层铁锈或氧化皮，且常被油污、水等污染，影响涂、衬层粘结。混凝土表面，由于它孔隙多，其内部含有的水分和碱性物质容易渗到表面，污染表面，同样影响界面粘结。

（2）孔隙度

基体表面存在通底或不通底的细孔。粘结剂可以通过毛、细孔作用渗入到孔内，起到镶嵌作用，其渗入的深度受到某些因素的影响。如果细孔是不通底的，粘结度的粘度又较大时，孔内气体无法排尽，此时的粘结剂虽能借助毛细孔的作用进入孔内，但会随孔内被封闭气体的压力升高而停止，最终不能充满整个细孔。如果细孔是通底的，粘结剂就能慢慢渗入充满整个细孔，但其渗入深度受到固化前粘结剂所能流淌的时间限制，当粘结剂太稠时，它就无法继续渗入了。因此，对有空隙的基体衬涂作业，排尽空气是重要的。例如，铸铁衬橡胶，有人采用干净的棉纱成方格排布表面，其目的就是为了涂衬时排出铸铁孔隙内的空气。

（3）粗糙度

这个表面特性参数反映了固体表面的粗糙程度，适当地将表面糙化，可提高粘结强度。但是，粗糙度不能超过一定界限，过分地糙化反而会降低粘结强度，因为表面不能被粘结剂良好浸润，凹处的残留空气对粘结是不利的，这类似于不通底的细孔的弊端。

14.2.2 表面清理方法

14.2.2.1 表面清理方法的分类

表面清理方法可分为手工工具、动力工具、火焰、酸洗、机械清理等。上述方法所能达到的清洁度和造就的粗糙度有很大不同。各种表面清理的方式，其优缺点比较如下：

（1）手工工具清理

人工手持钢铲刀、钨钢刀、钢丝刷子、砂皮、废旧砂轮等打磨钢铁表面，除去铁锈、氧化皮、污物和旧涂层;使用榔头和钢凿,凿去设备表面的电焊熔渣、焊疤和焊瘤,最后用毛刷清除被清理表面的尘土与污物。

常用工具有钢丝刷、刮刀和尖嘴锄头等。其工作效率低,劳动强度大,清理成本高,质量最差。它只有在其他清理方法无法采用时,才被采纳。手工清理无法清除所有的锈和氧化皮。

(2) 动力工具清理

适用于单件、小面积、异形工件和其他清理方法未完成的局部部位的除锈工作。采用以电、风为动力的机具磨、铲、敲、刷的除垢和除锈工作。

主要工具有砂轮、钢丝轮等。清理效率高于手工工具清理,但劳动强度和清理成本高。它的最大作用是抛光作用,而且无法将蚀点深处的锈和污物清理干净。

(3) 火焰清理

采用氧-乙炔火焰加热钢铁表面,可以清除大量的锈和氧化皮以及表面的油污,但无法获得清洁的表面。

(4) 酸洗

将钢铁浸没于酸溶液中清除锈和氧化皮。经酸洗的钢铁,需经缓蚀处理并干燥后涂上底漆。废水处理是酸洗工艺必须解决的问题。由于酸洗时,需将工件浸没于酸溶液中,工件的大小受到了限制,而且只能在室内进行。经酸洗的表面缺乏所需的粗糙度。

(5) 机械清理

机械清理是以磨料为介质的清理方法。按动力源不同,又分为喷丸清理和抛丸清理两种。

1) 喷丸清理

喷丸清理是 120 年以前发明的技术。在喷丸清理技术应用的早期,砂是普遍使用的磨料,因而被称为喷砂。至今,为了满足不同表面清理的要求,磨料的种类有了很大发展,喷砂清理就改名为磨料投射清理,简称为喷丸清理。

磨料的来源广泛,有天然、人造以及工业副产品之分,例如石英砂、钢丸、铁丝、金刚砂、炉渣等。

借助于压缩空气或高压水流,通过专用喷嘴,使磨料产生高速流动,依赖磨料棱角的冲击、摩擦、敲打,除掉了钢铁表面的氧化皮、铁锈、污物和附着物,从而显露出材料的本色,并具备了一定的粗糙度。

喷丸清理多用于金属表面,有干、湿法之分,它的作业则有开放或封闭形式。在防腐蚀工程中,应用最多的是干法喷丸。与抛丸相比,它具备投资省,占地少,机动和适应性强,磨料的选用范围广,操作方便等优点,但开放式作业对环境会造成粉尘污染。与酸洗法相比,金属材料的机械性能受破坏的程度低,并能形成适宜的粗糙度,有利于衬涂层的粘结。

为了避免干法喷丸的粉尘污染,曾发展了湿法喷砂工艺,由于水的存在,不采用铁丸磨料。

2) 抛丸清理

抛丸清理是依靠 2 000 r/min 左右的高速旋转的抛丸机叶轮,瞬时抛出铁丸或钢丸,以一定角度冲击被清理物体表面,借助冲击和摩擦达到除锈目的。磨料在高速旋转的抛头叶片作用下,获得了很大的径向和切向速度,以达 80 m/s 的合成速度抛向钢铁表面,清除掉表面氧化皮、铁锈以及其他附着物。

清理效率很高是抛丸清理的最大特点，它大多用于钢材消耗量很大的钢结构厂，如锅炉压力容器厂、造船厂、石化机械厂、桥梁厂等。不然，它的高清理效率不能在综合经济效益内显现出来。

(6) 滚筒磨抛清理

滚筒磨抛清理适用于小型铸铁、铸钢的冲压与锻压件、各种小型有色金属件轻度锈蚀的表面清理。这种工艺在电镀工艺上称为粗磨，在搪烧工艺称为净化。滚筒磨抛可除去表面的铁锈、氧化皮和其他污染物，并消除锐角和毛刺，使工件表面形成轻微粗糙度。

(7) 射流控制真空喷丸清理

射流控制真空喷丸清理除锈效率高，质量好，能防止灰砂的飞扬，不需专用的喷丸工场及其配套装置。真空喷丸的作业人员，操作时距离被清理表面 0.5 m 左右，可不戴口罩作业，除锈速率可达 3 m^2/h。在喷射过程中，若操作得当，磨料几乎可以全部回收。

(8) 高压水清理

它实质上是湿喷的发展。湿喷是通过开口喷嘴和装有使水形成喷流的附属部件来实现的。它可以直接引高压水进入喷嘴，亦可引低压水通过一个装在喷嘴前的环来形成喷流。目前使用的有 2 种方法，一种是高压水加砂，其水压只需 10 MPa 或稍低；另一种是单纯的高压水流冲击，其工艺要求有的高达 32 MPa。高压水加砂除锈，由于在高压水中加入了一定量的砂，大大提高了除锈能力，与湿法喷砂相比，空气的尘含量又降低了一倍或以上，而除锈效率则提高了四倍以上。高压水清理不会损伤基体，使用方便，清理中不产生粉尘，因而亦用于汽车工业、航空工业等领域的表面清理作业。

(9) 化学与电化学处理

对要求电镀，或对小尺寸、复杂结构、不适宜机械法清理的金属工件的表面清理，可以采用化学、电化学法。

14.2.2.2 机械清理

(1) 干法喷丸清理

以 0.5～0.7 MPa 的压缩空气带动砂粒、铁丸或炉渣，通过专门喷嘴，高速喷射于基体表面，使铁锈和污物彻底或比较彻底地清除，使金属表面呈现本色，并产生一定的粗糙度，这就是干法喷丸清理，多用于户外、现场作业。对喷丸系统多不考虑丸粒的机械输送与收集以及粉尘的分离与净化。此种喷丸装置有以下两种形式。

压出式　砂粒或铁丸储存于砂罐内，由压缩空气压缩后，从砂罐底部磨粒流量阀压出，通过三通管再与压缩空气混合，经过一步增压提高流速，沿着空气软管输送到喷嘴被喷出。此种形式清理效率高，控制方便，适用于大面积作业。

吸入式　采用真空喷射泵原理，由高速流动的压缩空气在喷嘴部位造成负压，把砂吸入与压缩空气混合后送出喷嘴。此种形式由于无需砂罐，可用胶管直接插入砂堆，设备简单、移动方便。由于压缩空气压力低，对空气软管磨损小，但是清理效率很低，砂的吸入高低受到限制，清理作业的控制不便，常会产生砂流的断续现象，不适应大面积作业。目前已很少使用。

(2) 喷丸软管选用原则

不能用普通空气软管代替喷丸软管，这是由于前者的内层橡胶为非耐磨橡胶。

必须选用抗静电的喷丸软管，这是由于静电积累会造成事故，人员受静电冲击会从脚手架上坠落。故最好采用含炭黑的耐磨增强橡胶软管。

喷丸软管的压力要大于空气软管，应尽可能使软管处于平直状态，避免小半径弯曲，这样可减少磨损。

（3）磨料的选用

磨料的形状、硬盘、密度和粒度是影响表面清理质量和效率的四大因素。对于需涂底漆和面漆的钢材表面，必须选用适当磨料，以提高清理效率、降低成本，并应有一定的表面粗糙度，使涂层获得足够的黏附力。采用硬盘很高、粒度大的砂粒状磨料，能获得很好清理效果，但过大粗糙度使涂料消耗量增加，造成涂装成本升高。如果表面清理不够彻底，粗糙度过小，涂层会鼓泡、脱层。对于常用的富锌底漆，通常需要 25～38 μm 的表面粗糙度。而对于表面不允许有损伤的精密模具、电器元件以及航空发动机类的表面清理，有的就采用核桃壳、玉米棒类制成的磨料。

（4）磨料的分类

从使用者的角度来说，常把磨料分为可重复使用的磨料和消耗型磨料，前者常用于喷砂房和自动化车间，磨料的循环、筛分和重复使用可通过自动化操作实现。而消耗型磨料常用于现场作业，其循环和重复使用困难且成本高。

消耗型磨料　消耗型磨料有时也被重复使用 1～2 次，但它们的细颗粒会被嵌在被清理表面，成为弊端，通常应避免。石英砂、河砂、矿砂以及炉渣、钢渣、铜炉渣等均属消耗型磨料。应避免采用海砂，它含的盐分会腐蚀被清理表面。消耗性磨料的形状均锋锐、有角，宜于获得粗糙表面。采用石英砂磨料时所需的工作压力应为 0.63～0.77 MPa，若过高，则砂的速度过快，与金属表面撞击后，很快粉碎，砂粒只能产生冲击作用而难以摩擦，其清理效率低。矿砂、河砂以及炉渣可能含有软颗粒，会残留在喷砂表面。黑色的钢渣会造成被清理表面呈暗黑色。

可重复使用磨料　包括钢丸、铸铁丸、切段的钢丝等金属磨料，其抗破碎能力高，可回收复用率高，但由于缺少棱角，不能产生理想的粗糙表面。而氧化铝、金刚砂以及一种冷淬铸铁砂，均属硬而脆的磨料，它们能保持良好的锐利形态。一般金刚砂可重复使用 30～40 次，而钢丸或冷淬铸铁砂类可重复使用 100 次以上。

（5）磨料与清理效果

各种磨料的特性参见表 14-2-1。

表 14-2-1　磨料的特性

磨料种类	来源	主要成分	形状	松装密度/(g/cm^3)	破碎率/%	洛氏硬度 HRC
石英砂	天然	SiO_2	立方体	2.61	77	23
石英砂	天然	SiO_2	角状	2.63	90	23
矿渣	人造		立方体	2.76	61	39
急冷钢丸	人造	Fe	多角形	7.65	0	100
可锻钢丸	人造	Fe	多角形	7.40	8	97

（6）喷丸的操作准备

1）喷丸操作应尽可能缩短风源与工作面之间的距离，若能缩短喷丸机与工作面之间的距离，则更有利于减少压力降。

2）整个系统不应有漏气部位存在，故应尽量减少系统内接头的数目，以利减少漏气，减少压力降。

3）应备有标准长度的喷砂软管，例如10 m，20 m，40 m等长度，根据与工作面的距离，选用合适的长度管子，可减少无用长度带来的压力降。

4）无论是空气软管还是喷砂软管，工作时应尽可能顺直，若转弯过多甚至盘绕，必然增大压力降，并加快软管磨损。

5）软管之间应采用专用的快速扣接接头，切忌使用直径较小的铁管插入二根管子后用铁丝捆扎的方法，后者压力降较大，且易发生脱管、伤人事故。

6）喷嘴磨损超过风源的余量后应及时更新，否则会降低清理效率。可设计一个塞规，超过规定即更换喷嘴。

7）使用耐磨衬里的喷嘴时，不可敲打，以免脆裂。

8）喷丸磨料例如石英砂、铜炉渣之类应存放在干燥处，使用前应烘干，并按被清理工件种类和壁厚，旋转磨料和粒径。

9）露天放置的喷丸机要有防雨罩，过夜应将添料口平盖，以免漏水在喷丸机内凝聚。

10）喷丸操作前，应先关上磨料流量阀，先空喷一会儿，以驱走可能积聚在管道内的水分。

（7）喷丸操作工艺

1）根据被清理表面的锈蚀程度及被清理部件的清理要求，在0.4～0.8 MPa之间调整压缩空气的工作压力。

2）按被清理工件的结构，选择喷射角，一般控制在30°～60°，最少不少于30°。

3）对于牢固的铁锈和氧化皮，可采用接近垂直的喷射角度来清理，并微微向下以减少迎面飞来的磨料与碎屑。对于层状锈及鼓泡油漆层，则可用大于45°喷射角来清理，以利用压缩空气将其铲起时加快清理速度。

4）按压缩空气的工作压力、磨料粒径和锈蚀程度，确定喷嘴距工作面的最佳距离，一般控制在100～200 mm之间，最小不低于80 mm。例如工作压力为0.5～0.6 MPa，磨料丸径为1.5 mm，其较合理的喷射角度选用45°～60°，喷嘴与工作面距离应选择120～150 mm。

5）禁止采用停空压机的方法来暂时中止喷丸清理作业，否则喷丸机内及砂管内的压力，会把磨料压向调压器、遥控器甚至风源，并造成磨料在砂管内的堵塞。合理的操作应是关闭砂管阀门，或采用折叠喷砂软管阻砂，然后立即关闭砂管阀门。

6）喷丸清理后应将被清理表面的细屑粉尘吹干净，并尽快涂装。

（8）操作注意事项

1）在喷丸清理后的表面，留有较多残渣，说明进入磨料罐的磨料含细灰较多，或磨粒易碎裂，应检查筛分系统和磨料质量。

2）潮湿的磨料会引起流坠、堵塞磨料流量阀，或造成磨料流量不恒定，会使得已清理表面的早期返锈。应检查压缩空气系统的缓冲器、油水分离器及水分吸附器，并应经常开启放水阀门，以免水分随压缩空气带入。

3）已清理表面有油点残留，除了检查油水分离器，还要考虑到有可能是压缩机的部件已有磨损。

4）有时清理表面的粗糙度不够，这是由于磨料颗粒过细，应更换稍大颗粒的磨料，同时检查筛分装置。

5）有时清理表面残留有残渣，这是由于磨料硬度不够，或磨料中含有较多软颗粒的缘故。

（9）安全与劳动保护

喷丸工作时必须全身防护，防止粉尘污染，控制粉尘蔓延。

1）喷丸工必须带具有空气分离器的头盔面罩的防护服、厚手套和耳塞。

2）头盔上的面罩玻璃要经常更换，保证良好的能见度。

3）划清工作区与安全区，施工区域要有安全标志线，禁止无防护的人员进入磨料直接或间接射及的区域。

4）清理曾储存易燃、易爆、有毒物品的容器，事先应清除干净并经分析合格后，工作人员方可进入容器，作业时应配置通风装置。

5）作业前操作工应先检查软管、接头、空压机和喷丸机等，在没有破损和故障后，方可使用。

6）在需要登高的场合，配备脚手架和人梯，喷砂软管要固定在垂直面上，以减轻喷丸工的劳动强度。当现场需要防止磨料飞散时，应搭建临时棚屋。

7）喷砂软管应能导走静电，例如采用含炭黑量较高的橡胶管。普通空气软管可考虑用细金属线缠上并接地把静电导入地下。这在登高喷砂作业时必须更加注意，因为当作业人员受到静电冲击时，会造成坠落事故。

8）喷丸现场的照明布置要有良好可见度和均匀的照明度，不可有阴影。除了密封光束型的局部照明灯外，还应有带保护罩的强光灯，以保证喷砂作业的质量。

14.2.3　金属表面的前处理——去油

只有金属表面上的油污、氧化皮等完全去除后，涂覆层与金属表面才能牢固结合。酸洗可去掉氧化皮和铁锈，但当有油脂存在于金属表面时，就会隔离酸洗液，而达不到酸洗目的。

粘在金属表面的油污有两类：

- 皂化油　能与碱作用生成肥皂的油，例如动物油、植物油均属皂化油。
- 非皂化油　指不能与碱作用生成肥皂的矿化油，例凡士林、润滑油、石蜡等。

这两类油都不溶于水。它们的消除方法有：溶剂清除，碱液清洗，电化学去油，乳化清洗去油。

（1）浸泡酸洗清理

- 酸洗除锈机理

金属表面的锈，对钢铁而言，主要是铁的氧化物（Fe_3O_4、Fe_2O_3、FeO），钢铁浸入酸溶液中，可去除钢铁表面的锈。以硫酸为例，其除锈机理是：

$$Fe_3O_4 + 4H_2SO_4 = FeSO_4 + Fe_2(SO_4)_3 + 4H_2O$$

$$Fe_2O_3 + 3H_2SO_4 = Fe_2(SO_4)_3 + H_2O$$

$$FeO + H_2SO_4 = FeSO_4 + H_2O$$

$$Fe + H_2SO_4 = FeSO_4 + H_2\uparrow \text{（副反应）}$$

由于锈溶解于酸中，实现了金属表面锈的去除。

• 氢脆和酸雾

在锈去除的过程中，酸同时会与金属铁发生副反应，副反应中产生的氢气，既对锈层产生了膨胀力，使氧化皮鼓起脱落，同时它会渗入钢铁基体，而产生氢脆。氢气从酸液中的逸出，造成了大量酸雾，污染了环境。硫酸酸洗法的氢脆与酸雾危害很大。

• 缓蚀剂的选用

为了防止酸洗过程中的过蚀，可在酸洗液中加入少量缓蚀剂，以减轻基体金属在酸洗液中的过蚀和氢气的生成，减缓氢向钢铁基体中的扩散以及减少酸耗与酸雾的产生。

(2) 酸洗膏除锈

酸洗膏适用于现场不易搬动的大型设备、钢构筑件等的局部表面除锈。在采用喷砂和化学除锈等工艺难以解决的场合，采用酸洗膏能获得良好的除锈效果。故它是金属表面清理的一种辅助方法，它的最大优点是操作简便。

• 先酸洗后钝化的酸洗膏除锈工艺

即先用酸洗膏进行酸洗，然后再用钝化膏进行钝化。这样可以防止酸洗后的金属表面再度生锈。

• 不用钝化的酸洗膏

在酸洗膏中加入磷酸，可使酸洗后的金属表面起到磷化作用，使金属表面生成一层较薄的正磷酸盐组成的转化膜，起到使金属表面不会再迅速生锈的钝化作用。

14.2.4 钢铁表面的化学转化

金属经表面清理后，采用化学处理方法，使金属表面生成一层薄的保护膜，使之在一段时间内不发生二次生锈，亦使金属基体有良好的附着力，这一过程称为表面化学转化。具体方法有氧化、钝化和磷化。

(1) 氧化

钢铁表面用氧化剂进行氧化，以获得致密、完整、有一定防护能力的氧化铁薄膜，此薄膜的内层为FeO，外层为Fe_2O_3，膜层厚约0.5～1.5 μm，有的可达5 μm。工业上称为“发蓝”或“发黑”。氧化分为碱性氧化和酸洗氧化。

(2) 钝化

采用化学方法，使金属表面形成一层钝化膜，它可防止金属表面酸洗后返锈，可耐一般大气腐蚀。这种能改善金属表面性质的工艺，被称为钝化。能起到钝化作用的物质被称为钝化剂。常用的有亚硝酸盐、硝酸盐、铬酸盐与重铬盐酸等，使用较多的是铬酸盐。

(3) 磷化

磷化处理使金属表面形成一层致密的磷酸盐转化膜，可作为工件的涂装底层、冷加工润滑层、电绝缘层、耐磨层和防锈层，是金属前处理中应用最广泛的一种化学处理工艺。

将金属置于以酸式磷酸盐(例Zn、Mn、Ca、Fe等磷酸盐类)为主的溶液，进行化学处理，在金属表面形成一层难溶于水的结晶型磷酸盐膜，这种处理工艺称为磷化。

14.2.5 非金属表面清理

(1) 水泥制品的表面清理

建筑物、构筑物、地坪、储池等大多使用硅酸盐水泥浇捣制成。水泥与水化合生成了水泥石，凝固后的水泥砂浆与混凝土属硅酸盐化合物。其组成主要是硅酸三钙、硅酸二钙、铝酸三钙和铁铝酸四钙，组分含量分别为40%～65%、15%～40%、5%～15%和10%～20%，此外还有3%～5%的石膏，微量的氧化钙、氧化镁、氧化钛、氧化钾和氧化钠。

尽管水泥制品的表面，与胶黏剂有良好的浸润性能，可以获得良好黏附力。然而，经水化凝固后的水泥制品并不密实，表面及其内部有很多毛细孔通道。之外尚有游离水分和碱性物质，例如氢氧化钙。水分的存在会降低黏附力，水分的挥发会使涂膜鼓泡、脱层。碱性物质则会对不耐碱的涂衬层起到破坏作用，例如水玻璃、酚醛、某些不饱和聚酯，以及可被碱皂化的某些涂料等。

因此，水泥制品表面，特别是新水泥，在涂衬防护前，必须进行干燥、脱碱等清理。

表面清理前，对水泥、混凝土基体的要求

1）基体的基层要坚固、密实、平整；基层的坡度和强度应符合设计要求；基体表面无起砂、起壳、裂缝及蜂窝麻面等缺陷。基体的表面平整度，在使用2 m直尺检查时，空隙应不大于5 mm。

2）基体的阴阳角应制成圆角或斜面。

3）水泥砂浆或混凝土基体经养护合格后，须经干燥处理，在离表面20 mm的基体内，含水量不大于6%。

4）金属与非金属预埋件，应在捣浇水泥前预先埋设，同时应预留进出口物料管口、套管孔和人孔等。

5）旧水泥砂浆或混凝土基体，需进行强度测定，并达到要求后，方可进行表面清理。

新水泥制品的表面清理

1）养护期已达20天，但碱性仍偏高时，需进行脱碱处理。

2）用贴纱布、铲刀清除表面浮砂、垃圾、流挂的砂浆，并打磨制品表面，获得一定的粗糙度。

3）在涂衬层衬里施工以前，当水泥表面用水分测量仪测定大于6%时，应进行烘干处理，可在45～60 ℃热处理72 h，待目测表面水泥发白，再测定含水量合格后，方可施工。对有的涂衬层施工，可允许含水量不大于8%，可以此为合格标准。

旧水泥制品的表面清理

1）对已被酸、碱、盐类等物料腐蚀的旧水泥制品，应凿去已腐蚀疏松的混凝土，直至露出坚硬混凝土层。若内部钢筋腐蚀，亦应更换并适当增加钢筋量，然后用大量清水反复冲洗未疏松、尚牢固的周边混凝土，直至无物料继续析出。

2）自然干燥24 h后，测定pH达中性，再经50～60 ℃作烘干处理，最后用新混凝土、水泥砂浆修复损坏部位，经养护合格后，对较大的修复部位，还应作脱碱处理。

3）对水泥制品表面的凹凸、掉角等缺陷，仍需用水泥砂浆或树脂胶泥修补。

（2）橡胶的表面清理

橡胶具有良好的物理机械性能和耐蚀性能，在化工防腐蚀领域，用于复合衬里的抗渗层，使用量很大，涂衬前的橡胶表面，仍需进行清理。

1）脱脂

除去橡胶表面可能黏附的油污，可采用溶剂汽油清洗。

2）粗化处理

为了提高衬里层的粘结强度，增加橡胶表面的粗糙度是有利的，可采用如下方法：

- 砂布或钢丝刷表面拉毛处理；
- 轻度的喷砂处理。

（3）塑料的表面清理

当塑料表面沾上油污时，由于它多属低能表面，故只需用溶剂擦拭，例如乙醇、汽油、丙酮、甲苯、氯乙烷等。或用含表面活性剂的碱液清洗，再用水冲洗，即可洗去。但由于它的低能表面，若不加以处理，其表面的粘合，难以获得理想效果。

1）增加表面粗糙度

对硬PVC、PP类容器与设备，可采用轻度喷砂、砂磨、钢丝砂轮或钢锯等表面拉毛的物理方法，可使部分塑料的表面粘结强度较大提高。

2）提高表面活性

通过对塑料表面进行氧化、交联、引入极性基或接枝等化学方法，改变其表面层结构状态，可收到良好效果。

化学氧化法：采用一种强氧化剂来处理塑料表面，以改变它的表面极性，对某些小型、复杂零部件的塑料，可获较好效果。不同品种塑料，应选用不同的氧化剂配方和处理工艺。

火焰燃烧法：对聚烷烯烃类塑料的厚部件，可用此法处理，但不适用于薄或复杂部件的表面处理，一旦火焰操作过度，会发生翘曲现象。

溶液腐蚀法：采用专门配制的溶液，将塑料表面的链节破坏掉，代以获得极性表面。

玻璃与陶瓷的表面清理

腐蚀性能十分优良的玻璃、陶瓷制品，为了增强或装饰的需要，亦要对表面进行清理，清除表面的粘着物、灰尘或陶瓷表面的光滑釉层，以及表面的粗糙化处理，使玻璃、陶瓷制品表面在涂衬时获得较高粘结强度。

3）水洗与烘干

以人工或机械喷水方式清除表面的粘着物与灰尘，直至露出制品的本色。

4）油污清除

采用溶剂或含表面活性剂的碱液清洗，然后用水冲洗。对装饰用途的制品应避免使用浓检碱液清洗，以免影响制品表面的光泽。

5）表面粗糙处理

玻璃和陶瓷制品的表面亦须粗糙化处理。由于它们的硬度较大，故应采用砂轮打磨或机械磨抛处理，待得到需要的表面粗糙度后，用水清除磨耗粉尘，经干燥处理后，再进行涂衬作业。

（4）旧涂膜的清除

如果仅清除旧涂膜表面的脏物和灰尘，而不除掉旧涂膜即重复涂装，则会产生新旧涂膜间的层间结合问题，同时会产生涂膜的累积厚度过大，在日光照射下产生龟裂、脱落。因此，为了保证涂覆质量，必须清除旧漆膜。

有机溶剂清除多用于合成树脂漆类，常用市售脱漆剂。

14.2.6 粗糙度处理

为了获得最佳的粘附力，不仅需要表面清洁，还要求表面有一定的粗糙度。粗糙度增加了实际表面积，太光滑的表面会危及粘附力，而过分粗糙的表面会在涂膜上形成“波峰”裸露，或导致“波峰”涂膜太薄。暴露于涂膜之外的“波峰”会很快发生腐蚀。

粗糙度处理还有利于克服涂衬层固化时产生的固化应力的集中，从而防止衬涂层的固化裂纹，这对厚的涂层十分有利。同样亦减少了垂直面涂刷时的流挂。

(1) 粗糙处理的方法

- 机械加工；
- 电拉毛；
- 化学处理。

(2) 影响粗糙度的因素

基体表面的不同涂衬层，要求有不同的粗糙度，为此，需采用不同的工艺进行粗糙度处理。

不同的处理方法获得的粗糙度不同，例如精细加工和精细喷砂，获得的粗糙度小；粗加工和粗磨料喷砂所获得的粗糙度大，表 14-2-2 列出了部分处理方法对粗糙度的影响。

表 14-2-2 处理方法及磨料对粗糙度的影响

处理方法及磨料		磨料最大粒度/目	最大粗糙度，$Ra_{max}/\mu m$
喷射	钢砂 G50	25	80
	G40	18	90
	G25	16	100
	钢丸 S-230	18	70
	S-330	16	80
	S-390	14	90
	石英砂 小	40	50
	中	18	60
	大	12	70
	河砂 大	40	40
	中	18	50
	小	10	60
机动砂轮			15
酸洗			10
氧化皮钢板面			5

注：喷砂条件为：压缩空气压力 0.55 MPa，喷嘴直径 5～8 mm，喷射距离 150 mm，喷射角 60°。

从表 14-2-2 可以发现，在喷射处理工艺中，磨料对粗糙度有较大影响。应按涂衬层对衬里表面粗糙度的要求选用磨料。磨料的种类、大小和形状直接影响粗糙度的处理效果。锐利的磨料比球形磨料处理的表面有更好的黏结强度。磨料的最大允许粒度，取决于衬里表面允许的表面粗糙度，后者则取决于需涂衬层的厚度。

不同涂衬层对粗糙度的要求可参见表 14-2-3。

表 14-2-3 不同涂衬层对粗糙度的要求

涂衬里种类	涂衬材料	要求粗糙度，$Ra/\mu m$	要求表面清洁度
金属喷涂	铝、锌、铜等金属	均匀粗糙度 40～80	呈银灰色金属光泽
塑料喷涂	聚乙烯、聚氯乙烯、氯化聚醚等	均匀粗糙度 10～25	呈银灰色金属光泽
电镀	铬、镍、铜、锌等	均匀粗糙度 10～30	呈银灰色金属光泽
一般防护涂层	聚酯、聚氨酯、酚醛、环氧等防锈材料	均匀粗糙度 50～70	95%以上金属表面呈现出金属光泽
重防护涂层	重防腐涂料、高固体分涂料	均匀粗糙度 50～100	95%以上金属表面呈现出金属光泽
衬里层	衬胶、粘结软塑料、衬玻璃钢	均匀粗糙度 50～100	95%以上金属表面呈现出金属光泽
块材衬里(胶泥)	衬耐酸砖板、铸石、花岗石等	均匀粗糙度 50～100，混凝土表面粗糙度可再大些	95%以上金属表面呈现出金属光泽。混凝土经养护合格后，表面呈白色，20 mm 深处含水率小于 6%

通常，对涂层而言，当设计涂膜厚度取 T 时，则要求涂装表面的粗糙度 $Ra \leqslant T/3$。

14.2.7 质量检验

表面清理对金属基体的要求：

(1) 焊件

1) 金属表面凹凸不平应小于 2 mm，无尖锐凸痕与毛刺；

2) 焊缝无裂缝，尽量减少凹坑、弧坑和焊瘤，凹坑深度不大于 0.5 mm；

3) 转角与接管焊接部位焊缝应饱满，呈圆弧过渡，无毛刺，棱角以及大于 2 mm 的凹坑。

(2) 钢结构件

1) 钢结构件上所有支撑件与连接件应在表面清理前完成切割与施焊等作业；

2) 预先打磨钢结构表面棱角、毛边、毛刺和焊疤；

3) 焊缝应连续、无裂缝，尽量减少凹坑、弧坑和焊瘤；

4) 暴露于大气环境需表面清理的钢结构，应没有死角或无法清理的局部结构。

14.2.8 表面清理的质量要求

(1) 手工清理金属表面

采用手工机具并辅以铲刀、钨钢刀、钢丝刷、废旧砂轮等打磨金属表面(多为钢结构件)。经表面清理后达到 St2 或 St3 级的质量等级。

(2) 喷丸或抛丸清理金属表面

按金属表面清理要求，达到 Sa1、Sa2、Sa2.5 或 Sa3 的质量等级。

(3) 化学或电化学清理

要求清理后的金属表面达到 Pi 级的质量等级。

(4) 火焰清理金属表面

要求清理后的金属表面达到 F1 级的质量等级。

14.2.9 钢材表面除锈的质量检验

（1）钢材的锈蚀等级

如果钢材在喷砂除锈前已存在锈蚀孔或严重腐蚀，要达到较高的除锈等级是十分困难的。因此，在表面清理前，当需要达到某一质量标准时，就必须首先确定需除锈的钢材表面的锈蚀等级（见表 14-2-4），不然就会带来协议双方的合同纠纷。

表 14-2-4 金属表面的锈蚀等级

锈蚀等级	锈 蚀 程 度
A	金属覆盖前氧化皮而几乎没有铁锈的钢材表面
B	已发生锈蚀，并且部分氧化皮已经剥落的钢材表面
C	氧化皮已因锈蚀而剥落，或可以刮除，并且有少量点蚀的钢材表面
D	氧化皮已因锈蚀而全面剥离，并且已普遍发生点蚀的钢材表面

（2）各国钢材表面除锈等级对照（见表 14-2-5）

表 14-2-5 各国除锈标准对照

SISO 55900 瑞典	SSPC 美国	NACE 美国	BS－4232 英国	CB－3092 中国	DIN－18364 （1961）德国	AS－1627.4 澳大利亚	JSRA SPSS 日本
Sa3	SP－5	＃1	一级质量	b_1		3 级	Sd3，Sh3
Sa2.5	SP－10	＃2	二级质量	b_2	除锈二级	2.5 级	Sd2，Sh2
Sa2	SP－6	＃3	三级质量	b_3	除锈三级	2 级	Sd1，Sh1
Sa1	SP－7	＃4				1 级	
St3	SP－3			t_2	1977 年为 DIN－55928		
St2				t_3			Pt3
St1							

（3）锈蚀等级和除锈等级的典型样板

以彩色图例照片形式定出生锈的 4 个等级和除锈的 24 个等级（如图 14-2-1 和图 14-2-2 所示），然后以目视法与上述样板对照确认。

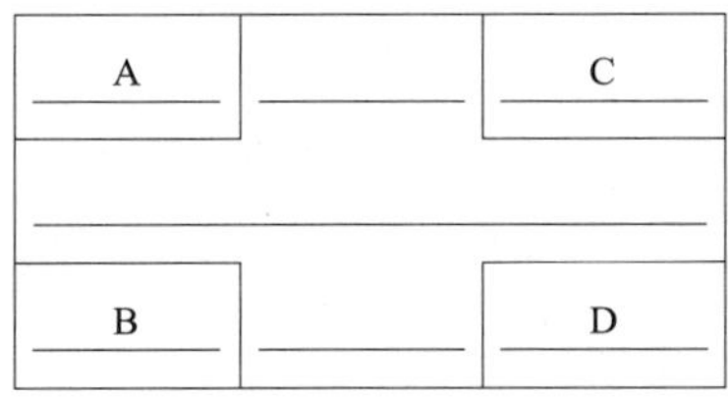

图 14-2-1 锈蚀等级样板

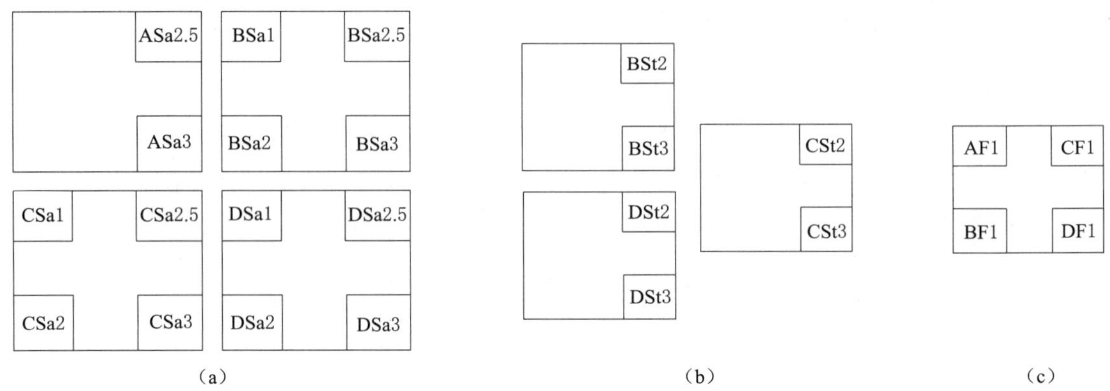

图 14-2-2　除锈等级

(a) 喷射和抛射除锈;(b) 手工和动力工具除锈;(c) 火焰除锈

14.2.10　表面粗糙度的质量检验

(1) 表面粗糙度的质量检验

按 GB 1031—1983《表面粗糙度参数及数值》的规定,取材质和表面状态与被清理工件表面相同的钢板(150 mm×100 mm)作为比较样板,采用同一磨料对该比较样板进行喷射作业,然后采用光切显微镜或电动轮廓仪仪器进行检测。

(2) 表面粗糙度标准样板的直观比较评定法

国际标准化组织对喷丸清理表面粗糙度标准样板的制作、校核和使用,发布了 ISO8503 标准。每块 ISO8503 标准样板包括 4 个不同粗糙度的表面,每个表面都有一个确定的含义粗糙度值,用 1、2、3、4 表示。

14.2.11　已处理表面的管理

(1) 已处理金属表面的管理

- 经过处理的表面用干燥、清洁的压缩空气吹净粘附于表面的磨料粉尘,发现有嵌入的磨料用洁净工具清除。
- 为防止已处理表面的吸潮和外界环境的污染与生锈,应在 8 h 内进行衬涂作业。对短时间内来不及涂衬的容器类,可在封闭人孔与接管等部位后,置于清洁与干燥的厂房内。其存放条件为:相对湿度小于 85%,最好小于 65%,温度大于 15 ℃。
- 当相对湿度超过 85%时,应立即进行涂衬作业,存放时间不可超过 4 h。
- 禁止裸露的人体各部位触及已处理表面。
- 已处理表面在衬涂作业前,应用清洁塑料薄膜或布覆盖。
- 需进入容器检查已处理表面质量时,检查人员应穿戴清洁无尘服装与布袜后方可入内。
- 已处理设备表面禁止施焊、敲铲。
- 搬动已处理设备时,应防止钢丝绳等触及已处理表面。
- 存放超过 8 h 的已处理工件,应采取防锈措施,例如氮封、投放气相缓蚀剂以及防锈剂等。
- 因保管或运输不当造成的返锈或污染,应重新进行表面清理。

(2) 已处理非金属表面的管理

• 已处理表面应防止吸潮以及水与灰尘等污染。

• 暂时不进行衬涂作业的已处理表面，应置于清洁、干燥环境，表面用清洁薄膜覆盖。若相对湿度过高时，可能导致已处理表面结露，大量吸附水分。

• 搬运时严禁裸露的人体各部位或工具触及已处理表面。

• 进入已处理容器的人员应穿戴清洁、干燥的服装及布袜。

• 已处理表面遭遇雨水后应及时作烘干处理。

• 已处理表面若被油污等脏物污染，应重新清理。

14.3　防腐蚀工程质量的监控和检验

以下所列防腐蚀工程质量的检验，主要针对目前在防腐蚀工程中常见的涂料类防腐蚀工程、橡胶衬里类防腐蚀工程、玻璃钢衬里防腐蚀工程、软聚乙烯板衬里防腐蚀工程等。

14.3.1　涂料类防腐蚀工程的质量检验

涂料类防腐蚀工程的质量检验主要包括在钢、木、水泥砂浆或混凝土基层表面进行的涂料类防腐蚀工程的质量检验。

(1) 一般的防腐涂装工艺(见图 14-3-1)

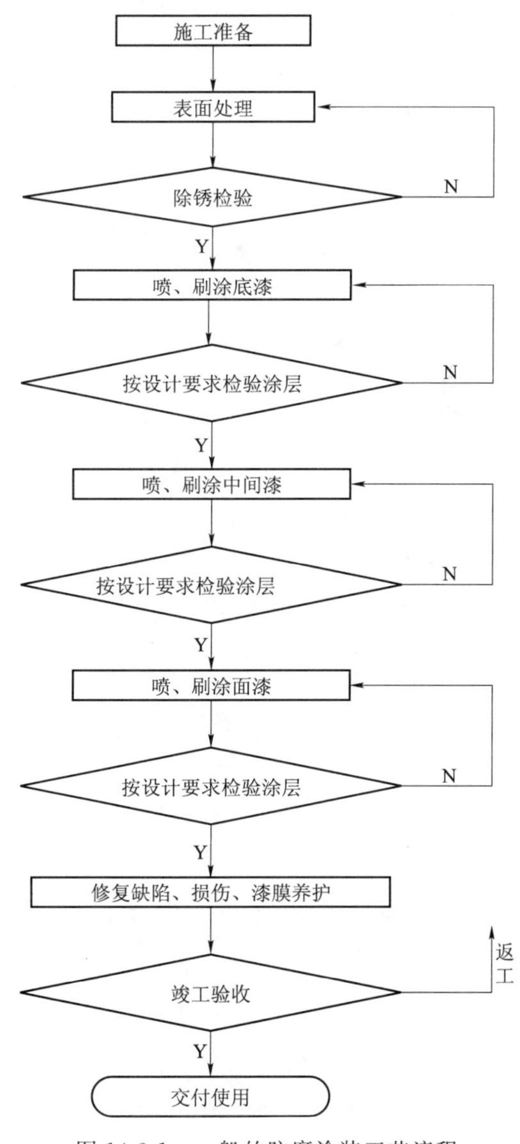

图 14-3-1　一般的防腐涂装工艺流程

(2) 涂料质量的检验

根据产品出厂合格证或者产品说明书检查、核对涂料的品种和各项技术指标是否符合设计要求和规范的规定。

对其质量有疑问的涂料，应进行现场抽样检测，其检测项目如下：

1) 漆膜颜色外观的测定，应按照《漆膜颜色及外观测定法》GB/T 1729—1979 进行测定；

2) 黏度的测定应按《涂料黏度测定法》GB/T 1723—1979 进行测定；

3) 干燥时间的测定应按《漆膜、腻子膜干燥时间测定法》GB/T 1728—1979 进行测定；

4）附着力的测定应按《漆膜附着力测定法》（画圈法）GB/T 1720—1979 进行测定。

（3）涂料类防腐蚀工程的质量检验

具体内容见表 14-3-1。

表 14-3-1 涂料类防腐蚀工程涂层质量要求和检验方法

项目	质量要求	检验方法
施工环境控制	涂装环境温度应控制在 5～38 ℃，并且应高于露点温度 3 ℃以上，环境湿度不能大于 85%	使用温湿度计和红外测温仪进行检测
表面处理情况	表面清洁度及粗糙度均需达到要求的等级	具体见表面处理章节
外观	表面应平整，颜色一致，无气泡、剥落、漏刷、返锈、透底、起皱等现象	用 5～10 倍的放大镜进行检查，无微孔者为合格
厚度	其厚度偏差不得小于设计规定厚度的 5%	用磁性测厚仪测定
电火花	在要求的电压下，对涂层表面扫查需无报警（非必须项目）	使用电火花检测仪进行检测
附着力测试	在试板上进行附着力测试，结果需满足涂料的设计要求（需在施工同时制作试板）	按相关标准的方法进行测试

（4）防腐施工管理中，需对防腐工作中禁止打磨、涂装的设备、部件进行规定，一般要求如下部位不可打磨、涂装：

1）转轴等转动部件；

2）阀杆等运动部件；

3）各类反馈连杆接头，铰链、指针等活动部件；

4）铭牌、标牌、铸造文字等信息载体；

5）轴承加油嘴；

6）系统排空管口、排污口；

7）视窗镜；

8）各类液位计、刻度尺；

9）橡胶膨胀节；

10）电机位置调整顶丝等各类调整顶丝；

11）换热片；

12）调速器（或必须 MRM 现场配合执行）；

13）安全阀、卸压阀等设备的压力调整螺钉。

14.3.2 橡胶衬里防腐蚀工程的质量检测

橡胶衬里防腐蚀工程的质量检测主要包括天然橡胶衬里、氯丁橡胶衬里和预硫化丁基橡胶衬里的质量检验。

（1）原材料的质量检验

1）根据产品出厂合格证或产品说明书，检查、核对胶板的品种和各项技术指标是否符合设计要求或国家现行标准的规定。

2）在衬里施工前，对于天然橡胶应做扯离强度试验；对于氯丁橡胶和预硫化丁基橡胶应做剥离强度试验，其实验方法和算术平均值应符合有关规定。

（2）橡胶衬里层质量检验按《硫化橡胶和热塑性橡胶拉伸性能的测定》GB/T 528—1992 进行测定。各种橡胶板的质量检查和检验方法见表 14-3-2 至表 14-3-7 所示。

表 14-3-2　硫化罐硫化和本体硫化橡胶板质量检查和检验方法

项目及性能	硬胶	软胶	液胶	检　验　方　法
扯断强度/MPa	—	≥9	—	按《硫化橡胶和热塑性橡胶拉伸性能的测定》GB/T 528—1992 进行测定
扯断伸长率/%	—	≥500	—	
硬胶与金属结合力/MPa	—	—	≥6	按《化工设备衬里用未硫化橡胶板》GB/T 5575—1985 中的有关规定进行测定
硬度(邵尔 A)	98～100	50～60	—	按《橡胶邵尔 A 型硬度试验方法》GB/T 531—1992 的规定进行测量

表 14-3-3　自然硫化橡胶板质量检查和检验方法

项目及性能	软胶	检　验　方　法
扯断强度/MPa	≥10	按《硫化橡胶和热塑性橡胶拉伸性能的测定》GB/T 528—1992 进行测定
扯断伸长率/%	≥350	
胶板与金属剥离强度/(N / cm)	≥70	按《工业设备、管道防腐蚀工程施工及验收规范》HGJ 229—1991 中的附录 F 进行测定
硬度(邵尔 A)	55～70	按《橡胶邵尔 A 型硬度试验方法》GB/T 531—1992 的规定进行测量

表 14-3-4　预硫化橡胶板质量检查和检验方法

项目及性能	软胶	检　验　方　法
扯断强度/MPa	≥5	按《硫化橡胶和热塑性橡胶拉伸性能的测定》GB/T 528—1992 进行测定
扯断伸长率/%	≥400	
胶板与金属剥离强度/(N / 2.5 cm)	≥70	按《工业设备、管道防腐蚀工程施工及验收规范》HGJ 229—1991 中的附录 F 进行测定
硬度(邵尔 A)	45～57	按《橡胶邵尔 A 型硬度试验方法》GB/T 531—1992 的规定进行测量

表 14-3-5　常压热水硫化橡胶板质量检查和检验方法

项目及性能	硬胶	软胶	检　验　方　法
扯断强度/MPa	—	≥12	按《硫化橡胶和热塑性橡胶拉伸性能的测定》GB/T 528—1992 进行测定
扯断伸长率/%	—	≥330	
硬胶与金属结合力/MPa	≥6	—	按《化工设备衬里用未硫化橡胶板》GB/T 5575—1985 中的有关规定进行测定
硬度(邵尔 A)	90±5	70±5	硬胶采用《塑料邵氏硬度试验方法》GB 2411—1980D 型邵氏硬度计测量；软胶应按《橡胶邵尔 A 型硬度试验方法》GB/T 531—1992 的规定进行测量

表 14-3-6 常压蒸汽硫化橡胶板质量检查和检验方法

项目及性能	硬胶、半硬胶	软胶	检验方法
扯断强度/MPa	—	≥10	按《硫化橡胶和热塑性橡胶拉伸性能的测定》GB/T 528—1992进行测定
扯断伸长率/%	—	≥350	
硬胶与金属结合力/MPa	≥6	—	按《化工设备衬里用未硫化橡胶板》GB/T 5575—1985中的有关规定进行测定
硬度(邵尔A)	≥98	55～70	硬胶采用《塑料邵氏硬度试验方法》GB 2411—1980D型邵氏硬度计测量;软胶应按《橡胶邵尔A型硬度试验方法》GB/T 531—1992的规定进行测量

表 14-3-7 天然橡胶衬里层的中间检查

项目	质量要求	检验方法
外观	胶层表面不得有漏烙、漏压、或烙焦现象	5～10倍放大镜或用目测进行检查
针孔	衬里层不得有漏电现象	用电火花检测仪进行检查

氯丁橡胶衬里和预硫化丁基橡胶衬里贴衬完毕后,应按表14-3-8和表14-3-9的项目进行中间检查。

表 14-3-8 氯丁橡胶衬里和预硫化丁基橡胶衬里的中间检查

项目	质量要求	检验方法
外观	胶板表面不得有深度超过1.5 mm的损伤、褶皱、嵌杂物;板面应无起鼓、脱层、漏压等缺陷。胶板的接缝应严密,不得有翘起、剥离等现象	目测或借助5～10倍放大镜进行检查
针孔	衬里层不得有漏电现象	用电火花检测仪进行全面检查
厚度	所测每点的厚度均不应小于胶板允许的最小厚度	用磁性测厚仪进行测量。长度超过3 m的胶板,每张两端和中间应各测3点;长度不足3 m的胶板至少应测量6点

表 14-3-9 橡胶衬里层的质量要求和检验方法

项目	质量要求	检验方法
外观和胶层与金属的粘结情况	(1) 胶层表面允许有凹陷和深度不超过0.5 mm的外伤、印痕和嵌杂物,但不得出现裂纹或海绵状气孔; (2) 天然橡胶衬里和预硫化橡胶衬里的常压、常温设备,允许橡胶与金属基体局部脱开面积不得超过20 cm^2,突起高度不得超过2 mm;其数量为:衬里面积大于4 m^2的不得多于3处;衬里面积2～4 m^2的不得多于两处;衬里面积小于2 m^2的不得多于1处; (3) 氯丁橡胶衬里的自然硫化设备,允许橡胶与金属局部脱开面积不得超过5 cm^2,且每平方米不得多于3处; (4) 管道衬里层的气泡,每处面积不得大于1 cm^2,突起高度不得大于2 mm,且每个管件不得多于2处	用尺量、目测或借助5～10倍放大镜和锤击法进行检查

续表

项目	质量要求	检验方法
针孔检查	对于蒸汽硫化、自然硫化和预硫化的橡胶衬里，当最终外观检查对衬里层严密性有怀疑时，可使用电火花检测仪重点检查胶板搭接处，不得有漏电现象	用电火花检测仪进行检查，其电火花检测仪应有电压可调、声光报警装置
厚度	其误差不得大于胶板规定的厚度允许偏差	用磁性测厚仪进行检查
硫化胶的硬度	硬度值应在胶板制造厂提供的硬度值范围内	硬橡胶和半硬橡胶可采用《塑料邵氏硬度试验方法》GB 2411—1980D 型邵氏硬度计测量；软胶应按《橡胶邵尔 A 型硬度试验方法》GB/T 531—1992 的规定进行测量。其测点数应符合按《工业设备、管道防腐蚀工程施工及验收规范》HGJ229—1991 第 5、6、7、2 款的规定

14.3.3　软聚氯乙烯板衬里的质量检验

软聚氯乙烯板衬里防腐工程的质量检验，主要包括软聚氯乙烯板空铺法衬里、软聚氯乙烯板压条螺钉固定法衬里和软聚氯乙烯板粘接法衬里的质量检验。

(1) 原材料的质量检验

根据产品出厂合格证或产品说明书，检查、核对软聚氯乙烯板的品种、规格和有关技术指标是否符合设计要求或国家现行标准《软质聚氯乙烯挤出板材》SG 245—1981 的规定。

(2) 软聚氯乙烯板衬里的质量检验

质量要求和检验方法见表 14-3-10。

表 14-3-10　软聚氯乙烯板衬里层的质量要求和检验方法

项目	质量要求	检验方法
外观	软板表面可有深度不超过 0.5 mm 的裂纹、刀痕或小孔。焊道挤浆应连续、均匀，不得有烧焦或未焊透现象	用目测或借助 5～10 放大镜进行检查
针孔	重点检查焊缝部位、不得有漏电现象	用电火花检测仪进行检查。探头电火花长度应为 25 mm
注水试漏	对于空铺法衬里和压条螺钉固定法衬里应进行 24 h 的注水试验，检漏孔内应无水渗出为合格	采用注水试验

14.3.4　防腐蚀工程检测工具和仪器

防腐工程质量监控与检测，除应依据国家有关规范标准外，还必须使用国内外先进的检测仪器和工具，对各道工序以及总体施工质量定性和定量地进行科学的检测。

(1) 温度计

温度计是防腐施工中常用的测量仪器，用于测量防腐施工的基体表面温度及各种环境温度等。

(2) 湿度计

湿度计是防腐施工中必备的测量仪器。防腐施工中应用的是气体湿度计,利用干湿温度差的效应和露点法测量。

(3) 放大镜

放大镜用于辅助肉眼对施工质量进行外观检查。使用它能够将表面缺陷放大,提高分辨能力及判断的准确性。但这种工具只能对施工质量做出定性的检查。

(4) 伸缩检测镜

伸缩检测镜用于检测狭小空间内肉眼无法直视的部位的涂装质量,它由平面镜和伸缩杆组成,通过使用这种工具可以避免出现检测死角。

(5) 红外测温仪

红外测温仪可对设备、管道表面温度进行检测,避免涂装时表面温度低于露点,影响涂装质量。

(6) 手用敲击锤

手用敲击锤用于对衬里层施工质量进行定性检查。目前施工现场使用的有小型铁锤、木质手锤等。检查时手执敲击锤叩击衬里层表面,听其声音是否有空音,以判断衬里层是否密实。

(7) 湿膜测厚仪

湿膜测厚仪用于检测每道涂层的湿膜厚度,可以对每道涂层的质量及时把握,以便对不合格的某道涂层立刻修补,避免最后整体厚度出现较大偏差。

(8) 覆层测厚仪

覆层测厚仪用于防腐层厚度定量检测,通常用于涂层、镀层、塑料、搪瓷橡胶、玻璃钢等防腐蚀覆盖层,是防腐施工必不可少的检测仪器。

(9) 针孔检漏仪

针孔检漏仪是专门用于检测导电基体上非导电基体防腐覆盖层中极小缺陷的仪器,有干湿发之分。

(10) 粗糙度仪、生锈标准样本

基体表面的粗糙度与某些防腐施工的质量有密切关系。如在涂装施工中涂料的消耗和附着力都与喷丸(砂)表面的粗糙度有关,粗糙度太小附着力下降,粗糙度太大不仅费料,而且容易产生"顶峰锈蚀",使用粗糙度仪检测和控制喷丸(砂)表面适宜的粗糙度,就可以保证在最经济合理的条件下获得最好的涂层附着力。

(11) 黏度计

在防腐施工中常使用黏度计测量涂料和粘结剂黏度。

(12) 含水率测试仪

用于检测混凝土表面的含水率,在混凝土上涂装涂料时,这是需要控制的一个重要指标。

(13) 硬度计

硬度计是材料抵抗其他物质刻划或压入其表面的能力,用来测量硬度的仪器统称为硬度计。测量材料硬度的方法有许多,如划痕法、压入法、弹性回跳法、抗磨耗法等,材料的硬度可以用多种量值形式来表示,如布氏硬度、邵氏硬度等,各种硬度量值可以相互换算。

(14) 气体检测管

气体检测管是对施工环境中有毒有害、易燃易爆气体浓度进行快速检测的工具。在上述气体环境中应经常使用气体检测管检查作业区有害气体浓度，以确保施工安全及施工人员身体不受损害。

14.4　核岛油漆技术要求

14.4.1　安全壳外油漆要求

(1) 油漆技术要求

安全壳外核级厂房内的涂层按 RCCM 规定要求如下：

• 漆膜应光滑易于清洗，可进行修补；

• 漆膜在正常运行条件下①保持稳定；

• 根据设备运行温度，漆膜至少在一定时间内保持防腐蚀能力②；

— $t \leqslant 100$ ℃为 7 年；

— $t > 100$ ℃为 3 年；

• 漆膜具有良好的去除放射性沾污的性能，并通过去污性能评定试验，试验方法按 Q/BU. J1581 实施；

• 应具备相关的试验报告；

• 使用颜色在满足《核岛颜色总要求》情况下，应与设备前次涂层颜色保持一致。

(2) 油漆检验要求

厂家应在涂料出厂前进行全面的质量检验，买方和涂料施工单位应核实涂料生产厂所完成的检验，并进行相关复验。若复验中有不符合产品技术说明书的项目，应重新取样，若再次复验的结果仍不合格，则该批产品不允许使用。检验要求见表 14-4-1。

表 14-4-1　涂料质量检验要求

实施单位	检验内容	检验次数(PID 类)
料生产厂家	• 厂标规定的检验项目 • 密度 (GB 6750) • 不挥发物(GB 6751)	每批一次
买方或施工单位	• 密度 (GB 6750) • 不挥发物(GB 6751)	每 500 kg 一次

14.4.2　安全壳内油漆要求

正常条件下，安全壳内空气中腐蚀性离子较少，温度保持恒定，涂层劣化的主要途径是人为损伤和辐照作用；异常条件下，如核岛内管道发生破口事件，管道内充满的高温高压蒸

注：① 正常运行条件包括设备运行温度和停堆温度，周围介质相对湿度及其特性，必要时应考虑所处建筑物内的压力；

② 防腐能力的验收准则为：锈蚀程度不高于 GB/T 1766 中生锈 2 级，即锈蚀面积不超过总面积的 0.5%。

汽瞬间能使核岛局部达到约 300 ℃、16 MPa。因此更强调核岛内适用涂层满足在异常条件下的使用要求。此外，根据 ALARA 原则（所有辐射剂量应保持在可合理达到的尽可能低水平），核岛适用涂层还应具备较低表面处理条件下的可维修性。因此在满足安全壳外油漆基础上，还应满足下面的试验结果（选择性）。

（1）LOCA 试验

1）模拟及修补性试验，试验方法按 EJ/T 1086—1998 执行；

2）辐照后模拟试验，按 RCCM 2000 的 F5300 执行。

验收准则：GB/T 1766—1995 的 1 级（保护性），即：

- 不允许脱落、剥离、分层、粉化；
- 不允许龟裂，但允许试样每面存在 1 条长度＜10 mm 的裂纹；
- 允许存在气泡，但必须直径≤2 mm 且每平方米数量≤50 个；
- 允许轻微变色和失光。

LOCA 试验 2 周后进行二次附着力试验，其附着力需≥0.2 MPa。

（2）耐辐照试验

试验方法按 EJ/T 1111—2000 执行，若无特别说明辐照剂量率和累积剂量按程序 B 进行。

验收准则：GB/T 1766—1995 的 0 级（保护性），即：

- 不允许脱落、剥离、分层、粉化、开裂、生锈；
- 允许轻微变色和失光。

（3）去污试验

试验方法按 EJ/T 1112—2000 执行。

验收准则：

- Sc≤20%；
- P≤85%。

（4）附着力试验

试验方法按 GB/T 5210—2006 执行。

验收准则：

- 金属基体附着力≥3.0 MPa；
- 砼基体附着力≥2.5 MPa。

（5）耐盐雾试验

试验方法按 GB/T 1771—1991 执行（≥250 h）。

验收准则：

- GB/T 1766—1995 的 1 级（保护性），且泡不破（直径≤2 mm）；
- 附着力≥1.5 MPa。

（6）人工老化试验

1）室内涂层进行人工辐照暴露试验，试验方法按 GB/T 1865—1997 执行（≥100 h）；

2）室外涂层进行人工气候老化试验，试验方法按 GB/T 1766—1995 执行（≥1 000 h）。

验收准则：

- 室内涂层：GB/T 1766—1995 的 0 级（保护性），即仅允许轻微变色和失光；
- 室外涂层：按 GB/T 1766—1995 验收，允许粉化 1 级，其他要求 0 级（保护性）；

• 试验后附着力应附着力≥1.5 MPa；

• 溶剂型外墙涂料还应满足 GB/T 9757—2001 中优等品的其他要求；

• 使用合成树脂乳液内、外墙涂料时分别满足 GB/T 9757—2001 和 GB/T 9755—2001 中优等品的要求。

(7) 耐化学介质试验

试验方法按 EJ/T 1087—1998 执行，长期与液体接触的涂层按程序 A 进行；可能造成液体飞溅区域的涂层按程序 B 进行。试验溶液、浓度、温度按漆膜的工作条件确定；要考虑去污溶液对漆膜的影响时，应用实际去污溶液进行试验，按程序 B 进行，浸泡 10 天。

验收准则：

• 不允许起泡，其他按 GB/T 1766—1995 的 1 级(保护性)验收；

• 附着力≥1.5 MPa。

(8) 耐热性能试验

试验方法按 GB/T 1735—1979 执行(≥250 h)。

验收准则：

• 不允许起泡，其他按 GB/T 1766—1995 的 1 级(保护性)验收；

• 且附着力≥1.5 MPa。

(9) 耐磨试验

试验方法：

• 一般情况按 GB/T 1768—2006 执行，环氧类≤0.030 g(同一实验室)；聚氨脂类≤0.040 g(同一实验室)；

• 长期与原水或海水接触的涂层按 ASTM D968 执行，其中沙粒量≥75 L。

(10) 耐火试验

试验方法：

• 钢结构防火涂层的耐火试验按 GB 14907—1994 执行，验收准则：≥0.5 h；

• 火焰传播比按 GB 50222—1995 进行，验收准则：≤50。

(11) 耐热盐水浸泡试验

试验方法按 GB/1763—1979 执行，使用乙法，浸泡时间 1 个月。

验收准则：GB/T 1766—1995 的 0 级(保护性)，附着力≥1.5 MPa。

14.5　常见失效原因

(1) 因辐照、温度而老化失效

此类情况在现场检查中发现的极少，仅 VVP 管道外部涂料发现点状涂层失效。

(2) 电化学腐蚀

例如某电站内现场存在个别阀门法兰面腐蚀情况较重，而电机的接触口环相对腐蚀较轻的情况。这是由于螺栓存在缝隙等原因引发电位产生差异，加之有强电解质溶液残存，时间稍长便会引起涂层失效，基体发生腐蚀。

(3) 涂层未恢复，产生腐蚀

维修工作损坏涂层。在设备定期检修时，无可避免会出现碰伤、擦伤表面涂层的情况。

此类情况属正常失效，一般在检修工作后都应立即进行补漆工作。例如某电站内PTR泵出口法兰边缘曾发生涂层脱落，引发腐蚀。这是在检修过程中，由于紧固螺栓和拆卸碰撞正常产生的涂层破损，只是在检修后破损涂层未及时恢复。

(4) 涂装工艺问题

涂层90%的非正常脱落都是因为施工不当的原因，如表面处理不足、涂装时环境条件不达标、涂装方式不正确等。例如某电站内安喷泵和低压安注泵入口管道外壁曾出现大面积脱落，管道基体均匀腐蚀。管道涂层发生如此剥落情况是不正常的，此类情况通常是在涂装过程中对管道表面预处理不够，涂层和管壁粘合力不足才会发生。

(5) 外来物损伤涂层

设备表面附着的异物往往会引起油漆的降质。如：1) 清理油漆表面粘贴的胶布时，会影响其附着力。2) 油漆表面被润滑油、松脱剂等污染时，化学成分会引起降质。

14.6 不可涂装的部位

通常核电厂中对防腐工作中禁止打磨、涂装的设备、部件进行了一般规定。以下设备、部件不可打磨、涂装(其中没有规定法兰面不可涂装)：

- 阀杆等运动部件；
- 转轴等转动部件；
- 各类反馈连杆接头，铰链、指针等活动部件；
- 铭牌、标牌、铸造文字等信息载体；
- 轴承加油嘴；
- 系统排空管口、排污口；
- 视窗镜；
- 各类液位计、刻度尺；
- 橡胶膨胀节；
- 电机位置调整顶丝等各类调整顶丝；
- 换热片；
- 调速器(或必须MRM现场配合执行)；
- 安全阀、卸压阀等设备的压力调整螺钉。

14.7 密封面的防腐

通常，在酸碱盐系统和海水系统管道设备的法兰面腐蚀比较严重，这些密封面起着密封的作用，对表面平整度、粗糙度有要求，使用手工施工的涂层通常会在公差配合上产生一些问题。这些问题在相关的标准中是有要求的，可以作为验收依据，也可以同维修施工人员协商来保证密封性。

必须要说的是，使用衬塑、衬胶工艺时，必须翻边至法兰面，而且使用的垫片硬度应低于衬层20(邵氏硬度)。

复习思考题

1. 涂料的三大组成部分是什么？
2. 防锈涂料的防腐作用有哪四种？
3. 粉末喷涂的原理是什么？
4. 橡胶硫化是怎样一个过程？
5. 基体表面特性有哪三种？
6. 表面清理的方法有哪些？
7. 喷砂处理时磨料的最大允许粒度取决于什么？
8. 已处理金属表面需要做哪些保护措施？
9. 防腐施工中通过哪些方面的控制来保证质量？
10. 涂层的常见失效原因有哪些？

第十五章　防腐蚀施工的健康与安全

15.1　概　述

核电厂是将安全放在第一位的，不仅关注核安全，还关注工业安全。而工业安全是防腐蚀施工管理的重要组成部分。

腐蚀防护工作在建筑行业中可以说是较危险的职业，在作业过程中往往需要防毒、防尘、防火、防爆、防噪音、防静电、防窒息、防坠落以及废物对环境的污染等。

原材料储存安全技术措施：

(1) 防腐蚀工程用的原材料，应由生产厂家提供材料储存、保管、运输的特殊技术要求，入库储存要分类清点、分类存放；

(2) 危险品要选择具有安全措施并与施工现场有相当安全距离的专用仓库储存；

(3) 每种危险品在库内储存要保持适当的安全距离，并应设置明显的安全标志；

(4) 易燃、易爆、危险品存放区，应配备足够的灭火器，设置严禁动火标志，在其附近严禁动火；

(5) 储存处应通风、阴凉、干燥、远离明火和热源，防止日光直射；

(6) 各种物资分类单独存放，应将酸类、氧化剂等隔离存放；

(7) 搬运过程应轻装轻卸，不得撞击、翻滚、倾倒，防止包装容器损坏；

(8) 易燃、易爆材料存放间，采用防爆型电气装置，照明灯具应选用防爆型；

(9) 设置防爆型排风机，定期排放有害气体。

除锈及容器内作业安全技术措施：

(1) 压缩机和空气储罐，必须检查压力容器鉴定标签在有效期范围内，确保其安全装置运行正常；

(2) 喷砂作业区，应布置监护人员主要监护喷砂罐、输砂高压软管、空压机及喷砂作业区，设置警戒线无关人员不得进入作业场地；

(3) 喷砂操作工应正确佩戴防护服等劳保用品，需要合适的气压和气量保证供气良好；

(4) 封闭的容器应留置必要数量的人孔，进入其内作业前，需要进行测氧等气体分析工作，合格方可进入作业，还要设专人监护施工，配置足够送排风机；

(5) 在施工作业区严禁明火和吸烟，依据施工面积及区域情况，应至少设置 1～2 只(台)消防设备，对部分有机溶剂需要控制浓度(见表 15-1-1)。

表 15-1-1　部分有机溶剂控制浓度

品种	浓度/(mg/m³)	品种	浓度/(mg/m³)	品种	浓度/(mg/m³)
丙酮	480	甲苯	375	三氯乙烯	268
二甲苯	435	甲、乙酮	590	汽油	2 000

表面处理及涂装的健康及安全：需要经过指导和训练的人才能操作表面处理设备及施工作业。应当正确佩戴安全帽、护目眼镜、防护服、安全带、多功能手套及安全靴等防护用品。施工区域保持良好的通风，喷砂处理及喷涂施工时需要正确佩戴带呼吸器的连体服。喷砂及喷涂软管应充分接地，并有良好的断电措施。防止火灾或爆炸，防止窒息，防止高空坠落。正确使用耳塞，防止噪音污染。应考虑设置一些常用的急救物资。

电气设备作业安全措施：应由电气专业持证人员作业。电气设备必须有良好的接地装置，电动工具应选用加强型绝缘，电动工具及照明设施应设置漏电安全保护装置。移动配线应使用橡皮绝缘软线，应确保接线绝缘良好。施工人员应配备防静电工作服，防止操作时产生静电引起的易燃气体的爆炸。检测仪器的电源是否绝缘好，操作者要穿戴好绝缘手套和绝缘鞋。

辅助作业安全措施：高 2 m 以上作业均称为高处作业，高处作业工人应佩戴好安全带和安全帽。搭设的脚手架，最上层应形成阶梯平台，并应敷满跳板，设置安全网，便于施工操作。具体安全施工防范技术措施，请参照执行国家和省市有关法规、规范、操作规程执行。

15.2　核电厂腐蚀防腐实施规范

通常每个核电厂都有自己的组织过程、工业安全的规定，共性的一些规范有：

(1) 检查工作文件的完整性，包括工作文件包、容器进入许可证、动火证、用电单、可燃物使用许可证、现场可燃物存放单等；

(2) 现场工作条件，如验证工作票隔离状态，现场脚手架、照明等；

(3) 个人安全措施，如安全帽、安全鞋、安全带、夜晚、容器内、高处作业须有人员监护；空气流通不畅的区域，必须经测氧合格后方可进行防腐作业，并保证持续通风良好；机械打磨时需佩戴护目镜；油漆涂刷过程中，佩戴呼吸保护器等；

(4) 异物防护。如进入容器穿连体服，填写所携带物品清单等厂内规定工作；

(5) 油漆未干前应做好警示标志，并留下联系人员电话，防止发生人员沾污。

以下行为在核电厂防腐工作中被严令禁止：

(1) 未填写“容器进入许可证”就进入容器；

(2) 未穿连体服进入容器；

(3) 无人监护情况下，进入容器；

(4) 腐蚀检查不按现场实际记录；

(5) 腐蚀检查后未恢复现场的防异物措施；

(6) 防腐施工无动火证；

(7) 防腐作业无质量计划和完工报告；

(8) 防腐使用涂料无出厂证明；

(9) 防腐配比涂料无相关记录和完工报告；

(10) 防腐作业中人因导致涂错、漏涂以及涂装质量不合格。

15.3 防腐处理工序安全主要事项

15.3.1 表面处理健康和安全注意事项

(1) 概述

系统和设备开始防腐工作之前一般要进行表面处理，只有经过指导和训练的人才能操作表面处理设备，因为其中大部分都存在潜在的危险。对于高压(HP)或超高压(UHP)水喷射方法进行施工时尤其如此。应当警告操作者不要让身体的任何部分处在喷流的前面，尤其是不要站在清理表面的上面以免伤害脚部。

对于操作者来说，穿上防护服是很重要的，而且防护服应当包括防水服、安全帽或护目镜、多功能手套和安全靴等。当需在暗处进行长时间的高压水喷射时，应当清晰地照亮操作的区域。当无人看管高压水喷射泵时应关闭压缩机，失效保护阀应当处于安全位置，并且把喷嘴从喷杆上卸掉。如果有人受到了高压水喷射的伤害，紧急的医疗处理是很重要的，并且应当告诉相关医护人员造成该起事故的设备特点。这对尽可能给予快速、合理的救治是关键的。

一些金属磨料可能含有一定量的重金属，如铅、铂、镉甚至砷等。在大多数条件下，其含量要低于安全使用所要求的临界极限值(TLV)或工作允许极限值(OEL)。另外还要注意采用适当的加工处理工业将这类金属结合在复合基体中，使其不致作为游离金属存在。但仍应经常进行化学分析以保证其含量确实在规定的范围内。在任何情况下，都应戴上验收过的呼吸器和进行恰当的通风。在喷砂处理过程中，另一个有毒粉尘的来源是在清理原有涂层时产生的。由于许多旧有的涂层系统都含有以铅为基的底漆，因此对铅尤其要重点防范。对这种表面的涂层进行磨料喷砂处理时会产生细小的含铅粒子，如果工人没有把手上的粉尘洗掉或吸进了含有粉尘的烟，那么他们就会把这些含铅粒子吸进去或咽下去。铅是一种特别有隐藏性的毒物。在没有任何征兆之前，长期暴露在少量铅环境下就能够对中枢神经系统、肾、泌尿生殖系统和大脑等造成严重而永久性的损害。因此，遵守当前的铅使用规定是很重要的。

在清除铅基涂料的过程中，操作者应当带上呼吸器。使用简单面具的效果是很有限的，因此在清理大量的铅基涂料时，操作者应当戴上供气的呼吸器，并且要对操作者在呼吸器的使用和维修方面进行严格的训练。其他的颜料也有危险，例如早期铅的一般替代品——铬酸盐。已经发现某些类型的六价铬化合物具有潜在的致癌作用。

在从结构件上清理大量的、任何类型的涂料之前，对其成分进行充分的分析并且从恰当的权威健康机构获得建议是很明智的。

在大气中进行喷砂处理时，也应注意可能会引起燃烧或爆炸。但是，Singleton 认为，尽管对生锈的钢进行喷砂处理是会产生大量的火花，但这些火花是很弱的，不能够点燃可燃性的气体混合物。但在美国的实践中，似乎是更倾向于采用高压水冲洗或用由铍铜合金制造的工具进行机械清理，以防因干磨料喷砂时可能出现的爆炸气氛。

另外一种健康危害是几乎所有的表面处理方法都存在的，即噪声污染。由 1 mm 的机械切削产生的声音范围为 102～106 dB(A)，而对于喷砂处理所产生的范围为 102～104 dB(A)。

(2) 开口喷射清理

从开口喷嘴处流出的磨料，其速度可达 450 mph(600 km/h)，因而能对人的身体造成严重的伤害。如果喷嘴在操作过程中偶然掉下，它不会在地上保持静止，而是像蛇一样蠕动，进而喷射出所有各式各样的磨料。因此喷嘴应当总是要和安全开关阀装配在一起，或者是一般称为“带安全钮的手柄”，以便立刻关闭压力。一些操作者把手柄关闭以图省事，致使喷嘴保持永久性敞口。由于这需要在喷射罐处负责关闭压力的人要时刻保持警惕，因此应当禁止这种危险性的操作。对于操作者来说，在喷嘴处进行该项操作比较安全。

当磨料通过软管时能够产生静电。来自这种静电的冲击可以使操作者跌倒或把软管扔在地上，因此喷砂软管应充分接地。一般来说，这是制造软管时整体的一部分，但是如果没有，有必要安装一条外接地线。可采用速开外部连接器来连接软管。在操作过程中软管松开显然是不合要求的，应将连接器用铁丝连在一起作为外加的安全防护措施。还应采取措施确保固定在连接器上的软管切口端进行了密封。如不密封，则空气或水会从端部进入，进入的空气会在软管壁上形成气泡，进入的水可能使纤维腐烂。而且，用于固定连接的螺钉不应当恰好穿透到软管壁上。在使用之前，应当对喷砂软管进行检查是否存在磨损或毁坏。喷砂处理的操作者必须总是带着充分保护的防护帽，这种帽子具有过滤空气和调节供气空气的功能以提供正压力，从而防止有害尘埃和磨料进入。如果空气来自柴油机的压缩机内，正常情况下需要空气净化器和一氧化碳监测器。对这一类型的操作，必须穿上完备的防护服，如手套和安全靴等。

磨料喷砂处理产生大量的细小尘埃，能够刺激皮肤尤其对眼睛有害。因此，喷砂处理操作者及周围的人都应带上护目镜。当尘埃控制或抽取设施无法达到可容许的环境污染水平时，使用护目镜施工仅限于封闭性环境中。

采用喷砂处理时，许多国家禁止或限制使用硅砂作为磨料。其原因是保护工人和一般公众的肺免受伤害或因吸入细小的二氧化硅或石英尘埃而引起的硅尘沉着病。在英国，禁止硅砂或其他含有二氧化硅的物质用作磨料喷砂介质。

(3) 高压水喷射清理

该法采用的水压很高，因此使用时需要极为注意。在高压时，水枪难于操纵且作用力很强。至少在 5 m 的范围内，任何碰着高流速水的人都有可能受到伤害。典型的安全程序维护原则包括需要为操作者提供牢固的基座，并且保证设备有一个安全开关阀门。如果无人看管高压水喷射泵，则关闭水泵并且把喷嘴从喷枪上卸掉也是很明智的。

防护服装应包括防水服、安全帽或护目镜、多功能手套和安全胶靴等，这对于操作者来说是很重要的。

(4) 火焰清理

显然，当使用火焰清理进行表面处理时，应当采取措施清除或保护好附近的涂料或溶剂以防止火灾或爆炸。

操作者应当一直戴着安全护目镜，以防止眼睛受到氧化皮或灰尘的伤害。护目镜也应适用于防护火焰光的危害。如果使用火焰法去除旧的涂层，则除了火焰扩展的危险之外，也可能存在由于黏合剂燃烧产生蒸汽而中毒危险。

Fardell 已经指出了由于聚合物燃烧二排放的毒性蒸汽。

如果是在有限的空间内进行火焰清理，则需要采取特殊的措施，应提供足够的通风和对操作者的保护措施。

15.3.2 涂料使用的潜在危险

大多数重型保护涂料对人身体健康是有害的，且容易造成环境污染甚至海洋污染。使用的溶剂通常是可燃的，对人的皮肤有麻醉作用。当长时间与未保护的皮肤接触时，环氧树脂可能引起皮炎，在聚乙烯中使用的硬化剂可能会引起肺部不适。因此使用者要有最新的涂料生产商的材料数据安全清单(M. S. D. S)，这是非常重要的。

个人保护和确保涂层时四肢的安全是每一个相关工作人员的责任。如果无法进行自然通风，需进行强制通风以确保安全。必须考虑工作区域的其他因素，在接近可燃涂料的涂装地区进行焊接时更是如此。如有疑问，应征求地方安全委员会和涂料生产商的建议。必须避免吸入溶剂蒸气。对于短时间的喷涂，必须佩戴炭过滤面罩而不是普通的防尘罩。对于长时间的喷涂，必须佩戴独立供应并有适当滤料的、可覆盖整个面部的空气面罩。推荐使用唇膏来避免由于长时间佩戴面具所带来的不适。

需记住机械混合涂料也需要保护。不仅因为涂料粒子有进入呼吸道的可能，且由于操作者的头部在混合桶的上部，若没有足够的预防措施肯定会吸入溶剂。对所有可以认为是封闭空间之处，要分别考虑使用低压电源和非白炽灯照明并使喷涂设备安全接地，同时，在 2 m 以上的高度作业时应配以安全装置。

借助于对有害物控制的健康法规，对所有的涂料工作，应该完善对危险和安全的分析。就合同而言，不仅要考虑操作过程，而且应考虑全部过程，必须注意安全预防措施和步骤，万一发生事故或紧急情况需要考虑一些附加的行动。

15.3.3 涂料涂装施工健康和安全主要事项

(1) 无气喷涂

无气喷涂的压力可以达到 6 000 psi。在如此大的压力下，在操纵设备上明显存在着危险性。液体管道和零件必须处于良好的条件下，如果存在任何损坏迹象必须及时更换，制管材料必须具有足够的耐溶剂能力。为了防止产生静电荷必须接地。所有管的连接应安全紧固并应在使用前进行检查。无气喷枪应该用一个安全的制动片固定以防触发器发生意外故事，并且在管口前用突出的角柄或者尖头固定。这常被染成黄色，目的是防止任何人离管口太近。在如此高的压力下使材料通过一个小的喷孔，存在涂料射入皮肤从而导致失去肌体甚至致命的危险。

(2) 涂料材料

1) 一般情况

涂料中溶剂、树脂、颜料和其他成分能够通过呼吸道和食道进入体内从而影响健康。在下面将强调一些可能的危害但不代表所有的危害都可能发生。在使用任何指定的材料前对涂料生产商材料安全数据表(MSDS)的查询或者在某些情况下向涂料生产商的技术部门咨询是必不可少的，如对涂料容器上标明的安全和危害有疑问的话也应如此。

2) 可燃性

所有包含有机溶剂的涂料都是可燃的，树脂也可能是如此。当涂装时涂料呈液态，危害性最大。

3）爆炸危害性

大多数涂料在液态下是不会产生爆炸的，即使是液体表面燃烧也不会发生爆炸。不过，在有火的条件下涂料储罐会发生膨胀，盖子由于膨胀而被顶掉。在这种情况下，可燃性材料能够在很大面积上扩散开。

在一个封闭的空间和空气不流动的容器内，爆炸的可能性取决于溶剂蒸发在空气中的聚集浓度。若浓度非常高，没有足够的氧也不会发生爆炸。在浓度低的情况下，溶剂蒸汽可能还不足以发生着火。涂装工仅考虑此低爆炸值（LEL）的条件。表 15-3-1 通过普通溶剂在空气中的体积比值给出了 LEL 数据。表 15-3-1 给出了不同涂料类型的 LEL 数据值。

表 15-3-1　溶剂性能

溶　剂	蒸汽相对挥发率	0 ℃的密封杯闪点	空气中 LEL 的体积分数/%	TLV（$\times10^{-6}$，在空气中）	
				TWA	STEL
丙酮	4	32	2.15	230	1 000
乙醇	20	14	2.23	1 000	—
甲基乙基酮（MEK）	8	−1	1.81	200	300
漆溶剂	150	38～43	1.10	100	—
粗汽油	105	38～43	1.20	300	400
甲苯	15	4	1.27	100	150
二甲苯	35	16	1.00	100	150

充足的通风条件对有限空间内的涂装是关键的，但是即使有好的通风条件也需有一些其他的预防措施。

- 禁止吸烟、焊接或火焰切割地点距涂装现场至少 15 m；
- 所有电器设备应是防爆的，附近不要使用整流式电动机；
- 所有的工具设备、所穿的鞋等，都应不会产生火花；
- 不应穿戴尼龙服装或者其他容易产生静电的塑料制品；
- 易产生静电的设备（如喷射设备或喷涂管）均应接地；
- 溶剂和涂料不应该在热表面上涂装。

4）闪点

闪点是溶剂在有火焰存在时释放出足够的蒸汽能点燃的温度。从这一点上说，闪点越高，溶剂越安全。用密封杯法测定的闪点比用开杯法测定的值低，因此一般引用此数据。表 15-3-1 给出了常用溶剂典型的密封杯闪点。

5）挥发率

溶剂的相对挥发率是溶剂相对于乙醚为 1 时的值。一般认为挥发率越高，溶剂从涂膜挥发并在大气中生成溶剂蒸汽的时间越长。不过，较慢的挥发意味着溶剂膜保持湿态的时间更长。从而存在着更大的易燃危险性。

6）溶剂蒸汽密度

溶剂浓度越大，蒸汽越可能在有限空间的较低部位聚集。即使整个空间容量合适，局部低凹处也可能达到爆炸下限。

7）反应效应

大多数化学固化的双组分涂料，如聚酯、环氧和氨基甲酸乙酯涂料等，特别是那些100%固含量的涂料，在固化剂加入后如果留在容器中的时间很长，就会产生很多的热量。例如，如果隔夜放置反应放出的热量能够达到易燃水平时。

8）来自涂料固体成分的危害性

很多高性能的涂料能够引发皮炎。含有溶剂的环氧涂料更能够渗透到皮肤中，所以它对身体特别有害。如果有人对此很敏感，这样的影响会积聚，即使是有限的接触也会引起全身的反应。使用保护药膏和乳膏是很好地预防措施。涂料中可能包含金属和金属化合物：钴能够引起肺炎和哮喘；铬具有刺激性并能损伤鼻部、肺部、胃部和肠道，他还有增加癌变的危险；砷会增加癌变的危险；铬酸锌也会增加癌变的危险在欧洲许多国家已禁止使用。在氨基甲酸乙酯中使用异氰酸盐，如存在一定数量的游离单体异氰酸盐时，会引起呼吸道痉挛、呕吐、腹部疼痛并且发红、肿胀和皮肤起泡等。长期的暴露可能会导致流感症状，如感冒、流鼻涕、头痛和恶心，这会影响肺部功能或者损害肺部。一旦产生反映的话，即使空气中涂料固体成分含量低于职业健康限值(OEL)也会导致严重的哮喘疾病。

环氧树脂和固化剂既能在水性涂料中使用也能在溶剂涂料中使用。如用缩水甘油乙酯这样的材料用来对树脂进行改进，这些材料对眼睛、皮肤和呼吸道都具有刺激作用，脂肪族聚氨有时用于复合材料的固化剂，它也是具有强烈刺激性和敏感性的材料。

涂料可能含有结晶二氧化硅的多种形态。在材料安全数据表中列出的类型有石英和方石英。它们的干尘能够引起肺尘埃沉着病。

9）溶剂危害

溶剂暴露时间过长会导致严重的健康问题。在工业涂料系统中典型的溶剂及它们对健康的可能影响如下。

甲酮类　例如，甲基乙基甲酮(MEK，或丁二酮)和甲基异丁基甲酮(MIBK，或4-甲基-2-戊酮)能对眼睛、鼻子和咽喉引起刺激。在高浓度区，可导致麻痹、头疼、恶心、轻微的头部不适、呕吐、眩晕、失去方位感和失去意识，长时间的暴露可能致命。

芳香烃类　例如，甲苯、二甲苯和其他在结构上类似苯的溶剂。与这些溶剂接触可刺激皮肤，但对呼吸的影响更为严重。急剧的暴露能导致昏迷或者损害肺部，慢性暴露会损坏肝脏、肾和骨髓，高浓度会致人于死亡。

醇类　例如，已有报告表明甲醇是有毒的，其他的醇类能够刺激皮肤、眼睛以及呼吸道系统，严重的暴露导致神经系统功能下降，减缓了脑部和脊髓的反应，足够高的浓度也会导致死亡。

10）渗入皮肤引起的损失

溶剂和溶剂蒸汽进入皮肤微孔将出现类似于吸入溶剂时的症状，应尽可能地避免皮肤与溶剂接触。

11）吞咽引起的伤害

由于新陈代谢，胃中残存的液态溶剂是不会对人体产生影响的。不过，因为大量的溶剂会以蒸汽的形式留在体中，肺部会受到刺激。幸好，通常吞咽溶剂的结果是防御反射的呕吐。

12）眼睛损害

溶剂进入眼中能引起角膜坏死。受到刺激的眼睛应用水冲洗且需立即进行医治。

13）毒性

溶剂最大容许浓度值用限制浓度（TLV）表示，且以两种形式列出：TLV-TWA（时间-称重平均值）和 TLV-STEL（短期暴露允许值）。相对欧洲来说，TLV-STEL 在北美较为普遍。在正常的 8 h 工作日和 40 h 工作周中，TWA 的定义是时间加权的平均浓度。几乎所有工人可以每天重复暴露于涂料现场而未受到严重影响。STEL 是最大浓度值，在此浓度值下工人可以连续暴露 15 min 而不产生如下影响：刺激肺部、慢性的不可避免的组织器官变化、容易出现事故的麻痹程度、影响自救或者是大大降低工作效率。只要每天暴露时间不超过 4 次，并且 TLV-TWA 也不超过极限值就是安全的。

在封闭区域通风是保证涂装安全的关键，从失火、爆炸和健康的角度来讲，无论怎样强调其重要性都不过分。应经常使用吸风机并且将其放置到指定的地点，以便从封闭空间中较低的区域中抽取。通常通风只有在涂层已经足够干燥的条件下才可以停止，通风设备移走后，储罐的任何区域蒸汽值不会达到爆炸极限。

在每分钟立方米的体积上最小的通风量用下面公式计算

$$\frac{PA+QB}{t} \tag{15-1}$$

式中，P——在时间 t 内涂料的涂装体积；

Q——在时间 t 内涂料中加入溶剂的体积；

A——等于 1 L 涂料达到 10%LEL 值的通风量；

B——等于 1 L 溶剂达到 10%LEL 值的通风量；

t——等于体积为 P 的涂料的涂装时间。

例：100 L 涂料（P）加 5 L 稀释剂（Q），涂装时间 t 为 45 min，$A=60\ m^3$，$B=160\ m^3$。

达到 10%LEL 的通风量是

$$\frac{100\times60+5\times130}{45}=147.7(m^3/min)$$

在封闭区域的涂装过程中应使用溶剂蒸汽仪。参观者和工人在此区域里应该戴上有空气的面具。

目前，人们对包含异氰酸酯涂料的喷涂特别关心，例如，氨基甲酸乙酯、乙氰酸酯-固化环氧涂料等，由于它们具有良好的耐候性能和耐磨性能而被广泛使用。它们可能被不熟悉健康危害的操作者使用，这样就促使英国健康和安全执行委员会给汽车修理行业提供一个指导手册。

14）仪器使用

在有限空间中溶剂蒸汽的含量可用仪器测定，此仪器通过含有化学试剂的管子来提取空气样本。每一种类型的化学试剂对特定的气体非常敏感并且可以适当地改变颜色。可从涂料供应商获得建议来选用适用于其产品的试管。尽管这种方法不能用于连续取样，但价格低且容易使用，可用于精确度要求不很高的地方。

溶剂蒸气仪可连续地或作为携带仪器来检查毒性和可燃性气体，同时可以检测氧的不足。这种仪器通常用一个半导体金属氧化物检测器进行工作。通过加入某种化学掺杂物质，改变半导体器件（如晶体管）的电导性能。当金属氧化物掺以微量的金属或稀土元素时，能制成与气体检测仪具有同样功能的仪器。这种用来检测的半导体元件由经掺杂的氧化物小粒构成，元件通过微小的铂铑丝加热。当可燃性气体通过小粒子时，气体被氧化物表面吸收，其导电性随之改变。导电性的改变产生小的电压，经放大后被记录在仪表上。这种仪器非常敏感且具有选择性，能够测量低的浓度。不过据报道，这种仪器在世界市场上的某些类型缺少选择性，因其对多种爆炸极限不等的气体都有同样的反应。如果使用者没有意识到抽样气体并非是校准设备时所用的气体的话，将会产生误导且可能会产生有危险的读数。

仪器也可通过原电池测量出大气中的氧含量，原电池能产生与含氧量相对应的电流。当达到设置电流时，警报就会响起。

15）水性涂料

一般认为用水性涂料涂装消除了应用溶剂涂料带来的所有危害。因为水性涂料的闪点很高，所以它们的着火和爆炸的危险性很小。不过要记住大多数水性涂料，特别是水可还原的涂料，含有一些有机溶剂，因此个人的预防措施仍是重要且往往是必要的。例如，当喷涂水性涂料时常出现眩晕、眼睛流泪或者头疼，这说明在工作区域可能通风不良并且需要戴上呼吸器。在喷涂水可还原型涂料时更是如此。对刷涂和辊涂可能是不必要的，但此时更多的是取决于通风程度。

在水性涂料中溶剂的数量应由材料安全数据表来决定，并且这应该通过查询来确定对特定材料需要保护的程度。

不同的人对材料有不同的敏感性，并且有一些人对水性涂料特别敏感，戴手套或使用保护膏是重要的保护手段。

16）聚脲弹性体涂料

因为他们在 VOCs 和其他方面与畅通涂料如聚氨酯涂料等相比并无优点，相对较新的聚脲弹性体合成橡胶涂料逐渐被应用于管线、储罐内部等。与喷涂和装卸有关的潜在健康危害是由化学组成物的生物毒性引起的，也是由喷涂双组分快速固化厚浆涂料的机械设备引起的。

在正常的设备操作条件下，异氰酸盐组分和树脂组分立即反应，因此在喷嘴端不存在没有反应的异氰酸盐或者是胺。不过，即使是在立项的操作条件下，也有少量可能以悬浮微粒或蒸汽可能对呼吸系统引起类似哮喘的反应，与皮肤接触会引起类似的刺激性和过敏反应。

15.3.4 特种涂料及其施工健康和安全主要事项

(1) 储罐防腐安全注意事项

因为大多数储罐涂装操作在封闭的空间中进行，为了免受健康和安全危害，正确的通风极为重要。NAGE 在国际上出版的《涂装工安全手册》和《水下服役的涂层和衬层》，对安全问题进行了深入的讨论，下面给出了其中的部分内容。

应该采取措施检测有毒烟雾的浓度或其他任一种有害液体所喷溅和溢出的残留物，同时也应检测过热条件和(或)空气中氧含量低到可能产生危险的地区。

为了避免人为的错误，在储罐的管线进料或出料口，所有的阀门应该锁定在断路的位置上，并且进一步保护以避免废磨料的进入。当涂装工进入罐中进行涂装操作时，应按有关安全条例穿上适当的衣服和带上呼吸器具。当一些衬层涂装操作在具有潜在性空气爆炸的空间中进行时，此时必须保证没有任何可能引起爆炸的燃源。预防措施还应包括使用防爆照明设备和安全防爆、无火花型手动和电动工具等。

如果使用方法不当的话，在玻璃纤维强化聚合物涂层（ERP）中使用的化学制品和环氧树脂具有产生明火和爆炸的危险。所有的人员应该接收和服从材料安全指导数据规格书，这是非常重要的。执行任何涂层涂装的个人应遵守安全规格书中阐述的安全规则，或在特定的工作中遵守由安全工程师或负责安全人员制定的安全规则。由于危害与储罐衬层相关，这就显得更加重要。

（2）热浸镀锌

由于镀锌槽的温度经常很高，在放入构件时必须很小心。在镀锌过程中，熔融金属以很高的速度从槽中喷出的情况并不少见。例如，这可由空心型材中的水蒸气遇热快速膨胀而引起。

（3）金属喷镀

金属喷镀中的粉尘量取决于其沉积效率。例如，在电弧喷镀时，电流量很大，能量很不稳定，会导致金属粒子的不均匀喷射。在气体喷镀时，如果火焰控制不当，也会出现这种情况。在这两种情况下，在表面沉积的熔融粒子在大气中冷却会形成粉尘。这些对金属喷镀者会造成呼吸方面的危害，必须使用呼吸防护装置。在电弧喷镀时，可采取的唯一措施是使用可呼吸的防护头罩，而在气体喷镀时，需要面罩保护。

由于这些粉尘可能是易燃易爆的，在粉尘高浓度的情况下会出现另一种危险。在铝的粉尘浓度高时尤为如此。当与火源接触时，只要有 35 mg/m^3 的量即可造成爆炸或火灾。混合物有爆炸趋向所需要的浓度并非固定不变的，这取决于粒子尺寸的大小。在喷镀操作中，其尺寸可从比微米量级更细的直至 50 μm。一般来说，粒子尺寸越大，发生爆炸所需的浓度越高。

只有当喷镀操作结束粉尘落定后，粉尘的危险才会显现出来。在试图将其清理时粉尘的危害更为严重。为使粉尘水平低于爆炸极限，通常使用抽风排出的方法，此时仍必须考虑在排出管道中形成的粉尘聚集可能会发生的问题。

电弧喷镀过程中的紫外线可在很短的时间内对操作者的眼睛造成伤害，而操作者并不能立即意识到这一点。操作者和在工作地点附近的其他人员均应佩戴与焊接工人使用的相同的墨镜或防护镜。

电弧和气体喷镀都会产生严重的噪声，随着设备的数量和类型以及工作环境隔声效果的不同，噪声的程度也不相同。有资料表明，两个操作者用电弧喷镀在同一区域工作，噪声为 115 dB。而用气体喷镀，噪声为 100 dB。

金属喷镀过程会释放一定量的臭氧，具有毒性。在这种情况下，一般认为对操作者无害，但可能存在通过皮肤吸收烟雾甚至有粒子穿透皮肤的危险。因此，应对操作者暴露在外的皮肤予以保护。

在电弧和气体喷镀锌时过度暴露于烟雾之中会导致类似流感恶症状出现，同时还有电弧对眼睛的刺激和由于金属粒子造成的皮疹以及由于二次辐射带来的灼伤。

在金属喷镀中，金属粉末可使电路短路。因此，必须保证正确接地，并有断电措施。

15.3.5　对涂装检测员的安全要求

一般来说，涂装检测员不具有安全工程师或监督师的资格和权威，但有责任要求每个人都要注意他们的自身安全、遵守所有规定的安全要求以及发现任何不安全情况立即向有关负责者报告的职责。

涂装检测员必须身着适当的人身安全防护服，在必须时应采取正确的呼吸保护方式，一般应与现场安全保护政策相符。登高工作时必须使用安全带，现场必须有其他人员在场并知道检测员的存在才能进行工作。

在任何被看做是限制性空间的区域工作时，需有进入该处的正式许可证，穿戴相应的安全衣帽，并有远距限制性空间但可与检测员联系的安全员在场。

所使用的任何工具必须是真正安全的，并以安全的方式使用。检测员的任何动作，无论是语言或行为，都不得对自己或他人的安全不利。

复习思考题

1. 防腐涂装常见风险有哪些？
2. 防腐材料储存安全技术措施有哪些？
3. 除锈及容器作业安全措施有哪些？
4. 核电厂防腐工作规范是什么？
5. 常见的表明处理方式有哪些？
6. 简述涂料材料常见性能。
7. 热浸镀锌和金属喷镀的施工风险有哪些？